T0296237

Light Engineering für die Praxis

Herausgegeben von
C. Emmelmann, Hamburg, Deutschland

Technologie- und Wissenstransfer für die photonische Industrie ist der Inhalt dieser Buchreihe. Der Herausgeber leitet das Institut für Laser- und Anlagensystemtechnik an der Technischen Universität Hamburg-Harburg sowie das LZN Laser Zentrum Nord, eine 100%ige Tochter der TU Hamburg-Harburg und der Freien und Hansestadt Hamburg. Die Inhalte eröffnen den Lesern in der Forschung und in Unternehmen die Möglichkeit, innovative Produkte und Prozesse zu erkennen und so ihre Wettbewerbsfähigkeit nachhaltig zu stärken. Die Kenntnisse dienen der Weiterbildung von Ingenieuren und Multiplikatoren für die Produktentwicklung sowie die Produktions- und Lasertechnik, sie beinhalten die Entwicklung lasergestützter Produktionstechnologien und der Qualitätssicherung von Laserprozessen und Anlagen sowie Anleitungen für Beratungs- und Ausbildungsdienstleistungen für die Industrie.

Herausgegeben von
Claus Emmelmann
Hamburg, Deutschland

Christoph Klahn

Laseradditiv gefertigte, luftdurchlässige Mesostrukturen

Herstellung und Eigenschaften für die Anwendung

Herausgegeben von Claus Emmelmann

Christoph Klahn
Product Development Group
ETH Zürich
Zürich, Schweiz

Light Engineering für die Praxis
ISBN 978-3-662-47760-1   ISBN 978-3-662-47761-8 (eBook)
DOI 10.1007/978-3-662-47761-8

Die Deutsche Nationalbibliothek verzeichnet diese Publikation in der Deutschen Nationalbibliografie; detaillierte bibliografische Daten sind im Internet über http://dnb.d-nb.de abrufbar.

Springer Vieweg
© Springer-Verlag Berlin Heidelberg 2015

Gedruckt auf säurefreiem und chlorfrei gebleichtem Papier

Springer Berlin Heidelberg ist Teil der Fachverlagsgruppe Springer Science+Business Media
(www.springer.com)

Danksagung

Die vorliegende Arbeit entstand im Rahmen meiner Tätigkeit als wissenschaftlicher Mitarbeiter am Institut für Laser- und Anlagensystemtechnik (iLAS) der Technischen Universität Hamburg-Harburg sowie der universitären Technologietransferinstitution LZN Laser Zentrum Nord GmbH.

Mein Dank gilt Herrn Prof. Dr.-Ing. Claus Emmelmann, Leiter des Instituts iLAS und Geschäftsführer des LZN. Sein in mich gesetztes Vertrauen ermöglichte es mir, meine Ideen selbstständig umzusetzen, und trug zum Gelingen dieser Arbeit bei. Ebenso danke ich Herrn Prof. Dr.-Ing. Wolfgang Hintze, Institut für Produktionsmanagement und -technik, für die Übernahme des Koreferats und die aufmerksame Durchsicht der Arbeit. Bei Herrn Prof. Dr.-Ing. Frank Thielecke, Institut für Flugzeug-Systemtechnik, bedanke ich mich für den Vorsitz des Prüfungsausschusses und die angenehme Atmosphäre bei der Promotionsprüfung.

Darüber hinaus bedanke ich mich bei allen Mitarbeiterinnen und Mitarbeitern des iLAS und des LZN sowie bei allen Studenten, die mich meiner Arbeit unterstützt haben. Ganz besonders möchte ich mich bei Frau Dr.-Ing. Maren Petersen, Oberingenieurin des iLAS, bedanken. Durch viele, nahezu harmlose „Warum?" in Diskussionen und an Seitenrändern hat sie erheblich zu dieser Arbeit beigetragen. Sie hat auch in turbulenten Phasen immer Zeit für die Anliegen von uns Mitarbeitern gefunden. Meinem Kollegen Christian Daniel danke ich für seine Ruhe und sein Augenmaß. Ein großes Dankeschön geht zudem an Herrn Franz Terborg für die Unterstützung bei allen anlagentechnischen Belangen.

Bei Stefan Hofmann und Michael Dinkel vom Werkzeugbau Siegfried Hofmann GmbH sowie Dr.-Ing. Florian Bechmann von der Concept Laser GmbH möchte ich mich für die produktive und angenehme Zusammenarbeit in den gemeinsamen Projekten bedanken. Uwe Becker und Hendrik Vogel danke ich für die Idee der Druckluftauswerfer.

Abschließend gilt der Dank meiner Familie, die mich bei jeder meiner auf dem bisherigen Lebensweg getroffenen Entscheidungen tatkräftig unterstützt und gefördert hat. Meiner Frau Claudia danke ich für die Motivation und die Geduld die diese Arbeit von uns erfordert hat.

Zürich, im März 2015   Christoph Klahn

Inhaltsverzeichnis

Abbildungsverzeichnis   **XI**

Tabellenverzeichnis   **XV**

1. Einleitung   **1**

2. Begriffsbestimmung und Verfahrensbeschreibungen   **5**
     2.1. Laseradditive Fertigung 5
         2.1.1. Prozessbeschreibung 6
         2.1.2. Schichtinformationen 8
         2.1.3. Bearbeitungsparameter 9
         2.1.4. Mechanische Eigenschaften 10
     2.2. Luftdurchlässige Strukturen 13
         2.2.1. Klassifizierung von luftdurchlässigen Strukturen 14
         2.2.2. Laseradditiv gefertigte, luftdurchlässige Strukturen 16
     2.3. Werkzeugbau und Kunststoffverarbeitung 20
         2.3.1. Spritzgießprozess 20
         2.3.2. Aufbau von Spritzgießwerkzeugen 24
             2.3.2.1. Temperierung 25
             2.3.2.2. Entlüftung 28
             2.3.2.3. Entformung 29

3. Problemstellung und Lösungsweg   **41**

4. Herstellung von luftdurchlässigen Strukturen   **45**
     4.1. Anforderungen an die Geometrie von luftdurchlässigen Strukturen . . . 45
     4.2. Herstellung und Geometrie der luftdurchlässigen Strukturen 48
         4.2.1. Konzeption der luftdurchlässigen Strukturen 48
         4.2.2. Herstellung der luftdurchlässigen Strukturen 50
     4.3. Gestaltung der Werkzeugoberfläche mit luftdurchlässigen Strukturen . . 57
     4.4. Nutzung einer Deckschicht 58
         4.4.1. Dicke der Deckschicht 59
         4.4.2. Perforation der Deckschicht 60

5. Bestimmung der Luftdurchlässigkeit   **71**
     5.1. Grundlagen der Strömungslehre 71
         5.1.1. Strömungen durch Kanäle 71
             5.1.1.1. Druckverluste in Strömungen 74
             5.1.1.2. Einfluss der Wandrauheit auf die Strömung 75
             5.1.1.3. Einlaufbereich von Strömungen 78
         5.1.2. Strömungen in Mikrokanälen 79

5.2. Experimentelle Bestimmung der Luftdurchlässigkeit 80
    5.2.1. Versuchsaufbau zur Messung der Durchströmung 80
    5.2.2. Versuchsauswertung zur Messung der Durchströmung 83
5.3. Zusammenfassung der Luftdurchlässigkeit und ihre industrielle Relevanz 92

6. Robustheit der Struktur gegen mechanische Belastungen   **97**
6.1. Mechanische Eigenschaften des laseradditiv gefertigten Materials 97
6.2. Mögliche Belastungen und Versagensmechanismen in der Anwendung . . 100
    6.2.1. Erwartete Belastungsarten 100
    6.2.2. Bauteilversagen 102
        6.2.2.1. Bauteilversagen durch seitliche Belastungen der Wände in der Struktur 102
        6.2.2.2. Bauteilversagen durch Belastungen der Oberseite der Wände in der Struktur 104
6.3. Simulation der Verformung durch seitliche Belastungen der Wände . . . 106
6.4. Experimentelle Untersuchung des Versagens bei Druck auf das Bauteil . 112
    6.4.1. Versuchsaufbau 113
    6.4.2. Identifizierung der Merkmale für ein Versagen der luftdurchlässigen Struktur 116
    6.4.3. Einfluss der Mesostruktur und der Kontaktfläche auf die Robustheit der Struktur 122
6.5. Zusammenfassung der mechanischen Robustheit und ihre industrielle Relevanz 125

7. Wärmetransport durch die luftdurchlässige Struktur   **131**
7.1. Wärmetransportmechanismen 131
7.2. Analytische Herleitung des Wärmetransportes 136
    7.2.1. Wärmetransport im Einzelspalt 138
    7.2.2. Wärmetransport im luftdurchlässigen Material 141
7.3. Auswirkungen des luftdurchlässigen Materials auf ein technisches System 143
7.4. Zusammenfassung der Wärmeleitung und Relevanz für die Anwendung . 148

8. Einsatzmöglichkeiten in technischen Anwendungen   **153**
8.1. Einsatz in Spritzgießwerkzeugen 153
    8.1.1. Realisierung von Druckluftauswerfern mit laseradditiv gefertigten, luftdurchlässigen Strukturen 154
    8.1.2. Verifizierung der laseradditiv gefertigten luftdurchlässigen Strukturen in Spritzgießwerkzeugen 156
        8.1.2.1. Druckluftauswerfer in Werkzeugen für technische Funktionsteile 156
        8.1.2.2. Druckluftauswerfer in Werkzeugen für Verpackungsteile 162
    8.1.3. Strukturierung von Oberflächen 167
    8.1.4. Erfahrungen mit laseradditiv gefertigten, luftdurchlässigen Strukturen in einem Druckluftauswerfersystem 171
8.2. Einsatz als Plagiatsschutzmerkmal 172
    8.2.1. Schutzwirkung der luftdurchlässigen Mesostrukturen 173
    8.2.2. Einsatzmöglichkeit im Kampf gegen Bogus Parts in Flugzeugen . 176

9. Zusammenfassung und Ausblick   **181**

A. Nomenklatur   **185**

     A.1. Formelzeichen 185

     A.2. Abkürzungen 188

B. Weitere Messwerte und Ergebnisse   **189**

     B.1. Messwerte der Durchströmungsmessung 189

     B.2. Weitere Ergebnisse der Eindringversuche 205

Index   **207**

Abbildungsverzeichnis

2.1. Prozesszyklus der laseradditiven Fertigung 6
2.2. Informationsebenen der additiven Fertigung von Bauteilen 7
2.3. Flächenbelichtung einer Bauteilschicht 8
2.4. Variation des Schachbrettmusters in Aufbaurichtung 9
2.5. Anlegen von Schmelze an bereits erstarrte Schmelzspuren 9
2.6. Ungestörter und gestörter Flüssigkeitszylinder auf einer Substratplatte . 11
2.7. Hauptfunktionen von Filterelementen 13
2.8. Arten von Poren 14
2.9. Einteilung von zellulären Materialien nach ihrer Mesostruktur 16
2.10. Laseradditiv gefertigte, räumliche Gitterstruktur aus Edelstahl 316L . . 16
2.11. Aufbauprinzip der Liniengitter aus einzelnen Schmelzspuren 18
2.12. Liniengitter aus mehreren Schmelzspuren übereinander 18
2.13. Spritzgießprozess 21
2.14. Zeitlicher Verlauf des Forminnendrucks 22
2.15. Zeitliche Aufteilung des Spritzgießzyklus 24
2.16. Aufbau eines Spritzgießwerkzeugs 24
2.17. Wärmestrombilanz in einem Spritzgießwerkzeug 25
2.18. Gestaltungsmöglichkeiten von Kühlkanälen in Spritzgießwerkzeugen . . 26
2.19. Abnahme der Temperaturamplitude mit steigendem Abstand zur Wand 27
2.20. Beispiel für eine Geometrie mit unzureichender Entlüftung 28
2.21. Mechanisches Auswerfersystem 29
2.22. klassischen Luftauswerfersystems 30

3.1. Struktur der Untersuchungen und Kapitelaufbau 42

4.1. Hybrider Werkzeugeinsatz mit konventionellem und laseradditivem Bereich 47
4.2. Luftdurchlässige Strukturen aus einzelnen Schmelzspuren 49
4.3. Festlegung von Achsen und Abmessungen 50
4.4. Spurüberhöhung bei der Verwendung von flexiblen Beschichterklingen . 51
4.5. Schliffe von Probe mit $h_\mathrm{s} = 120\,\mu\mathrm{m}$ bis $200\,\mu\mathrm{m}$ Spurabstand 52
4.6. Schmelzspurbreite in Abhängigkeit vom Spurabstand 54
4.7. Anzahl der Verbindungen zwischen den Schmelzspuren 56
4.8. Oberflächenstruktur der luftdurchlässigen Mesostruktur 56
4.9. Platonische Parkettierungen als Belichtungsmuster 58
4.10. Variation der Anzahl an durchgehenden Schichten 60
4.11. Bearbeitungsstrategien beim Laserbohren 61
4.12. Laserbohrungen in die Deckschicht des Spritzgießwerkzeugeinsatzes . . . 64
4.13. Prüfung der Perforation eines Werkzeugeinsatzes auf Luftdurchlässigkeit 65

5.1. Geschwindigkeitsprofil einer Strömung längs einer ebenen Wand 72
5.2. Laminares und turbulentes Geschwindigkeitsprofils einer Rohrströmung 73

5.3. Definition der Sandkornrauheit k_s 75
5.4. Definition der Strömungszustände an der Rohrwand 76
5.5. Widerstandsgesetz der ausgebildeten Rohrströmung 77
5.6. Strömungsentwicklung in schlanken Kanälen konstanten Querschnittes . 78
5.7. Messstrecke zur Durchflussbestimmung 81
5.8. Ausführungen der Proben zur Durchflussbestimmung 82
5.9. Eingangsdruck p_1 einer Probe 84
5.10. Temperaturen $T_{1,2}$ vor und nach einer Probe 85
5.11. Normvolumenstrom $\dot{V}_{\text{Norm}}$ durch eine Probe 85
5.12. Normvolumenstrom $\dot{V}_{\text{Norm}}$ bei unterschiedlichen Proben 86
5.13. Widerstandszahl der laseradditiv gefertigten Proben 87
5.14. Berechnete Widerstandszahl ohne Einlaufbereich 89
5.15. Ermittelten Widerstandszahlen und Widerstandsgesetze 91
5.16. Eignung der Mesostrukturen in Hinblick auf die Luftdurchlässigkeit . . . 93

6.1. Eindrücke der Mikrohärtemessung auf einer Lamelle 98
6.2. Mikrohärte des Materials ohne Wärmebehandlung 99
6.3. Temperaturprofil für die Wärmebehandlung von X3NiCrMoTi 99
6.4. Mikrohärte des Materials nach der Wärmebehandlung 100
6.5. Kräfte auf eine einzelne Wand der luftdurchlässigen Struktur 102
6.6. Versagen der luftdurchlässigen Struktur in einem Werkzeugeinsatz . . . 103
6.7. Verformung der Struktur in der Simulation und im Experiment 104
6.8. Unterschiedliche Verformung der Wände bei der Belastung 105
6.9. Erhöhung der Steifigkeit durch den Kontakt zwischen Wänden 106
6.10. Verformung der luftdurchlässigen Struktur 107
6.11. Vergleichsspannungsverteilung in der luftdurchlässigen Struktur 108
6.12. Struktursteifigkeit in Abhängigkeit von Spurabstand und Wandlänge . . 109
6.13. Einsatzgrenze der luftdurchlässigen Struktur im Spritzgießprozess . . . 111
6.14. Zulässige Kräfte auf die Struktur im Kunststoffspritzgießprozess . . . 112
6.15. Spannung/Stauchung-Diagramm eines Druckversuchs nach DIN 50134 . 114
6.16. Druckverteilung unter verschiedenen Eindringkörpern 115
6.17. Proben für die Untersuchung mit einem stumpfen Eindringkörper . . . 116
6.18. Exemplarischer Kraft/Weg-Verlauf bei Belastung der Struktur 117
6.19. Kraft/Weg-Diagramm und Oberflächen bei $h_s = 130\,\mu\text{m}$ Spurabstand . . 120
6.20. Projizierte Fläche der Kugel bei den Eindringversuchen 121
6.21. Ermittlung der Eindrucktiefe aus dem Kraft/Weg-Verlauf 121
6.22. Plateaukräfte in fettfreiem und geschmiertem Zustand 123
6.23. Belastungsgrenzen des Materials bei fettfreiem und geschmiertem Kontakt 123
6.24. Instrumentierte Härte bei 5 mm großen Schachbrettfeldern 124
6.25. Instrumentierte Härte bei fettfreiem und geschmiertem Kontakt 125
6.26. Eignung in Hinblick auf die mechanische Widerstandsfähigkeit 128

7.1. Wärmeübertragungsmechanismen 131
7.2. Temperaturverlauf des konvektiven Wärmeübergangs mit Grenzschicht . 133
7.3. Temperaturverlauf in einer aus drei Schichten bestehenden Wand . . . 135
7.4. Aufbau des analytischen, thermischen Modells 137
7.5. Aufteilung des Einzelspalts in Teilbereiche 138
7.6. Effektive Wärmeleitfähigkeit $\lambda_{\text{eff},x}$ einer Zelle in x-Richtung 140
7.7. Effektive Wärmeleitfähigkeit $\lambda_{\text{eff},y}$ einer Zelle in y-Richtung 140

7.8. Effektive Wärmeleitfähigkeit $\lambda_{\mathrm{eff},z}$ einer Zelle in z-Richtung 140

7.9. Effektive Wärmeleitfähigkeiten des luftdurchlässigen Materials 142

7.10. Referenzgeometrie für die Simulation des Wärmetransports 144

7.11. Temperaturverteilung mit und ohne luftdurchlässige Schicht 145

7.12. Temperaturverteilung an der Oberfläche 145

7.13. Positionen von Luft- und Kühlkanälen sowie der Ausrichtung der Spalte 146

7.14. Temperaturverteilung an der Oberfläche bei verschiedenen Spurabständen 147

7.15. Temperaturverteilung an einem gekühlten Werkzeugeinsatz 147

7.16. Temperaturverteilung an der Oberfläche mit und ohne Deckschicht . . . 148

7.17. Eignung in Hinblick auf die thermischen Eigenschaften 150

8.1. Aufbau und Funktionsprinzip des Druckluftauswerfersystems 155

8.2. Referenzartikel für technische Kunststoffteile 157

8.3. CAD-Modell des Werkzeugeinsatzes mit Druckluftauswerfersystem . . . 157

8.4. Luftdurchlässige Probe nach der spanenden Bearbeitung der Oberfläche 158

8.5. Durchfluss durch den Werkzeugeinsatz mit Streifenstruktur 159

8.6. Oberfläche des Werkzeugeinsatzes und eins Kunststoffartikels 160

8.7. Oberfläche eines Kunststoffartikels mit 5 mm Schachbrettmuster 160

8.8. Durchfluss durch den Werkzeugeinsatz mit perforierter Deckschicht . . . 161

8.9. Kunststoffartikel aus dem Werkzeug mit perforierter Deckschicht 162

8.10. Referenzartikel für Verpackungsteile 163

8.11. Auswerferflächen auf dem Verpackungsteil 164

8.12. Druckluftversorgung des Versuchswerkzeugs 164

8.13. Eingedrungener Kunststoff bei einem Werkzeugeinsatz 166

8.14. Durchfluss durch den Werkzeugeinsatz mit 140 µm Spurabstand 166

8.15. Durchfluss durch Werkzeugeinsätze mit radialer Struktur 167

8.16. Abformung des luftdurchlässigen Materials auf die Kunststoffartikel . . 168

8.17. Abhängigkeit der Kontrastsensitivität von der räumlichen Frequenz . . . 169

8.18. Anordnung von Lichtquelle, Betrachter und Schachbrettfeld 170

8.19. Veränderung der Reflexion von zwei benachbarten Schachbrettfeldern . . 170

8.20. Grobe und feine Merkmale eines Fingerabdrucks 175

9.1. Eignung der laseradditiv gefertigten, luftdurchlässigen Mesostruktur . . 183

Tabellenverzeichnis

2.1. Mechanische Eigenschaften von Werkzeugstahl X3NiCrMoTi 12
2.2. Thermische Eigenschaften von Werkzeugstahl X3NiCrMoTi 13
2.3. Spritzdrücke und Werkzeuginnendrücke 23
2.4. Verarbeitungstemperaturen beim Spritzgießen 23

4.1. Anforderungsprofil an das luftdurchlässige Material 48
4.2. Prozessparameter für massiven und luftdurchlässigen Werkzeugstahl . . 51
4.3. Schmelzspurbreite und Spaltbreite 53
4.4. Anzahl der Verbindungen zwischen den Schmelzspuren 55
4.5. Geometrische Eigenschaften der Wände des luftdurchlässigen Materials . 57
4.6. Technische Daten der Laserabtraganlage für die Perforation 62
4.7. Bearbeitungsparameter für die Laserbohrungen 63
4.8. Abmessungen der Laserbohrungen 64

5.1. Berechnete Knudsen-Zahlen der untersuchten Spalte 80
5.2. Hydraulische Durchmesser der untersuchten Proben 82
5.3. Aus der Nachbearbeitung resultierende Dicke der untersuchten Proben . 83
5.4. Relative Rauheitshöhe k/d_h und technische Rauheit k der Proben 89
5.5. Technische Rauheit k von Materialien nach DIN EN ISO 5167-1 90

6.1. Verformung der luftdurchlässigen Struktur nach der Belastung 119

7.1. Thermischen Eigenschaften von Werkzeugstahl und Luft 136

8.1. Luftdurchlässige Strukturen im Werkzeug für Verpackungsteile 165

B.1. Durchströmung der Probe mit $h_s = 130\,\mu m$ und $s_{Spalt,soll} = 5\,mm$ 189
B.2. Durchströmung der Probe mit $h_s = 130\,\mu m$ und $s_{Spalt,soll} = 10\,mm$ . . . 190
B.3. Durchströmung der Probe mit $h_s = 140\,\mu m$ und $s_{Spalt,soll} = 5\,mm$ 191
B.4. Durchströmung der Probe mit $h_s = 140\,\mu m$ und $s_{Spalt,soll} = 10\,mm$ . . . 192
B.5. Durchströmung der Probe mit $h_s = 150\,\mu m$ und $s_{Spalt,soll} = 5\,mm$ 193
B.6. Durchströmung der Probe mit $h_s = 150\,\mu m$ und $s_{Spalt,soll} = 10\,mm$ . . . 194
B.7. Durchströmung der Probe mit $h_s = 160\,\mu m$ und $s_{Spalt,soll} = 5\,mm$ 195
B.8. Durchströmung der Probe mit $h_s = 160\,\mu m$ und $s_{Spalt,soll} = 10\,mm$ . . . 196
B.9. Durchströmung der Probe mit $h_s = 170\,\mu m$ und $s_{Spalt,soll} = 5\,mm$ 197
B.10.Durchströmung der Probe mit $h_s = 170\,\mu m$ und $s_{Spalt,soll} = 10\,mm$ . . . 198
B.11.Durchströmung der Probe mit $h_s = 180\,\mu m$ und $s_{Spalt,soll} = 5\,mm$ 199
B.12.Durchströmung der Probe mit $h_s = 180\,\mu m$ und $s_{Spalt,soll} = 10\,mm$ . . . 200
B.13.Durchströmung der Probe mit $h_s = 190\,\mu m$ und $s_{Spalt,soll} = 5\,mm$ 201
B.14.Durchströmung der Probe mit $h_s = 190\,\mu m$ und $s_{Spalt,soll} = 10\,mm$ . . . 202
B.15.Durchströmung der Probe mit $h_s = 200\,\mu m$ und $s_{Spalt,soll} = 5\,mm$ 203

B.16. Durchströmung der Probe mit $h_s = 200\,\mu\mathrm{m}$ und $s_{\mathrm{Spalt,soll}} = 10\,\mathrm{mm}$ . . . 204
B.17. Verformung der luftdurchlässigen Struktur nach der Belastung 205

1. Einleitung

Produkte durchlaufen, unabhängig davon ob sie für industrielle Anwender oder private Endkunden bestimmt sind, einen Produktlebenszyklus. Dieser reicht von der Entwicklung über die Markteinführung und die Reifephase bis zu dem Zeitpunkt, an dem der Hersteller die Produktion einstellt und durch einen Nachfolgeprodukt ersetzt. Dieser Zyklus führt zu einem steten Innovationsdruck, da die Unternehmen ihren Kunden spätestens ab dem Ende der Reifephase ein neues, verbessertes Produkt anbieten müssen, um diese weiterhin an sich zu binden und ihre Marktposition zu behalten. [1, 2]

Grundlage für diese Produktinnovationen sind häufig die Entwicklung von neuen Methoden, Werkstoffen und Fertigungsverfahren. Ein Fertigungsverfahren, welchem in diesem Zusammenhang seit Jahren viel Potential zugeschrieben wird, ist die laseradditive Fertigung [3, 4, 5]. Durch die große geometrische Gestaltungsfreiheit, die das Verfahren bietet, und die guten mechanischen Eigenschaften der produzierten Bauteile hat sich die laseradditive Fertigung in vielen Branchen und Anwendungen als Ergänzung oder Alternative zu konventionellen Fertigungsverfahren etabliert [6, 7].

Um die Möglichkeiten der laseradditiven Fertigung auszunutzen, ist es erforderlich, bestehende Konstruktionsmethodiken zu hinterfragen und neue Wege in der Bauteilgestaltung zu gehen [8, 9, 10]. Eine dieser Innovationen ist die Herstellung von luftdurchlässigen Mesostrukturen, welche in dieser Arbeit vorgestellt wird. Das Präfix *Meso* bezieht sich auf die Größenordnung dieser Strukturen, die zwischen der Mikrostruktur des Gefüges und der Makrostruktur des Bauteils liegt. Diese Strukturen können Teilbereiche von additiv gefertigten Bauteilen ausfüllen und ermöglichen so die Integration von Funktionen [11, 12]. Hierdurch können zum einen Geräte kleiner und kompakter gestaltet werden, zum anderen bietet sich die Gelegenheit, mit diesem Material grundlegend neue Produkte zu entwickeln.

Die Erfahrungen mit Industriekooperationen haben gezeigt, dass Industrieunternehmen drei Forderungen an neuartige Konzepte und Materialien, wie zum Beispiel die luftdurchlässigen Mesostrukturen, stellen. Diese müssen aus Sicht des Unternehmens erfüllt sein, bevor sie die Technologie in ihren Produkten oder Prozessen verwenden können:

- Die Verarbeitung der Materialien soll in einem industriellen, serientauglichen Prozess möglich sein.

- Die Eigenschaften sind bekannt und werden soweit verstanden, dass das Material für die Bedingungen in dem späteren Einsatzgebiet ausgewählt und an diese angepasst werden kann.

- Es besteht genug Vertrauen in die Technologie, um die gewohnten Wege zu verlassen und das Potential der Innovation für das Unternehmen zu nutzen.

Während sich die ersten beiden Bedingungen durch physikalische Größen beschreiben lassen, ist der letzte Punkt eine Managemententscheidung. Diese fällt umso leichter, je besser die betreffenden Personen Nutzen und Risiko abschätzen können, welche mit der Technologieentscheidung verbunden sind. Hierbei helfen erfolgreiche Anwendungen der Technologien in anderen Branchen und Einsatzgebieten.

Der Aufbau dieser Arbeit orientiert sich an diesen drei Bedingungen, und legt somit die Basis für die Einführung von laseradditiv gefertigten, luftdurchlässigen Mesostrukturen in industriellen Anwendungen. Kapitel 2 stellt das Umfeld für die Entwicklung vor. Hierzu gehören die laseradditive Fertigung, vorhandene Erkenntnisse zu luftdurchlässigen Materialien und die Bedingungen im Spritzgießprozess, da in diesem ein geeignetes Umfeld für die Referenzanwendung gesehen wird. In Kapitel 3 wird auf dieser Grundlage die Problemstellung und der entsprechende Lösungsweg erarbeitet. Dieser beinhaltet die Herstellung der luftdurchlässigen Strukturen in Kapitel 4, die Untersuchung der Eigenschaften in einem industriellen Kontext in den Kapiteln 5 bis 7 und die Beschreibung der erfolgreichen Realisierung einer Referenzanwendung mit laseradditiv gefertigten, luftdurchlässigen Mesostrukturen in Kapitel 8. Die Arbeit schließt in Kapitel 9 mit einer Zusammenfassung der Ergebnisse und einem Ausblick.

Literaturverzeichnis

[1] FISCHER, M.: *Produktlebenszyklus und Wettbewerbsdynamik - Grundlagen für die ökonomische Bewertung von Markteintrittsstrategien.* Wiesbaden : Deutscher Universitäts-Verlag, 2001 (Gabler Edition Wissenschaft: Schriftenreihe des Instituts für Marktorientierte Unternehmensführung (IMU)). – ISBN 3–8244–7402–6. – zgl. Diss. Univ. Mannheim

[2] TROTT, P.: *Innovation Management and new Product Development.* 5. Auflage. Harlow : Financial Times Prentice Hall, 2011. – ISBN 978–0–273–73656–1

[3] HOPKINSON, N. (Hrsg.) ; HAGUE, R.J.M. (Hrsg.) ; DICKENS, P.M. (Hrsg.): *Rapid Manufacturing: An Industrial Revolution for the Digital Age.* 1. Auflage. Chichester : J. Wiley, 2006. – ISBN 978–0–470–01613–8

[4] CAMPBELL, T. ; WILLIAMS, C. ; IVANOVA, O. ; GARRETT, B.: Could 3D Printing Change the World? Technologies, Potential, and Implications of Additive Manufacturing. In: *Strategic Forsight Report* (2011), Oktober

[5] BALDINGER, M. ; LEUTENECKER, B. ; RIPPEL, M.: Strategische Relevanz generativer Fertigungsverfahren. In: *Industrie Management* 29 (2013), April, Nr. 2, S. 11 – 14. – ISSN 1434–1980

[6] WOHLERS, T. (Hrsg.): *Wohlers Report 2013 - Additive Manufacturing and 3D Printing State of the Industry - Annual Worldwide Progress Report.* 18. Auflage. Fort Collins, CO : Wohlers Associates, 2013. – ISBN 0–9754429–9–6

[7] GEBHARDT, A.: *Generative Fertigungsverfahren: Additive Manufacturing und 3D Drucken für Prototyping - Tooling - Produktion.* 4. Auflage. München : Hanser, 2013. – ISBN 978–3–446–43651–0

[8] EMMELMANN, C. ; HERZOG, D. ; KRANZ, J. ; KLAHN, C. ; MUNSCH, M.: Manufacturing for Design, Laseradditive Fertigung ermöglicht neuartige Funktionsbauteile. In: *Industrie Management* 29 (2013), April, Nr. 2, S. 58 – 62. – ISSN 1434–1980

[9] EMMELMANN, C. ; PETERSEN, M. ; KRANZ, J. ; WYCISK, E.: Bionic Lightweight Design by Laser Additive Manufacturing for Aircraft Industry. In: AMBS, P. (Hrsg.) ; CURTICAPEAN, D. (Hrsg.) ; EMMELMANN, C. (Hrsg.) ; KNAPP, W. (Hrsg.) ; KUZNICKI, Z.T. (Hrsg.) ; MEYRUEIS, P.P. (Hrsg.): *SPIE Eco-Photonics 2011: Sustainable Design, Manufacturing, and Engineering Workforce Education for a Green Future* Bd. 8065. Strassburg : Society of Photo-Optical Instrumentation Engineers (SPIE), April 2011

[10] EMMELMANN, C.: Future challenges for Laser Additive Manufacturing in Metals. In: *Industrial Laser Applications Symposium.* Nottingham : The Association of Laser Users (AILU), 2013

[11] EMMELMANN, C. ; KLAHN, C.: Funktionsintegration im Werkzeugbau durch laseradditive Fertigung. In: *RTejournal* 9 (2012). – ISSN 1614–0923

[12] KLAHN, C. ; BECHMANN, F. ; HOFMANN, S. ; DINKEL, M. ; EMMELMANN, C.: Laser Additive Manufacturing of Gas Permeable Structures. In: *Physics Procedia* 41 (2013), S. 866–873. – ISSN 1875–3892

2. Begriffsbestimmung und Verfahrensbeschreibungen

Die Untersuchung der Eigenschaften von laseradditiv gefertigten, luftdurchlässigen Mesostrukturen für den Einsatz in industriell genutzten Bauteilen erfordert zunächst eine Beschreibung des verwendeten Herstellungsverfahrens, da die Verfahrensmerkmale die fertigungstechnischen Möglichkeiten und Randbedingungen für die Struktur bestimmen. Die anschließende Systematik von luftdurchlässigen Strukturen zeigt Anforderungen und Lösungsvarianten auf. Da die Einsatzbedingungen in der Industrie vielfältig sind, wird für die Einordnung der ermittelten Eigenschaften in einen industriellen Kontext eine Referenzanwendung benötigt. Mit Kunststoffspritzgießwerkzeugen als industrieller Referenzanwendung wird ein technisches System mit einem breiten Anforderungsspektrum für die Entwicklung der Struktur gewählt. Der Aufbau und die Funktion von Spritzgießwerkzeugen werden zum Abschluss dieses Kapitels vorgestellt.

2.1. Laseradditive Fertigung

Additive Fertigungsverfahren sind Fertigungsverfahren, welche ausgehend von einem digitalen Modell ein dreidimensionales Bauteil werkzeuglos durch das Hinzufügen von Material herstellen. Diese Definition ist aus der englischsprachigen ISO/ASTM-Norm ISO/ASTM52921 übernommen, die den Begriff *Additive Manufacturing* (AM) verwendet [1, 2]. Der deutsche Sprachraum ist dabei, sich mit der *additiven Fertigung* an diesen Begriff anzupassen [3]. Die VDI-Richtlinie 3404 verwendet in ihrer aktuell gültigen Ausgabe von 2009 noch den Begriff der generativen Fertigungsverfahren [4] und wechselt im ausgelegten Entwurf für eine überarbeitete Richtlinie zum Begriff additive Fertigung [5]. Die Gruppe der additiven Fertigungsverfahren umfasst eine Vielzahl von Verfahren mit unterschiedlichen Wirkprinzipien und verarbeiteten Werkstoffen und deckt somit ein breites Spektrum an Anwendungen ab [2, 3, 5]. Die hier betrachtete laseradditive Fertigung ist ein Verfahren zur additiven Fertigung von komplexen, dreidimensionalen Bauteilen aus Metall, dabei erfolgt die Herstellung der Bauteile schichtweise durch Aufschmelzen von Metallpulver mit einem Laser. Der Begriff *laseradditive Fertigung* wird als herstellerneutrale Bezeichnung gewählt, da er die beiden wesentlichen Eigenschaften des Verfahrens betont: die additive Fertigung und die Energieeinbringung durch den Laser. Alternative, herstellergebundene Verfahrensbezeichnungen, die in der VDI-Richtlinie 3404 genannt werden, sind Selective Laser Melting (SLM), Laser-Cusing und Direktes-Metall-Laser-Sintern (DMLS) [4, 5].

2.1.1. Prozessbeschreibung

Die große geometrische Gestaltungsfreiheit der laseradditiven Fertigung ergibt sich aus dem schichtweisen Aufbau der Bauteile. Das 3D-CAD-Modell des Bauteils wird zunächst in ein STL-Modell umgewandelt[1]. Das STL-Dateiformat approximiert die Bauteilgeometrie durch Dreiecke an der Oberfläche. Zu jeder Dreiecksfacette gehört ein Normalenvektor, der festlegt, welche Seite des Dreiecks aus dem Bauteil heraus zeigt. Dieses Dreiecksmodell wird in einzelne Schichten mit einer definierten Schichtstärke aufgeteilt. Anhand dieser Schichtinformationen wird der Fertigungszyklus, wie in Abbildung 2.1 dargestellt, gesteuert. [3, 6]

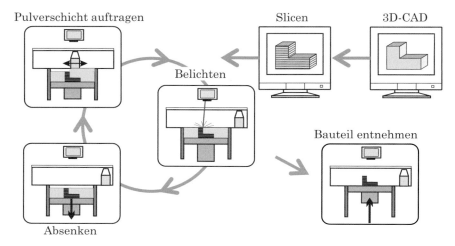

Abbildung 2.1.: Prozesszyklus der laseradditiven Fertigung [8]

Ausgangsmaterial für den laseradditiven Fertigungsprozess ist ein Metallpulver mit sphärischen Körnern. Es handelt sich heute meist um ein einkomponentiges Pulver, bei dem alle Partikel in der angestrebten Legierung vorliegen. Für die additive Herstellung von Bauteilen für Spritzgießwerkzeuge wird häufig der Werkzeugstahls X3NiCrMoTi mit der Werkstoffnummer 1.2709 verwendet. Um den Anforderungen der Referenzanwendung zu entsprechen, wird dieser Werkstoff auch für die luftdurchlässigen Mesostrukturen verwendet. Das Pulver für die Fertigung der luftdurchlässigen Strukturen aus diesem Werkstoff hat eine Korngröße von $25\,\mu m$ bis $62\,\mu m$ mit einem mittleren Durchmesser $d_{10} = 43{,}7\,\mu m$ [9]. Neben dem hier verwendeten Werkzeugstahl ist eine zunehmende Anzahl an metallischen Werkstoffen kommerziell als Pulver erhältlich. Verbreitete Materialien sind Titan-, Aluminium- und Stahl-Legierungen [2]. Das Pulver befindet sich zu Beginn des Prozesses in einem Vorratsbehälter. Eine Beschichtungseinrichtung trägt eine $20\,\mu m$ bis $60\,\mu m$ dünne Pulverschicht auf eine Substratplatte auf. Über eine Ablenkeinheit wird ein Laserstrahl entsprechend der aktuellen Bauteilschicht über das Pulverbett gelenkt, dabei schmilzt das Pulver des hier betrachteten Werkstoffs

---

[1]Die Abkürzung STL steht für Standard Transformation Language [6], Standard Triangle Language [3], Surface Tessellation Language [4] oder geht auf die erstmalige Verwendung in der Stereolithografie [7] zurück.

vollständig auf und verbindet sich mit der darunter liegenden Schicht. Technologisch entspricht dieser Vorgang einem Wärmeleitungsschweißen [10]. Nach Abschluss dieser Belichtung senkt sich die Substratplatte um die Dicke der Schichten ab und eine neue Pulverschicht wird vom Beschichter aufgetragen. Dieser Zyklus in Abbildung 2.1 aus Beschichten, Belichten und Absenken wiederholt sich, bis das Bauteil vollständig aufgebaut ist. [3, 6, 8]

Die Prozesskette der Datenvorbereitung von dem digitalen Modell des Bauteils bis zur Festlegung der Prozessparameter und des Pfads des Lasers über das Pulverbett erfordert Einstellungen und erzeugt Daten, die auf drei Informationsebenen betrachtet werden können, welche in Abbildung 2.2 dargestellt sind. Auf der obersten Ebene steht die dreidimensionale Beschreibung des Bauteils in einem 3D-CAD-Modell. Dieses Modell enthält die Geometrie des Bauteils und kann durch weitere bauteilspezifische Informationen, wie den geforderten Toleranzen und Oberflächenrauheiten ergänzt werden. Die Informationen auf dieser Ebene sind zum Großteil bauteilspezifisch, da die Beschreibung unabhängig vom späteren Herstellungsprozess ist. Dieser findet sich lediglich im Sinne einer fertigungs- und funktionsgerechten Konstruktion in der beschriebenen Form wieder [11, 12]. Die Schichtinformationen stellen die zweite Informationsebene dar. Hierfür wird das 3D-CAD-Modell in der Datenvorbereitung für die additive Fertigung in einzelne Schichten zerlegt (*engl. to slice*). In diesem Prozess werden die Schichtdicke und der Weg des Lasers über die Pulverschichten festgelegt. Die zweidimensionale Beschreibung der Bauteilschichten ist sowohl bauteilspezifisch als auch prozessspezifisch. Die unterste Ebene der Information enthält die Bearbeitungsparameter und ist zurzeit weitgehend unabhängig vom Bauteil. Allerdings haben Gausemeier et al. 2013 für die Entwicklung der laseradditiven Fertigung bis 2020 unter anderem eine Steigerung der Fertigungsgeschwindigkeit und eine Erhöhung der Prozessstabilität prognostiziert [13]. Wird dies durch eine örtliche Anpassung der Bearbeitungsparameter realisiert, so wirkt sich zukünftig auch die Bauteilgeometrie auf die Parameter aus, die bestimmen, wie der Laser auf dem vorgegebenen Weg das Material aufschmilzt.

Abbildung 2.2.: Informationsebenen der additiven Fertigung von Bauteilen

Die weitere Beschreibung konzentriert sich auf die Ebenen der Schichtinformationen und der Bearbeitungsparameter, da eine möglichst flexible und bauteilunabhängige Lösung angestrebt wird. Die Proben und Bauteile für die Experimente werden mit einer M2Cusing des Anlagenherstellers Concept Laser gefertigt, daher wird verstärkt auf die Eigenschaften und Prozesse dieses Anlagentyps eingegangen.

2.1.2. Schichtinformationen

Die Verarbeitung einer einzelnen Schicht erfolgt unabhängig von dem darunter liegenden bereits gefertigten Körper oder den noch folgenden Schichten. Die dreidimensionale
Fertigungsaufgabe eines komplexen Bauteils ist in einzelne, zweidimensionale Ferti-
gungsschritte mit einfachen Konturen zerlegt worden. Der Laser schmilzt die Fläche
nicht auf einmal auf, sondern fährt sie in einzelnen Bahnen ab. Abbildung 2.3 zeigt drei
Belichtungsstrategien zum Füllen einer Bauteilschicht mit einzelnen Schmelzspuren.
Die durchgehende Belichtung ist auf Grund der sehr unterschiedlichen Vektorlängen
innerhalb einer Schicht nicht üblich, da lange Scanvektoren zu hohen Eigenspannungen
führen. Die Unterteilung der Gesamtfläche in Streifen oder quadratische Teilflächen
reduziert diese Spannungen. [14, 15, 16, 17, 18]

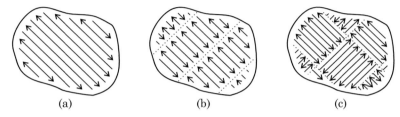

(a)   (b)   (c)

Abbildung 2.3.: Flächenbelichtung einer Bauteilschicht mit einer durchgehenden Belichtung (a), mit Streifen (b) und einem Schachbrettmuster (c)

Damit das produzierte Bauteil trotz des Aufbaus aus einzelnen Schmelzspuren isotrope Eigenschaften besitzt, werden Ausrichtung und Position des Belichtungsmusters zwischen den Schichten variiert. Die Abbildung 2.4 zeigt dies am Beispiel des
Schachbrettmusters aus Abbildung 2.3(c). Die Scanrichtung der übereinanderliegenden Schachbrettfelder wird um 90° gedreht und das Muster in der Schichtebene in
x- und y-Richtung verschoben. Die Drehung der Felder gleicht die unterschiedlichen
mechanischen Eigenschaften und thermischen Eigenspannungen entlang und quer zu
der Schmelzspur aus und sorgt so für isotrope Materialeigenschaften des Bauteils. Die
Anfangs- und Endpunkte der Schmelzspuren können Entstehungsorte für Poren sein.
Die Verschiebung ermöglicht es, dass in der nächsten Schicht Fehlstellen mit durchgehenden Schmelzspuren geschlossen werden. Mit dieser Strategie wird eine relative
Dichte von über 99 % erreicht [9, 15, 16, 17, 19]. Dies wurde unter anderem von Yasa
et al. [9] und Kempen et al. [19] für den in dieser Arbeit verwendeten Werkzeugstahl
X3NiCrMoTi (1.2709) gezeigt.

Die einzelnen Schmelzspuren in einer Schicht überlappen sich sowohl mit der parallelen
Nachbarspur als auch an den Spurenden mit den Spuren im benachbarten Schachbrettfeld beziehungsweise Streifen. Untersuchungen von Yadroitsev et al. mit einzelnen
Spuren haben gezeigt, dass durch den Laserstrahl ein breiter Streifen Pulver aufgeschmolzen wird. Wie die Abbildung 2.5(a) zeigt, zieht die Oberflächenspannung die
Schmelze einer einzelnen Spur zusammen und sie nimmt eine zylindrische Form an
[20]. Durch dieses Zusammenziehen ist die erstarrte Schmelzspur höher als die Schichtdicke des Pulverbetts. Diese Spurüberhöhung ist immer dann zu beobachten, wenn die
Schmelze keine Möglichkeit hat, sich an eine Nachbarspur anzulegen [21]. Die weiteren

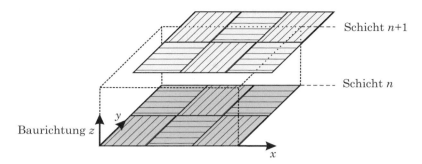

Abbildung 2.4.: Variation des Schachbrettmusters in Aufbaurichtung

Spuren in Abbildung 2.5(b) und (c) bieten der Schmelze eine zusätzliche, feste Oberfläche, an die sich die Schmelze anlegen kann. Hierdurch stabilisiert sich die Schmelze und die Spurüberhöhung fällt geringer aus. Für das Verhältnis zwischen dem Abstand der Spuren h_s und der Schmelzspurbreite b_Spur hat sich ein empirischer Zusammenhang von

$$h_\mathrm{s} = 0,7 \cdot b_\mathrm{Spur} \tag{2.1}$$

als besonders vorteilhaft für die gegenseitige Stabilisierung der Schmelzspuren herausgestellt[2] [14].

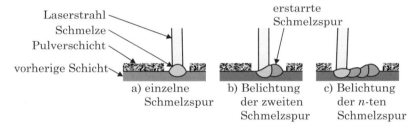

Abbildung 2.5.: Anlegen von Schmelze an bereits erstarrte Schmelzspuren [22]

2.1.3. Bearbeitungsparameter

Bei der Belichtung bewegt sich der Fokus des Laserstrahls mit der Scangeschwindigkeit v_s über das Pulverbett, schmilzt das Pulver der aktuellen Schicht mit einer Schichtdicke s auf und verschweißt es mit dem darunterliegenden Material. Die Energie, die der Strahl mit der Laserleistung P_L hierbei in die Schmelze einbringt, bestimmt das Verhalten des Schmelzpools. Der Energieeintrag in das Material kann entweder als Streckenenergie E_S [23]

$$E_\mathrm{S} = \frac{P_\mathrm{L}}{v_\mathrm{s} \cdot s} \tag{2.2}$$

---

[2]Wenn nicht anders angegeben, werden die im Formelverzeichnis angegebenen Einheiten verwendet.

oder als Volumenenergie E_V [24]

$$E_V = \frac{P_L}{v_s \cdot s \cdot h_s} \tag{2.3}$$

betrachtet werden. Viele Autoren haben einen empirischen Zusammenhang zwischen der eingebrachten Energie und der Dichte des produzierten Materials beobachtet, unter anderem [9, 14, 15]. Eine quantitative Beschreibung des Zusammenhangs zwischen eingebrachter Energie und erreichter Bauteildichte steht noch aus [25].

Bei zu geringer Energie wird das Pulver nur angeschmolzen und zwischen den Partikelresten verbleiben Hohlräume. Eine zu hohe Energie führt zu einer erhöhten Temperatur der Schmelze, da die Wärme nicht ausreichend durch das umgebende Material abgeleitet werden kann. Als Folge der heißeren Schmelze bilden sich vermehrt Spritzer und die Viskosität der Schmelze sinkt. Durch die dünnflüssigere Schmelze gewinnt wiederum deren Hydrodynamik an Bedeutung, da vor allem die durch unterschiedlichen Grenzflächenspannungen in der Schmelze angetriebene Marangoni-Konvektion zunimmt und mit ihren hohen Strömungsgeschwindigkeiten die Schmelze destabilisiert [26].

Zusätzlich verändert eine höhere Temperatur die Geometrie des Schmelzpools. Da das Material länger flüssig bleibt, wird der Schmelzpool länger. Der längere Schmelzpool erreicht die Grenze der Plateau-Rayleigh-Instabilität [27, 28, 29] und zerfällt in zwei oder mehr Tropfen. Dieser Effekt wird bei der laseradditiven Fertigung als *balling* bezeichnet. Für einen kreisrunden Flüssigkeitszylinder ohne Kontakt zu benachbarten Strukturen und dem Durchmesser d gilt

$$\frac{\pi d}{l} > 1 \tag{2.4}$$

als hinreichende und notwendige Stabilitätsbedingung gegen axiale harmonische Störungen des Radius. Der Schmelzpool bleibt stabil, solange die Wellenlänge der Störung l kleiner ist als der Umfang des Zylinders. [20]

Ist der Flüssigkeitszylinder, wie in Abbildung 2.6, in Kontakt mit der Substratplatte, dann gilt für einen Zylinder mit dem Kontaktwinkel Φ die Gleichung

$$\frac{\pi d}{l} > \sqrt{2}\sqrt{\frac{\Phi(1 + \cos(2\Phi)) - \sin(2\Phi)}{2\Phi(2 + \cos(2\Phi)) - 3\sin(2\Phi)}}. \tag{2.5}$$

als Stabilitätsbedingung [20].

Eine gute Benetzung der vorangegangenen Schicht und die Anbindung an die Nachbarspur wirken sich über den Kontaktwinkel Φ stabilisierend auf den Prozess der laseradditiven Fertigung aus. Mit einem stabilen Prozess werden eine hohe Bauteildichte und dadurch gute mechanische Eigenschaften erreicht.

2.1.4. Mechanische Eigenschaften

Die laseradditive Fertigung wird häufig als ein geeignetes Fertigungsverfahren für das Rapid Manufacturing und Rapid Tooling angegeben. Diese Begriffe bezeichnen die

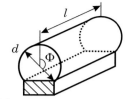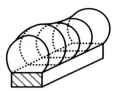

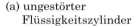

(a) ungestörter
Flüssigkeitszylinder

(b) gestörter
Flüssigkeitszylinder

Abbildung 2.6.: Ungestörter und gestörter Flüssigkeitszylinder auf einer Substratplatte [20]

schnelle Fertigung von Endprodukten beziehungsweise Werkzeugformen und wurden gewählt, um die laseradditive Fertigung von den Rapid Prototyping Verfahren abzugrenzen [6]. Rapid Prototyping ist die schnelle Herstellung von Anschauungsobjekten für die Visualisierung von Produktideen und Konzepten im Entwicklungsprozess. Nach Burns erfüllt ein Rapid Prototyping Fertigungsverfahren folgende Kriterien [30, 31]:

- Das Ausgangsmaterial ist ein formloser Stoff.

- Der Prozess erfordert kein signifikantes Eingreifen durch den Bediener.

- Die erzeugten Teile haben eine komplexe, dreidimensionale Form.

- Das Verfahren ist werkzeuglos.

- Es werden Teile gefertigt und keine Baugruppen zusammengesetzt.

Diese Definition ist auf die laseradditive Fertigung anwendbar, aber durch die Weiterentwicklung des Verfahrens gehen die Möglichkeiten über die Erstellung von reinen Prototypen hinaus. Es werden mit konventionellen Serienwerkstoffen vergleichbare mechanische Eigenschaften erreicht [9, 32, 33, 34, 35, 36], daher ist der Einsatz der laseradditiven Fertigung zur schnellen Herstellung von Endprodukten (Rapid Manufacturing) und Werkzeugformen (Rapid Tooling) heute Stand der Technik. [2, 31, 37, 38, 39, 40]

Für die laseradditive Fertigung von Werkzeugformen wird der martensitaushärtbare Werkzeugstahl X3NiCrMoTi (1.2709) verwendet. Dieser Werkstoff ist gut schweißbar und kann durch Ausscheidungshärten vergütet werden. Bei diesem Prozess wird durch eine Wärmebehandlung eine fein verteilte, intermetallische Phase ausgeschieden, die die Festigkeit des Materials erhöht [41, 42]. Bei der laseradditiven Fertigung wird nur ein kleiner Teil des Bauteils im Schmelzpool aufgeschmolzen und anschließend mit einem hohen Temperaturgradienten wieder abgekühlt. Diese Prozesscharakteristiken finden sich auch in dem Gefüge wieder. Zum einen ist die erstarrte Schmelzpoolgeometrie in Schliffen erkennbar, zum anderen ist die Korngröße um etwa eine Zehnerpotenz kleiner als bei konventionellem Material [43]. Durch diese Unterschiede in der Mikrostruktur unterscheiden sich die mechanischen Eigenschaften von konventionell hergestelltem und additiv gefertigtem Material. Die mechanischen Kennwerte von X3NiCrMoTi (1.2709) als konventionelles und laseradditiv gefertigtes Material sind in Tabelle 2.1 aufgeführt [9, 19, 44, 45].

Tabelle 2.1.: Mechanische Eigenschaften von konventionell und laseradditiv gefertigtem Werkzeugstahl X3NiCrMoTi (1.2709) [19, 44, 45, 46, 47, 48]

	Streckgrenze $R_{p0,2}$ [N/mm^2]	Zugfestigkeit R_m [N/mm^2]	Härte HRC
	konventionell gefertigt		
lösungsgeglüht [45, 46, 48]	900 [48]	980 - 1100 [48] 950 - 1100 [45]	32 [46]
ausgehärtet (490 °C) [48]	1800	1900 - 2100	55
	laseradditiv gefertigt		
unvergütet [19]	1214 ±99	1290	39,6 ±0,1
vergütet (480 °C) [19]	1998 ±32	2217 ±73	58 ±0,1
vergütet (540 °C) [44]	1550	1650	48

	Elastizitäts- modul E [10^3 N/mm^2]	Bruchdehnung A [%]	Dichte ρ [g/cm^3]
	konventionell gefertigt		
lösungsgeglüht [48]	200	10	8,10
ausgehärtet (490 °C) [48]	k.A.	9	k.A.
	laseradditiv gefertigt		
unvergütet [19]	163 ± 4,5	13,3 ±1,9	8,042
vergütet (480 °C) [19]	189 ±2,9	1,6 ±0,26	k.A.
vergütet (540 °C) [44]	160	> 2-3	k.A.

Für den Einsatz in Spritzgießwerkzeugen sind zusätzlich zu den mechanischen Eigenschaften auch die thermischen Eigenschaften von Bedeutung. In Tabelle 2.2 werden diese für 20 °C aufgeführt [19, 48, 49, 50].

Tabelle 2.2.: Thermische Eigenschaften von konventionell und laseradditiv gefertigtem Werkzeugstahl X3NiCrMoTi (1.2709) [19, 48, 49, 50]

	konventionell	laseradditiv
Dichte ρ [g/cm^3]	8,10 [48]	8,042 [19]
Wärmeleitungskoeffizient λ [W/(m K)]	21 [48]	14,2 [49]
spez. Wärmekapazität c_p [kJ/(kg K)]	420 [48]	450 $\pm$20 [50]
Wärmeausdehnungskoeffizient α [10^{-6} m/(m K)]	10,3 [48]	10,3 [49]

2.2. Luftdurchlässige Strukturen

Luftdurchlässige Materialien werden hier als zusammenhängende Festkörper definiert, die über eine für die Funktion erforderliche Durchlässigkeit für Luft verfügen. Ein zusammenhängender Festkörper schließt lose Schüttungen von undurchlässigen Partikeln aus, bei denen die Luft um die einzelnen Partikel herum strömt. Da Luft ein Gasgemisch ist folgt aus der Luftdurchlässigkeit, dass das Material auch für andere Gase und Gasgemische durchlässig ist [51].

Ein Beispiel für die Verwendung von luftdurchlässigen Materialien sind Filterelemente. Diese erfüllen in einer Vielzahl von technischen Anwendungen unterschiedliche Funktionen. Die Hauptfunktionen von Filtern sind in Abbildung 2.7 aufgeführt. Filter mit sichernder Funktion sind beispielsweise Flammensperren in Leitungen für brennbare Gase, welche die Ausbreitung eines Brandes in die Zuleitung verhindern. Beim Filtrieren und Trennen hält der Filter Partikel zurück, die größer als der maximale Durchmesser der Öffnungen im Filter sind. Die Verwirbelung in einem Filter kann zum Verteilen und Dispergieren von verschiedenen Gasen genutzt werden. Der Strömungswiderstand und das Volumen eines Filters reduzieren Druckstöße und beruhigen Strömungen. Ebenso kann ein Filter genutzt werden, um Schüttgut zu begasen und durch das Einblasen von Luft fließfähig zu machen. [52]

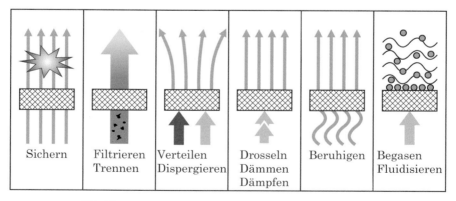

Abbildung 2.7.: Hauptfunktionen von Filterelementen [52]

Entsprechend den unterschiedlichen Hauptfunktionen sind die Anwendungsmöglichkeiten für luftdurchlässige, metallische Strukturen in einem industriellen Umfeld entsprechend vielfältig. Kapitel 8 beschreibt die Verwendung des laseradditiv gefertigten, luftdurchlässigen Materials in einem Druckluftauswerfersystem für Spritzgießwerkzeuge. In dieser Anwendung erfüllt das laseradditiv gefertigte Material zwei der Funktionen aus Abbildung 2.7. Das Material soll undurchdringlich für die Kunststoffschmelze sein, was der Hauptfunktion Trennen entspricht. Für den Auswurf der Kunststoffartikel muss die Oberfläche über dem luftdurchlässigen Material gleichmäßig mit Druckluft beaufschlagt werden, dies erfordert die Hauptfunktionen Verteilen und Begasen.

2.2.1. Klassifizierung von luftdurchlässigen Strukturen

Luftdurchlässige Materialien zeichnen sich dadurch aus, dass sie von Verbindungen durchzogen sind, die groß genug sind, um die Moleküle der Luft hindurch zu lassen. Ein Material mit einer Vielzahl von Hohlräumen im Inneren ist nicht automatisch luftdurchlässig, da die Verbindungen zwischen den Hohlräumen für die Durchlässigkeit entscheidend sind. Abbildung 2.8 zeigt die drei möglichen Arten von Hohlräumen im Material . Geschlossene Poren haben keine Verbindung zur Umgebung, blinde Poren haben nur eine Öffnung und durchgehenden Poren haben mindestens zwei Verbindungen zur Umgebung. Somit tragen nur die durchgehende Poren zur Luftdurchlässigkeit bei. [24]

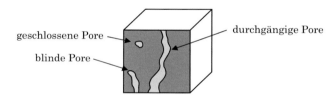

Abbildung 2.8.: Arten von Poren [24]

Für die Anforderungen an die laseradditiv gefertigte, luftdurchlässige Mesostruktur ist eine funktionale Einteilung der Porosität des Materials sinnvoll. Die absolute Porosität bezeichnet hierbei den Volumenanteil der Poren am Material unabhängig vom Porentyp. Alle Poren reduzieren unabhängig von den Verbindungen zur Umgebung die Festigkeit des Materials, da die Hohlräume keine Kräfte übertragen können und wie eine Kerbe wirken. Für mechanisch belastete, luftdurchlässige Materialien ist ein hoher Anteil an durchgehenden Verbindungen wichtig, da nur sie zur Funktion des Materials beitragen. Die durchgehende Porosität wird daher als Nutzporosität bezeichnet und ein hoher Wert wird als Ziel für die Entwicklung des laseradditiv gefertigten, luftdurchlässigen Materials definiert. [53]

Die Porosität ϵ bestimmt sich mit

$$\epsilon = 1 - \frac{\rho_{\text{Probe}}}{\rho_{\text{Ref}}} \tag{2.6}$$

aus der gemessenen Dichte ρ_{Probe} und der theoretischen Dichte ρ_{Ref} des porenfreien

Werkstoffs. Das Verhältnis zwischen gemessener und theoretischer Dichte wird als relative Dichte

$$\rho_{\mathrm{rel}} = \frac{\rho_{\mathrm{Probe}}}{\rho_{\mathrm{Ref}}} \tag{2.7}$$

bezeichnet. Für die Ermittlung der Dichte ρ_{Probe} können verschiedene Messverfahren angewendet werden, die bedingt durch die unterschiedlichen Porentypen zu abweichenden Ergebnissen führen [54]. Das bekannteste Verfahren zur Dichtebestimmung ist das archimedische Prinzip. Bei diesem wird eine Probe in einer Flüssigkeit und an der Luft gewogen. Aus dem unterschiedlichen Gewichten wird die archimedische Dichte berechnet. Da sich blinde und durchgehende Poren mit Flüssigkeit füllen, erfasst die archimedische Dichte nur geschlossene Poren. Eine weitere häufig angewendete Methode ist die Auswertung von Schliffbildern unter dem Mikroskop. Die Schliffebene stellt hierbei einen zufälligen Querschnitt durch das Material da. Durch die Bestimmung des Flächenanteils der freigelegten Poren an der Gesamtfläche des Auswertebereichs in mehreren Schliffen kann die relative Dichte $\rho_{\mathrm{Probe}}/\rho_{\mathrm{Ref}}$ abgeschätzt werden. Da hierbei alle drei Porentypen erfasst werden entspricht die so bestimmte Porosität der absoluten Porosität. Es kann allerdings keine Aussage über den Verlauf der Poren im Material außerhalb der Schliffebene gemacht werden. Mit einem Computertomografen ist im Rahmen der Auflösung eine Unterscheidung der Porentypen in einer Probe möglich. Da diese Untersuchungen mit einem erheblichen technischen Aufwand verbunden sind wird in dieser Arbeit die Nutzporosität durch den Vergleich von Schliffbildern mit der erwarteten Mesostruktur abgeschätzt.

Der Begriff Mesostrukturen bezeichnet Strukturen oder Prinzipien, die sich zwischen verschiedenen Ebenen oder Größenordnungen befinden. Hierbei ist die Verwendung nicht nur auf technische Anwendungen beschränkt. Die Hierarchie-Ebenen des Six Sigma vom Green Belt bis zum Master Black Belt, die unabhängig von den eigentlichen Strukturen eines Unternehmens existieren, werden ebenso als Mesostrukturen bezeichnet [55] wie chemische Prinzipien im Bereich zwischen molekularer und Festkörperchemie [56, 57, 58]. In Ingenieurswissenschaften ist häufig von Mesostrukturen die Rede, wenn mehrere in sich homogene Materialien einen Verbundwerkstoff bilden. Die Mesostrukturen bestimmen in diesem Fall, wie die Anordnung der homogenen Bereiche zu den makroskopischen Materialeigenschaften eines Werkstoffes führt, die für die Dimensionierung von Bauteilen verwendet werden können. Die homogenen Bereiche können mehrere Festkörper sein, wie beispielsweise bei Kohlefaserverbundwerkstoffen [59, 60] oder textilbewehrtem Feinbeton [61] oder auch die räumliche Anordnung von Hohlräumen in zellulären Materialien wie beispielsweise Gittern [62, 63, 64] oder Metallschäumen [65, 66].

Für das luftdurchlässige Material ist eine dreidimensionale Mesostruktur aus einem festen und einem gasförmigen Anteil naheliegend. Die Einteilung dieser Mesostrukturen ist in Abbildung 2.9 dargestellt. Ein erstes Unterscheidungskriterium ist die Art der räumlichen Verteilung. Die Struktur kann aus stochastischen, geometrisch unbestimmten Zellen bestehen oder geordnet aus geometrisch definierten Elementen aufgebaut sein. Metallschäume sind bekannte stochastische Mesostrukturen. Die einzelnen Poren können geschlossen oder offen sein. In geordneten Strukturen werden die Zellen entweder als Gitter aus einzelnen Stäben oder als Waben aus durchgehenden Wänden gebildet. [24, 62, 64]

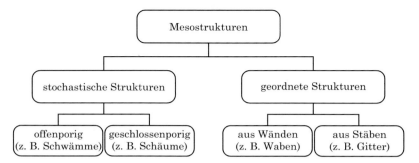

Abbildung 2.9.: Einteilung von zellulären Materialien nach ihrer Mesostruktur nach [62]

Für die Herstellung eines Materials, welches luftdurchlässig aber undurchlässig für Kunststoffschmelze ist, sind kleine, durchgängige Verbindungen erforderlich. Die für diese Anwendung zulässige Größe der Öffnungen an der Werkzeugoberfläche ist Teil der Untersuchung und wird in Kapitel 8.1 diskutiert. Aus der Systematik der Mesostrukturen sind offenporige stochastische Strukturen und geordnete Strukturen aus Wänden oder Stäben geeignet. Da das Material auch mechanisch belastet wird, ist eine hohe Nutzporosität erforderlich. [66, 67]

2.2.2. Laseradditiv gefertigte, luftdurchlässige Strukturen

Die Herstellung von luftdurchlässigen Strukturen mit der laseradditiven Fertigungstechnik kann durch einen Eingriff in den Herstellungsprozess auf jeder der drei Ebenen in Abbildung 2.2 erfolgen: Auf der Ebene der CAD-Konstruktion durch die Gestaltung der gewünschten Struktur, durch eine geeignete Belichtungsstrategie und durch die Wahl der Bearbeitungsparameter.

Die Abbildung 2.10 zeigt eine von Yadroitsev et al. laseradditiv hergestellte, grobporige Filterstruktur mit 1 mm großen quadratischen Öffnungen. Die hohe Geometriefreiheit des Verfahrens wurde ausgenutzt und die Filterstruktur im CAD konstruiert. [68]

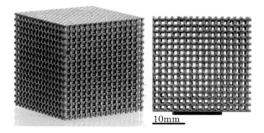

Abbildung 2.10.: Laseradditiv gefertigte, räumliche Gitterstruktur aus Edelstahl 316L [68]

Eigene Erfahrungen mit der Herstellung von filigranen Strukturen haben gezeigt, dass diese in der Datenvorbereitung Probleme bereiten können. Die Prozesskette von einem 3D-CAD-Modell hin zu den Schichtinformationen für die Fertigung erfordert zwei Approximationen. Zunächst wird bei der Umwandlung des 3D-CAD-Modells in ein STL-Modell die Bauteiloberfläche mit Dreiecken angenähert. Bereits diese erste Approximation kann bei gekrümmten Oberflächen zu deutlichen Abweichungen von der Originalkontur führen [69]. Die Platzierung der Belichtungsvektoren in die einzelnen Schichten ist ebenfalls nicht ausreichend exakt, da der Algorithmus zur Erzeugung der Schichtinformationen den Abstand der Scanvektoren so anpasst, dass die Flächen mit einer ganzen Anzahl an Schmelzspuren gefüllt werden. Diese zwei Approximationen führen zu einer Variation der Abmessungen der Kanäle im luftdurchlässigen Material. Es wird daher erwartet, dass bei einem im CAD konstruierten, luftdurchlässigen Material einige Öffnungen groß genug für das Eindringen von z.B. Kunststoff sind, während anderen die nötige Luftdurchlässigkeit fehlt.

Eine direkte Platzierung der Belichtungsvektoren umgeht diese Approximationen. Dieser Eingriff in die Belichtungsstrategie ist in mehreren Arbeiten beschrieben worden. Yadroitsev et al. haben Wände aufgebaut, indem sie über mehrere Schichten Schmelzspuren aufeinander platziert haben. Der untersuchte Spurabstand h_s beträgt 200 μm bis 400 μm. Unterhalb von $h_s = 200$ μm liegen laut diesen Untersuchungen zu viele Verbindungen zwischen den Wänden vor, um einen durchgehenden Spalt zu erzeugen. Aus Schmelzspuren, die sich im rechten Winkel kreuzen, wurde ein zylindrisches Filterelement mit 150 μm großen quadratischen Öffnungen und 120 μm breiten Wänden aufgebaut. Als mögliche Anwendungen für diese Strukturen nennen Yadroitsev et al. Filter und Katalysatoren. [68]

Sehrt hat 2010 in seinen Untersuchungen ebenfalls luftdurchlässige Strukturen für Filter hergestellt. Die von ihm als Liniengitter bezeichnete Struktur besteht, wie in Abbildung 2.11 dargestellt, aus einzelnen Schmelzspuren, deren Ausrichtung von einer Schicht zur nächsten um 90° gedreht wird, wobei die Position der Spuren in jeder zweiten Schicht identisch ist. Sehrt geht hierbei von einer Durchströmung quer zur Aufbaurichtung aus. Die Belichtungsparameter wurden so ermittelt, dass sich die übereinanderliegenden Spuren in den Schichten n und $n+2$ nicht berühren. Die untersuchten Spurabstände h_s betrugen zwischen 100 μm und 300 μm. Durch Prozessschwankungen im Aufschmelzen des Pulvers variieren sowohl die Breite b_{Spur} als auch die Tiefe der Schmelzspuren s_{Spur}. Bei dem Liniengitter in Abbildung 2.11 entspricht die Tiefe der Schmelzspur der Schichtdicke. Mit anderen Prozessparametern ist auch eine größere Schmelzspurtiefe, bei der sich die Schmelzspuren an den Kreuzungspunkten überlappen, möglich. Eine flachere Schmelzspur ist technisch nicht sinnvoll, da sich ohne den Kontakt zwischen den kreuzenden Schmelzspuren keine stabile Struktur ausbildet. Die erzeugte Struktur bezeichnet Sehrt als teilbestimmte Geometrie, da die Prozesssteuerung die Position der Linien vorgibt, daraus allerdings stochastisch verteilte Porengrößen und Anordnungen resultieren. [52]

Für die Untersuchung der Luftdurchlässigkeit hat Sehrt Proben mit einem luftdurchlässigen Bereich aufgebaut. Dieser verfügte an der Oberfläche über eine quadratische Fläche mit 9 mm Seitenlänge und erstreckte sich über die gesamte Probendicke von 3 mm. Bei einem Druck von 2,5 bar wurde die Zeit gemessen, bis eine definierte Luft-

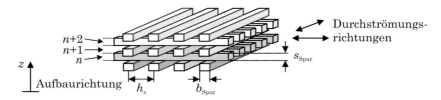

Abbildung 2.11.: Aufbauprinzip der Liniengitter aus einzelnen Schmelzspuren nach [52]

menge durch die Fläche geströmt war. Eine Erhöhung der Streckenenergie vergrößert die Schmelzspuren und reduziert die Luftdurchlässigkeit. Demgegenüber führt ein breiterer Spurabstand zu einer höheren Luftdurchlässigkeit. [52]

Eine Kombination der gestapelten Schmelzspuren von Yadroitsev et al. und der sich kreuzenden Schmelzspuren von Sehrt verfolgen Stamp et al. für die Herstellung von medizinischen Implantaten mit porösen Oberflächen. Sie platzieren wie in Abbildung 2.12 Schmelzspuren mit erhöhtem Abstand übereinander und nach mehreren Schichten drehen sie das Belichtungsmuster um 90° [70] . Ziel ist es hierbei, eine stabile offenporige Struktur zu schaffen, in die das umgebende Gewebe hineinwachsen kann. Das Implantat soll auf diese Weise einen besseren Halt im Knochen erzielen [70, 71].

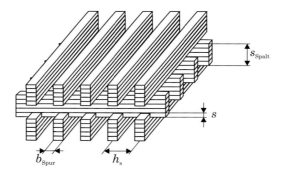

Abbildung 2.12.: Liniengitter aus mehreren Schmelzspuren übereinander [70]

Trenke hat in seiner Arbeit 2006 verschiedene Strategien entwickelt und getestet, die die Porosität von laseradditiv gefertigtem Material erhöhen und auf diese Weise luftdurchlässige Strukturen für die Entlüftung von Spritzgießwerkzeugen erzeugen. Als Werkstoffe verwendete er mehrkomponentige Metallpulver auf Stahl- bzw. Bronzebasis. Der Laser schmilzt nur die Pulverkomponenten mit niedriger Schmelztemperatur auf und diese verbinden nach dem Erstarren die Partikel mit hohem Schmelzpunkt. Dies entsprach im Jahr 2006 dem damaligen Stand der Technik [2]. Mit den Standardverarbeitungsparametern der Anlagenhersteller erreichten damals Bronzebauteile eine Restporosität von 9,61 % und Stahlbauteile eine Restporosität von 4,73 % [53]. Da das von Trenke beabsichtigte Anwendungsgebiet mit der gewählten Referenzanwendung dieser Arbeit übereinstimmt, werden im Folgenden die vier von Trenke entwickelten Strategien detaillierter vorgestellt. [53]

Bei der ersten Strategie wurde der Spurabstand erhöht, ohne auf die Position der Scanvektoren Einfluss zu nehmen. Dies führte bei den Untersuchungen von Trenke zu der Bildung von Porenketten zwischen den Schmelzspuren. Versuche von Li im Jahr 2010 mit einkomponentigen Stahlpulvern haben ein identisches Verhalten gezeigt [72]. Da die Schmelzspuren nicht wie in den oben genannten Arbeiten übereinander platziert werden, ist das Material vor allem entlang der Schmelzspuren und nur in geringem Maße quer zu den Spuren beziehungsweise in Aufbaurichtung durchlässig. Auf Grund der hohen Durchlässigkeit entlang der Schmelzspuren empfiehlt Trenke das Material nur für Kunststoffe mit hochviskoser Schmelze. [53]

Die zweite Strategie von Trenke erhöht die Scangeschwindigkeit bei konstanter Leistung und reduziert auf diese Weise nach Gleichung 2.2 die Streckenenergie. Durch die geringere Streckenenergie werden die Pulverpartikel nicht vollständig aufgeschmolzen und es entsteht eine poröse Struktur. Von den Informationsebenen in Abbildung 2.2 entspricht dies einem Eingriff auf der untersten Ebene der Bearbeitungsparameter. Die Durchlässigkeit für Luft ist geringer als bei einem erhöhten Spurabstand, dafür ist dieses Material laut Trenke aufgrund der kleineren Öffnungen auch für niedrigviskose Kunststoffschmelzen geeignet. [53]

Versuche als dritte Strategie im CAD konstruierte Kanäle mit einem Durchmesser zwischen 0,35 mm und 0,80 mm additiv herzustellen, waren nicht erfolgreich. Die Kanäle waren teilweise nicht luftdurchlässig und es haben sich Risse rund um die Kanäle gebildet. Ebenfalls verworfen wurde eine vierte Strategie, mit längeren Scanvektoren die Porosität zu erhöhen. Die Luftdurchlässigkeit stieg zwar mit der Länge der Schmelzspuren, allerdings führen die geometrischen Gegebenheiten der Bauteile dazu, dass an den Rändern der luftdurchlässigen Bereiche kürzere Vektoren erforderlich sind. Dies hat eine ungleichmäßige Durchlässigkeit zur Folge. [53]

Insgesamt hat Trenke seine Strategien darauf ausgerichtet, kleine, luftdurchlässige Bereiche in ein Spritzgießwerkzeugeinsatz zu integrieren und so die Entlüftung der Kavität zu verbessern. Das hergestellte poröse Material ist vor allem entlang der Schmelzspuren luftdurchlässig. Damit entspricht die Entlüftungsrichtung nicht der üblichen Aufbaurichtung von Spritzgießwerkzeugen. Diese werden im Allgemeinen so im Bauraum ausgerichtet, dass die Aufbaurichtung der Entformungsrichtung entspricht und keine Stützstrukturen erforderlich sind. Als Lösung für die unterschiedlichen Ausrichtungen von luftdurchlässigem Material und Werkzeugeinsätzen schlägt Trenke vor, mit seinem Material separate Entlüftungseinsätze zu fertigen, die in das Werkzeug eingebaut werden können. [53]

Trenke hat seine Materialien mit Luft, Wasser und Glycerin auf die Durchlässigkeit bei Drücken zwischen 1 bar und 50 bar getestet. Wasser und Glycerin repräsentierten hierbei niedrig- bzw. hochviskose Kunststoffschmelzen. Die Messgröße war bei diesen Versuchen, ob und bei welchem Druck das Testmedium aus einer Probe austrat. Es wurden keine Versuche mit Kunststoffschmelzen und unter Spritzgießbedingungen durchgeführt. [53]

Sowohl Sehrt als auch Trenke haben die von ihnen entwickelten luftdurchlässigen Strukturen nicht unter den Bedingungen der angestrebten Anwendung getestet [52, 53]. Aber gerade von Versuchen unter realistischen Bedingungen werden wichtige Erkenntnisse über die Eignung des entwickelten Materials erwartet. Daher werden Spritzgießwerkzeuge als industrielle Referenzanwendung für die behandelte Forschungsfrage ausgewählt. In dieser technisch anspruchsvollen Umgebung werden die gewonnenen Erkenntnisse unter realistischen Bedingungen verifiziert.

2.3. Werkzeugbau und Kunststoffverarbeitung

Kunststoffe sind Werkstoffe für die Massenproduktion. Insbesondere aus Thermoplasten lassen sich in vollautomatisierten Prozessen schnell und kostengünstig Artikel in großen Stückzahlen fertigen. Da thermoplastische Kunststoffe aus langen, untereinander nicht vernetzten Molekülketten bestehen, können sich diese oberhalb des Schmelztemperaturbereichs frei zueinander bewegen. Die Schmelze kann vor dem Erstarren in eine beliebige Form gebracht werden. Der Vorgang ist reversibel und der erstarrte Kunststoff kann wieder aufgeschmolzen werden. Je nach Polymer bleiben die Molekülketten beim Erstarren in einem unregelmäßigen, amorphen Zustand oder es bilden sich einzelne Bereiche mit geregelten Kristallstrukturen aus. Amorphe und teilkristalline Kunststoffe haben unterschiedliche Eigenschaften und werden entsprechend in verschiedenen Bereichen bevorzugt eingesetzt. Amorphe Thermoplaste haben eine geringere Verzugsneigung und werden für Bauteile verwendet, von denen eine hohe Genauigkeit gefordert wird. Für mechanisch anspruchsvolle Anwendungen werden Bauteile aus teilkristallinen Thermoplasten gefertigt, da diese bessere mechanische Eigenschaften aufweisen. [73, 74, 75]

Bezogen auf die Menge des verarbeiteten Materials ist das Extrudieren das dominierende Verfahren für Thermoplaste. Der Anteil dieses Verfahrens an der verarbeiteten Gesamtmenge von 5,73 Mio. t im Jahr 1996 betrug 55,8 % [76]. Mit Extrudieren werden vergleichsweise einfache Bauteile wie beispielsweise Folien, Rohre oder Kabelkanäle hergestellt. An zweiter Stelle folgt Spritzgießen mit 27,7 % der Gesamtmenge [76]. Mit diesem Verfahren lassen sich komplexere Bauteile herstellen, daher sind die meisten Kunststoffteile im Alltag Spritzgussteile. Auch Halbzeuge für andere Verfahren, wie beispielsweise die Rohlinge für das Blasformen von PET-Flaschen werden mit Spritzgießen hergestellt [76]. Dies zeigt, dass Spritzgießen ein wichtiges Produktionsverfahren ist. Wie bereits die Arbeit von Trenke gezeigt hat, können luftdurchlässige Strukturen in Werkzeugformen eingesetzt werden, um den Spritzgießprozess hinsichtlich Qualität, Zeit und Kosten zu verbessern [53].

2.3.1. Spritzgießprozess

Das Spritzgießen von Thermoplasten ist ein zyklischer Prozess. Ein Spritzgießzyklus umfasst nach Abbildung 2.13 fünf Schritte. Zunächst bereitet die Plastifiziereinheit die Kunststoffschmelze vor. Das Kunststoffgranulat gelangt aus dem Vorratstrichter in die Schnecke. Diese fördert das Material an beheizten Wänden entlang in Richtung der Düse. Das Granulat schmilzt und die Drehung der Schnecke homogenisiert die Kunststoffschmelze und verteilt Farbstoffe und andere Zusätze gleichmäßig. Befindet sich genug Schmelze in dem Bereich vor der Düse, dann fährt die Spritzgießwerkzeugform wie in Abbildung 2.13(a) an die Plastifiziereinheit. Im zweiten Schritt führt die Schnecke eine axiale Bewegung aus und spritzt die Schmelze in die Kavität der Werkzeugform. Die Schmelze verdrängt die Luft in der Kavität und füllt diese vollständig aus. Während des dritten Schritts in Abbildung 2.13(c) kühlt ein System von Kühlkanälen in dem Werkzeug die Schmelze. Die Schmelze erstarrt und ihr Volumen nimmt ab. Die Plastifiziereinheit hält einen Nachdruck aufrecht, der die Volumenschwindung des Kunststoffs im Werkzeug durch zusätzliche Schmelze ausgleicht. Sobald der Kunststoff im Anspritzpunkt der Werkzeugform erstarrt ist, kann keine Schmelze mehr nachgedrückt werden und es folgt der vierte Schritt in Abbildung 2.13(d). Das Werkzeug wird von der beheizten Plastifiziereinheit weggefahren und weiter gekühlt. Während die Plastifiziereinheit die Kunststoffmasse für den nächsten Zyklus vorbereitet, erstarrt die Masse in der Kavität des Werkzeugs. Wenn der Artikel soweit erstarrt und abgekühlt ist, dass er sich nicht mehr verformt, dann trennen sich die beiden Hälften des Spritzgießwerkzeugs und der fertige Kunststoffartikel wird aus der Form entfernt. Dieser letzte Schritt ist in Abbildung 2.13(e) dargestellt. Anschließend schließt sich die Werkzeugform wieder und wird für die nächste Formfüllung an die Plastifiziereinheit gefahren. [77, 78]

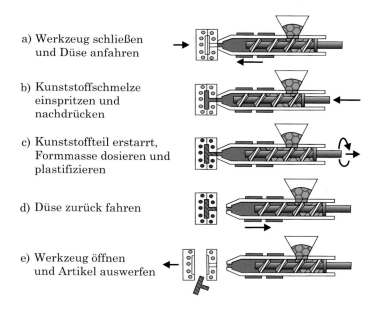

a) Werkzeug schließen und Düse anfahren

b) Kunststoffschmelze einspritzen und nachdrücken

c) Kunststoffteil erstarrt, Formmasse dosieren und plastifizieren

d) Düse zurück fahren

e) Werkzeug öffnen und Artikel auswerfen

Abbildung 2.13.: Prozessschritte des Spritzgießzyklus [78]

In dem Spritzgießprozess haben Druck und Temperatur einen großen Einfluss auf die Wirtschaftlichkeit des Prozesses und die Qualität der produzierten Kunststoffartikel. In Abbildung 2.14 ist qualitativ der Verlauf des Drucks in der Form über einen Zyklus dargestellt. Für die einzelnen Phasen bis zum Erstarren der Schmelze im Anspritzpunkt am Ende der Nachdruckphase sind die Qualitätsmerkmale aufgeführt, die vom Druck beeinflusst werden. Die optimale Höhe von Druck und Temperatur ist von der

Kunststoffsorte und der Bauteilgeometrie abhängig und wird bei der Bemusterung am Anfang der Produktion ermittelt [79]. In Tabelle 2.3 sind exemplarisch für einige Kunststoffe und Produktgruppen die Spritzdrücke in der Schnecke und die aus den übrigen Spritzgießparametern und der Geometrie von Bauteil und Anguss resultierenden Werkzeuginnendrücke aufgeführt. In der Einspritzphase bestimmen Druck, Bauteilvolumen und Geometrie, wie schnell die Kavität gefüllt wird. Lediglich eine dünne Randschicht an der Werkzeugwand und eine dünne Haut auf der Fließfront sind erstarrt. Die Einspritzgeschwindigkeit bestimmt die Eigenschaften der Randschicht und über die Scherung des Materials in Engstellen wie dem Anspritzpunkt auch den Verzug und den Kristallinitätsgrad im Bauteil. In der Kompressionsphase wird durch den Druck sichergestellt, dass die Kavität vollständig gefüllt ist. Durch einen zu hohen Druck gelangt Kunststoff in kleine Spalte zwischen den Komponenten des Spritzgießwerkzeugs. Diese Überspritzungen sind am Kunststoffartikel als Grate oder Schwimmhäute sichtbar. Mit dem Nachdruck wird die Schwindung durch das Abkühlen und Erstarren des Kunststoffs ausgeglichen und Einfallstellen, Lunker und der Verzug des Bauteils verringert. [75, 79, 80]

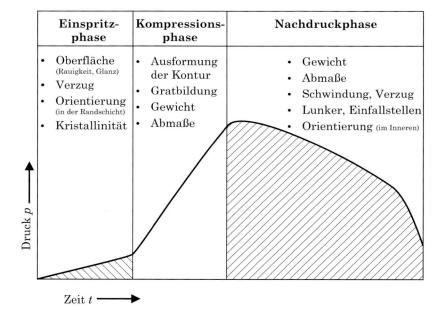

Abbildung 2.14.: Zeitlicher Verlauf des Forminnendrucks und Einfluss auf die Qualitätsmerkmale in den einzelnen Prozessphasen [75]

Bei teilkristallinen Kunststoffen beeinflusst der Druck zusätzlich die Bildung von kristallinen Bereichen und die Orientierung der Kristalle. Die Kristallisation beginnt während der Erstarrung und auch nach dem Auswurf des Kunststoffteils aus dem Spritzgießwerkzeug setzt sich die Ausbreitung von kristallinen Bereichen fort. Diese Nachkristallisation kann auch noch nach Tagen zum Verzug der Artikel führen. Die Beurteilung der Maßhaltigkeit von teilkristallinen Kunststoffartikeln kann daher erst nach mehre-

Tabelle 2.3.: Spritzdrücke [81] und Werkzeuginnendrücke [53] nach [82]

Thermoplast	Spritzdruck [bar] [81]	Produktgruppe	Werkzeuginnendruck [bar] [53] nach [82]
Acrylnitril-Butadien-Styrol (ABS)	800 - 1800	Techn. Verpackungsteile	300 - 400
		Allg. Funktionsteile	300 - 400
Polycarbonat (PC)	>800	Techn. Präzisionsteile	500 - 700
Polypropylen (PP)	1200	Verpackungsteile	400 - 600
		Allg. Funktionsteile	400 - 500
		Geringe Anforderungen an Oberflächenqualität und Abmessungen	250 - 350

ren Tagen erfolgen. Die Toleranzen von Bauteilen aus teilkristallinen Thermoplasten verbessern sich, wenn der Kunststoff im Spritzgießprozess ausreichend Zeit für die Ausbildung der kristallinen Bereiche hat. Insbesondere ist eine hohe Wandtemperatur des Spritzgießwerkzeugs zu Beginn des Spritzgießzyklus vorteilhaft für einen gleichmäßigen Kristallisationsgrad im Bauteil. Die empfohlenen Verarbeitungstemperaturen einiger Kunststoffe sind exemplarisch in Tabelle 2.4 aufgeführt. [75, 80, 83, 84, 85]

Tabelle 2.4.: Verarbeitungstemperaturen beim Spritzgießen [75, 81, 86]

Thermoplast	Massentemperatur [°C]	Werkzeugtemperatur [°C]	Entformungstemperatur [°C]
Acrylnitril-Butadien-Styrol (ABS) [86]	220 - 260	60 - 80	80 - 100
Polycarbonat (PC) [86]	280 - 320	80 - 100	< 140
Bayblend® (PC + ABS) [86]	240 - 280	70 - 100	110
Polypropylen (PP)	170 - 300 [81]	20 - 100 [81]	70 [75]

Diese Empfehlungen der Kunststoffhersteller werden von den kunststoffverarbeitenden Betrieben nicht immer beachtet. Stattdessen reduzieren sie die Wandtemperatur, um eine kürzere Zykluszeit zu erreichen und nehmen dabei eine geringere Bauteilqualität durch eine eingefrorene amorphe Randschicht in Kauf [75, 86]. Für den Spritzgießer bedeutet eine kürzere Zykluszeit, dass in der gleichen Zeit mehr Artikel produziert werden können und dadurch Produktivität und Wirtschaftlichkeit steigen. In Abbildung 2.15 sind die Zeitanteile eines Spritzgießzyklus dargestellt. Ein signifikanter Anteil entfällt auf die Kühlzeit. Daher sind Art und Ausführung der Temperierung nicht nur für die Qualität der Kunststoffartikel, sondern auch für die Wirtschaftlichkeit der Produktion von Bedeutung. Hierfür ist neben der optimalen Platzierung der Kühlkanäle auch eine gute Wärmeleitung des Werkzeugs erforderlich. [79, 85]

Abbildung 2.15.: Zeitliche Aufteilung des Spritzgießzyklus [79]

2.3.2. Aufbau von Spritzgießwerkzeugen

Das wichtigste Element bei der Herstellung von Kunststoffartikeln im Spritzgießverfahren ist das Spritzgießwerkzeug. Das Werkzeug wird als Einzelanfertigung oder in geringer Anzahl nur für die Produktion eines Bauteils in großer Stückzahl hergestellt. Auch wenn jedes Werkzeug individuell für einen Artikel konstruiert wird, so ist der prinzipielle Aufbau von Spritzgießwerkzeugen gleich. Abbildung 2.16 zeigt diesen Aufbau. Durch den Anguss gelangt die Kunststoffschmelze von der Düse der Schnecke in die Kavität und verdrängt die Luft, die sich dort befindet. Die Kavität bringt die Kunststoffschmelze in die gewünschte Form. Das Temperiersystem transportiert die Wärme aus der Schmelze ab und lässt sie erstarren. Die Anordnung der Kühlbohrungen des Systems bestimmen wesentlich die Qualität der Kunststoffartikel und die Wirtschaftlichkeit der Produktion. Die Auswerferstifte drücken den fertigen Artikel aus dem geöffneten Spritzgießwerkzeug. [77, 79]

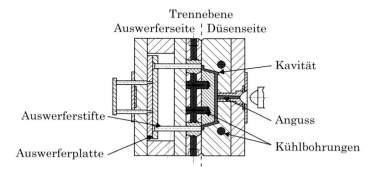

Abbildung 2.16.: Aufbau eines Spritzgießwerkzeugs [79]

Als Referenzanwendung für luftdurchlässige, laseradditiv gefertigte Materialien wurden Spritzgießwerkzeuge gewählt. Für das Verständnis des Kontext dieser Anwendung sind drei Teilsysteme von Bedeutung: Das Temperiersystem, da sich durch die geänderte Struktur auch die thermischen Eigenschaften des luftdurchlässigen Materials gegenüber dem Vollmaterial verändern, sowie die Entlüftungs- und die Entformungsvorrichtungen, da die luftdurchlässigen Strukturen in diesen Bereichen eingesetzt werden können. Im Folgenden werden diese drei Teilsysteme des Spritzgießwerkzeugs vorgestellt.

2.3.2.1. Temperierung

Durch das Einspritzen der Kunststoffschmelze wird in jedem Zyklus Wärme in das Spritzgießwerkzeug eingebracht. Die Aufgabe des Temperiersystems ist es, diese Energie aus dem System abzuführen. Damit die Schmelze in der Füllphase nicht erstarrt, kann das Kühlsystem auch zur Vorwärmung des Werkzeugs vor und während der Füllphase genutzt werden. Hierzu wird Dampf oder heißes Wasser durch die Kanäle geleitet. Diese variotherme Prozessführung erhöht die Bauteilqualität und erlaubt die Herstellung von Kunststoffbauteilen mit einer Hochglanzoberfläche [87]. Nachteil dieses Verfahrens ist der Energiebedarf und die Verlängerung der Zykluszeit, da in den Prozess eine zusätzliche Heizphase eingefügt wird und mehr Wärme in der Kühlphase abgeführt werden muss. [77, 79]

Die Darstellung der Wärmestrombilanz in Abbildung 2.17 verdeutlicht, dass das Spritzgießwerkzeug auch als Wärmetauscher betrachtet werden kann. Die heiße Kunststoffschmelze transportiert den Wärmestrom $\dot{Q}_F$ in das Werkzeug. Weitere Wärmequellen, wie der Heißkanalblock, bringen zusätzlich den Wärmestrom $\dot{Q}_H$ in das Werkzeug ein. An die Umgebung gibt das Werkzeug den Wärmestrom $\dot{Q}_U$ ab, welcher sich aus der Strahlung $\dot{Q}_S$ und der Konvektion $\dot{Q}_K$ von der Werkzeugoberfläche an die Umgebungsluft sowie die Wärmeleitung $\dot{Q}_L$ in die Spritzgießmaschine zusammensetzt. Da das Spritzgießen ein zyklischer Prozess ist, bei dem am Anfang von jedem neuen Zyklus die gleichen Bedingungen herrschen, muss durch das Temperiermedium der Wärmestrom

$$- \dot{Q}_{TM} = \dot{Q}_F + \dot{Q}_H + \dot{Q}_K + \dot{Q}_S + \dot{Q}_L \qquad (2.8)$$

zu- oder abgeführt werden, um die Wärmestrombilanz des Werkzeugs auszugleichen.

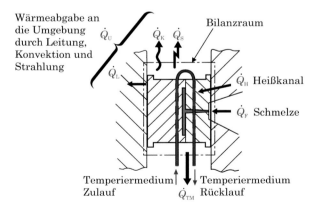

Abbildung 2.17.: Wärmestrombilanz in einem Spritzgießwerkzeug [86, 88]

Die Kunststoffschmelze soll nach dem Einspritzen in die Werkzeugform in kurzer Zeit möglichst gleichmäßig abkühlen und erstarren. Der Platzierung der Kühlkanäle im Spritzgießwerkzeug kommt daher eine große Bedeutung zu. Die Abbildung 2.18 zeigt drei Möglichkeiten, Kühlkanäle in einem Werkzeug zu realisieren. Die Abbildung 2.18(a) zeigt die einfachste Ausführung eines Kühlsystems, bei der mehrere sich kreuzende Bohrungen einen durchgehenden Kühlkanal bilden. Spritzgießwerkzeuge mit diesem Kühlsystem lassen sich mit konventionellen Fertigungsverfahren wie Bohren, Fräsen und Senkerodieren herstellen. Der Nachteil dieser Anordnung von geraden Bohrungen ist, dass die Kühlkanäle Freiformoberflächen nur begrenzt folgen können. Daher werden in Werkzeugen für komplexe Kunststoffbauteile häufig laseradditiv gefertigte Werkzeugeinsätze mit konturnaher Kühlung verwendet [89]. Mit der Gestaltungsfreiheit dieses Verfahrens ist es möglich, beliebig geformte und gewundene Kanäle, wie dem Kanal in Abbildung 2.18(b), dicht unter der Werkzeugoberfläche zu platzieren. Eine weitere Verbesserung stellen die in Abbildung 2.18(c) dargestellten, laseradditiv gefertigten Werkzeugeinsätze mit Netzkühlung dar. Anstelle eines oder mehrerer Kanäle wird ein Netz von Kanälen unter die Oberfläche gelegt. Das Kühlmedium strömt durch dieses Netz und kühlt die Oberfläche sehr gleichmäßig. [90, 91]

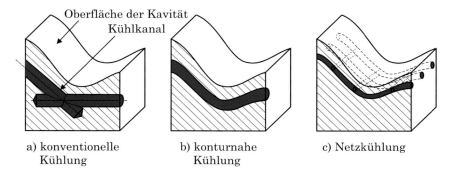

Abbildung 2.18.: Gestaltungsmöglichkeiten von Kühlkanälen in Spritzgießwerkzeugen

Eine unzureichende Temperierung wirkt sich sowohl auf die Zykluszeit als auch auf die Qualität der produzierten Teile aus. Ist die Kühlung des Bauteils sehr unterschiedlich, so erstarrt die Kunststoffmasse nicht gleichmäßig. Bereiche, die erst spät erstarren, führen durch die Schwindung zu Einfallstellen an der Oberfläche und zum Verzug der Kunststoffartikel. Mit der Werkzeugwandtemperatur ändert sich die Viskosität der Kunststoffschmelze. Daher formt sich die homogene Oberflächenrauheit der Kavität bei einer ungleichmäßigen Wandtemperatur unterschiedlich detailliert ab und es kommt zu Glanzunterschieden auf dem Kunststoffartikel . Für technische Präzisionsteile wird eine Schwankungsbreite der Werkzeugwandtemperatur von 1 °C bis 2 °C in kleinen Werkzeugen und 4 °C bis 5 °C in größeren Werkzeugen empfohlen [75].

Diese Empfehlung richtet sich an die örtliche Variation der Werkzeugwandtemperatur. Die zeitliche Schwankung der Werkzeugwandtemperatur ΔT_{Wand} in Abbildung 2.19 resultiert aus dem zyklischen Spritzgießprozess. Die Amplitude der Temperaturschwankung nimmt mit steigendem Abstand zur Wand ab. Durch eine Regelung der Kühlwassertemperatur eine zeitlich konstante Wandtemperatur zu erreichen, ist physikalisch nicht möglich, da durch den Abstand zwischen der Oberfläche und den Kühlkanälen die Dynamik der Regelung nicht ausreicht. Hinzu kommt, dass die Amplitude mit dem Abstand zur Werkzeugwand abnimmt. Ein Temperatursensor unter der Oberfläche misst daher eine geringere zeitliche Temperaturdifferenz ΔT_{Sensor} als real an der Werkzeugwand vorliegt. [75]

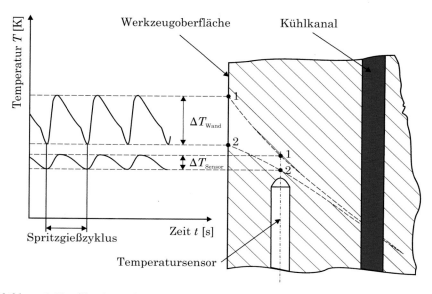

Abbildung 2.19.: Abnahme der Temperaturamplitude mit steigendem Abstand zur Werkzeugwand nach [75]

Eine konstante Wandtemperatur ist auch nicht wünschenswert, da eine höhere Wandtemperatur in der Füllphase die Formfüllung erleichtert. Neben der bereits erwähnten variothermen Prozessführung gab es Versuche, die Temperatur mit Peltier-Elementen direkt unter der Oberfläche zu regeln. Das Ziel war es, eine möglichst hohe, konstante Temperatur in der Füllphase zu erhalten. Dies ermöglicht niedrige Einspritzdrücke und eine gute Oberflächenqualität [92, 93]. Die Simulationen von Yao und Kim [94] eines dreischichtigen Aufbaus aus einer Heizschicht direkt an der Werkzeugoberfläche, einer darunter liegenden Isolierung und dem Grundmaterial haben gezeigt, dass die Dicke der Isolierung einen wesentlichen Einfluss auf die Heizphase und geringere Auswirkungen auf die Kühlphase hat. Die Werkzeugoberfläche wird bei dickerer Isolierschicht auf höhere Temperaturen erwärmt, da nicht so viel Wärme von der Heizschicht in das Grundmaterial verloren geht [94]. Ein ähnlicher, positiver Effekt ist bei luftdurchlässigen Strukturen in Spritzgießwerkzeugen zu erwarten. Wenn die Annahme stimmt, dass die luftdurchlässige Schicht eine isolierende Wirkung hat, dann erhöht sich die Werkzeugwandtemperatur bei Kontakt mit der Kunststoffschmelze schneller und die Schmelze erstarrt an der Oberfläche langsamer.

2.3.2.2. Entlüftung

Beim Einspritzen der Kunststoffschmelze in die Kavität verdrängt die Schmelze die Luft, die sich dort befindet. Da der Kunststoff mit hoher Geschwindigkeit und Druck in die Form gespritzt wird, ist auch ein schnelles Entweichen der Luft erforderlich. Die Abbildung 2.20 zeigt ein Beispiel für eine schlecht entlüftete Kavität. Bei dieser kann die Luft nicht vollständig durch den Spalt zwischen den Werkzeughälften entweichen, sondern ein Teil wird durch die Kunststoffschmelze in einem Bereich ohne Verbindung zur Umgebung eingeschlossen. Auch wenn der Spalt zu wenig Luft aus der Kavität entweichen lässt, entstehen charakteristische Bauteilfehler. Diese Bauteilfehler entstehen durch die Kompression der Luft und den resultierenden erhöhten Luftdruck in der Kavität. Der Druck wirkt dem Einspritzdruck entgegen und verlangsamt die Schmelzfront. Die Temperatur der Kunststoffschmelze sinkt und auf der Schmelzfront erstarrt eine Haut. Wenn die Luft aus dem Werkzeug entwichen ist, legt sich die Haut auf die Werkzeugwand. Dabei passt sich die Haut nicht mehr an die Oberflächenstruktur an und es entstehen Glanzunterschiede zum übrigen Bauteil. Fließt Schmelze um ein Hindernis herum, so treffen dahinter zwei Schmelzfronten aufeinander. Liegen auf den Fronten auf Grund einer schlechten Entlüftung Häute, so verbinden sich die Fronten nicht vollständig und eine mechanisch schwächere Bindenaht bleibt sichtbar. Luftblasen, die wie in Abbildung 2.20 nicht aus der Form entweichen können, führen zu einer unvollständigen Formfüllung. Werden diese Blasen stark komprimiert, so kann sich das Gemisch aus Luft und Kunststoffdämpfen in ihnen durch den hohen Druck und die hohe Temperatur entzünden. Dieser Vorgang ist in der Kunststoffverarbeitung als Diesel-Effekt bekannt und führt zu Verbrennungen an den Kunststoffartikeln und Schäden am Werkzeug. [53, 77]

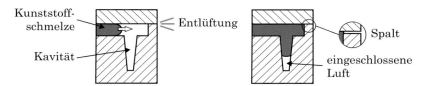

Abbildung 2.20.: Beispiel für eine Geometrie mit unzureichender Entlüftung nach [95]

Normalerweise entweicht die Luft durch dünne Spalte im Spritzgießwerkzeug. Diese finden sich besonders in der Trennebene und an den beweglichen Teilen der Form, wie Schiebern und Auswerferstiften. Diese Spalte dürfen nicht zu breit sein, da sonst Kunststoffschmelze in sie eindringt und sogenannte Schwimmhäute an den Kunststoffartikeln bildet. Die empfohlene maximale Spaltbreite ist kunststoffspezifisch. Für teilkristalline Kunststoffe beträgt die maximale Spaltbreite 25 μm, für amorphe Kunststoffe 38 μm [53]. Reichen die natürlichen Spalten des Werkzeugs nicht aus, so können verschiedene Maßnahmen ergriffen werden, um die Entlüftung zu verbessern. Ein grobkörniges Schleifen der Teilungsebene und laserabgetragene oder geschliffene Entlüftungskanäle erhöhen die Luftmenge, die durch einen vorhandenen Spalt strömen kann. Zusätzliche Spalte durch die Teilung von Einsätzen ermöglichen es, gefangene Luft aus vorher geschlossenen Bereichen abzulassen. Pulvermetallurgisch oder additiv hergestellte Entlüftungsstopfen lassen sich gezielt in das Werkzeug einbringen, um Problembereiche zu entlüften. [53, 77]

2.3.2.3. Entformung

Im Spritzgießzyklus kühlt die Kunststoffschmelze in der Werkzeugform aus Stahl ab. Am Ende des Zyklus soll der fertige Kunststoffartikel nach dem Öffnen des Spritzgießwerkzeugs aus der Form herausfallen. Verschiedene Effekte halten den Artikel in der Werkzeugform fest: [77]

- Der Kunststoff haftet an der Stahloberfläche.

- Zwischen Kunststoff und Werkzeug kann sich ein Vakuum bilden.

- Durch die thermische Kontraktion beim Abkühlen schrumpft der Kunststoffartikel auf Kerne auf.

- Enthält die Geometrie des Artikels Hinterschneidungen, so halten auch diese das Bauteil in der Form fest.

Schieber an Hinterschnitten, Ausformschrägen und die Verwendung von Trennmitteln reduzieren die Kräfte, die den Artikel in der Form halten. Vor dem nächsten Spritzgießzyklus muss die Werkzeugform leer sein. Dies ist bei einem Werkzeug, bei dem die Artikel sich nur durch die Schwerkraft aus der Form lösen, nicht sichergestellt. Daher werden Spritzgießwerkzeuge so konstruiert, dass der Artikel beim Öffnen zuverlässig auf einer Seite verbleibt. Dies ist üblicherweise die bewegliche Werkzeughälfte gegenüber dem Anspritzpunkt, da sich so die Auswerferfunktion mechanisch mit der Öffnungsbewegung koppeln lässt. Klassisch aufgebaute Spritzgießwerkzeuge verwenden mechanische Auswerferstifte oder Abstreiferplatten. Die Abbildung 2.21 zeigt ein einfaches Auswerfersystem, bei dem die Auswerferstifte über eine Auswerferplatte beim Öffnen mechanisch betätigt werden und das Bauteil gleichmäßig aus der Form drücken. [77]

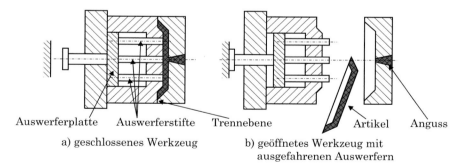

Auswerferplatte   Auswerferstifte   Trennebene   Artikel   Anguss

a) geschlossenes Werkzeug   b) geöffnetes Werkzeug mit
                                        ausgefahrenen Auswerfern

Abbildung 2.21.: Mechanisches Auswerfersystem [96]

Eine Alternative zu der mechanischen Kopplung der Auswerferbewegung an die Verfahrbewegung ist eine pneumatische oder hydraulische Betätigung. Die Auswerferstifte sind mit den Kolben von Hydraulik- oder Pneumatikzylindern verbunden und können über die Steuerung der Spritzgießmaschine unabhängig von der Verfahrbewegung betätigt werden. Da die Zylinder gegenüber der Umgebung abgedichtet sind, ist es nicht möglich mit einem pneumatischen Betätigungssystem die Bildung eines Vakuums zwischen Bauteil und Werkzeug zu verhindern. [77, 97]

Die Entformung von schlanken, tiefen Bauteilen kann mit Luftauswerfern unterstützt werden. Luftauswerfer ermöglichen es, den Zwischenraum zwischen Bauteil und Form mit Druckluft zu beaufschlagen. Anders als bei dem in Kapitel 8 zu entwickelnden Auswerfersystem werden Luftauswerfer im Allgemeinen nur in Ergänzung zu einem mechanischen Auswerfersystem verwendet. Das mechanische System übernimmt das erste Losbrechen des Formteils und die Druckluft den weiteren Transport des Bauteils, wodurch sich der erforderliche Auswerferweg des mechanischen Systems verkürzt. Des Weiteren verhindert ein Luftauswerfer die Bildung eines Vakuums zwischen Formteil und Werkzeug, welches das Auswerfen erschwert und ermöglicht auch ein schnelleres Ausblasen der Bauteile nach dem Entformen. Luftauswerfer bestehen aus Düsen und Schlitzen, die an geeigneten Positionen in der Form angebracht sind und die über Schaltventile mit Druckluft versorgt werden [98]. Abbildung 2.22 zeigt eine prinzipielle Darstellung eines klassischen Luftauswerfersystems, bei dem Luft aus dem Kern in das Innere eines becherförmigen Artikels geblasen wird. [77]

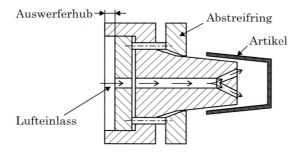

Abbildung 2.22.: Klassisches Luftauswerfersystem [77]

Im Spritzgießprozess wird die Werkzeugform in jedem Zyklus geöffnet, um die Kunststoffartikel auszuwerfen. Bei kleinen leichten Teilen kann es passieren, dass die Teile nicht nach unten aus der Spritzgießmaschine fallen, sondern auf Führungen und Vorsprüngen liegen bleiben. Wenn die Maschine die Werkzeughälften wieder zusammen fährt, können sich die kleinen Kunststoffteile verklemmen und zu Schäden am Werkzeug und der Maschine führen. Um dies zu verhindern, sind Druckluftdüsen an der Seite des Werkzeugs angebracht. Mit einem kurzen Druckluftstoß werden die Teile von den Führungen und Vorsprüngen entfernt. Sowohl die Luftauswerfer in Abbildung 2.22 als auch die seitlichen Luftdüsen unterstützen lediglich das mechanische Auswerfersystem. [77]

Literaturverzeichnis

[1] Norm BS ISO/ASTM 52921:2013 Juli 2013. *Terminology for Additive Manufacturing - Coordinate Systems and Test Methodologies*

[2] WOHLERS, T. (Hrsg.): *Wohlers Report 2013 - Additive Manufacturing and 3D Printing State of the Industry - Annual Worldwide Progress Report.* 18. Auflage. Fort Collins, CO : Wohlers Associates, 2013. – ISBN 0–9754429–9–6

[3] BERGER, U. ; HARTMANN, A. ; SCHMID, D.: *Additive Fertigungsverfahren - Rapid Prototyping, Rapid Tooling, Rapid Manufacturing.* 1. Auflage. Haan-Gruiten : Europa Lehrmittel, 2013. – ISBN 978–3–8085–5033–5

[4] Richtlinie VDI 3404 Dezember 2009. *Generative Fertigungsverfahren - Rapid-Technologien (Rapid Prototyping): Grundlagen, Begriffe, Qualitätskenngrößen, Liefervereinbarungen*

[5] Richtlinien-Entwurf VDI 3404 Mai 2014. *Additive Fertigung: Grundlagen, Begriffe, Qualitätskenngrößen, Liefervereinbarungen*

[6] GEBHARDT, A.: *Generative Fertigungsverfahren: Additive Manufacturing und 3D Drucken für Prototyping - Tooling - Produktion.* 4. Auflage. München : Hanser, 2013. – ISBN 978–3–446–43651–0

[7] Norm ASTM F2792 - 12a März 2012. *Standard Terminology for Additive Manufacturing Technologies*

[8] POPRAWE, R.: *Lasertechnik für die Fertigung: Grundlagen, Perspektiven und Beispiele für den innovativen Ingenieur.* 1. Auflage. Berlin : Springer, 2005. – ISBN 3–540–21406–2

[9] YASA, E. ; KEMPEN, K. ; KRUTH, J.-P. ; THIJS, L. ; VAN HUMBEECK, J.: Microstructure and Mechanical Properties of Maraging Steel 300 after Selective Laser Melting. In: *Proceedings of the 21st Annual International Solid Freeform Fabrication Symposium.* Austin, TX : University of Texas, August 2010, S. 383 – 396

[10] KLOCKE, F. ; KÖNIG, W.: *Fertigungsverfahren 3: Abtragen, Generieren und Lasermaterialbearbeitung.* 4. Auflage. Berlin : Springer, 2007. – ISBN 978–3–540–23492–0

[11] EMMELMANN, C. ; HERZOG, D. ; KRANZ, J. ; KLAHN, C. ; MUNSCH, M.: Manufacturing for Design, Laseradditive Fertigung ermöglicht neuartige Funktionsbauteile. In: *Industrie Management* 29 (2013), April, Nr. 2, S. 58 – 62. – ISSN 1434–1980

[12] KLAHN, C. ; LEUTENECKER, B. ; MEBOLDT, M.: Design for Additive Manufacturing - Supporting the Substitution of Components in Series Products. In: *Procedia CIRP* 21 (2014), S. 138 – 143. – ISSN 2212–8271

[13] GAUSEMEIER, J. ; WALL, M.: *Thinking ahead the Future of Additive Manufacturing - Exploring the Research Landscape.* Paderborn : Heinz Nixdorf Institute, University of Paderborn, 2013

[14] MEINERS, W.: *Direktes Selektives Laser Sintern einkomponentiger metallischer Werkstoffe.* 1. Auflage. Aachen : Shaker, 1999 (Berichte aus der Lasertechnik). – ISBN 3–8265–6571–1. – zgl. Diss. RWTH Aachen

[15] EISEN, M.A.: *Optimierte Parameterfindung und prozessorientiertes Qualitätsmanagement für das Selective Laser Melting Verfahren.* 1. Auflage. Aachen : Shaker, 2010 (Berichte aus der Fertigungstechnik). – ISBN 978–3–8322–8827–3. – zgl. Diss. Univ. Duisburg-Essen

[16] KRUTH, J.-P. ; FROYEN, L. ; VAN VAERENBERGH, J. ; MERCELIS, P. ; ROMBOUTS, M. ; LAUWERS, B.: Selective Laser Melting of Iron-Based Powder. In: *Journal of Materials Processing Technology* 149 (2004), Nr. 1 - 3, S. 616 – 622. – ISSN 0924–0136

[17] MERCELIS, P. ; KRUTH, J.-P.: Residual Stresses in Selective Laser Sintering and Selective Laser Melting. In: *Rapid Prototyping Journal* 12 (2006), Nr. 5, S. 254 – 265. – ISSN 1355–2546

[18] MUNSCH, M.: *Reduzierung von Eigenspannungen und Verzug in der laseradditiven Fertigung.* 1. Auflage. Göttingen : Cuvillier, 2013 (Schriftenreihe Lasertechnik Bd. 6). – ISBN 978–3–95404–501–3. – zgl. Diss. TU Hamburg-Harburg

[19] KEMPEN, K. ; YASA, E. ; THIJS, L. ; KRUTH, J.-P. ; VAN HUMBEECK, J.: Microstructure and Mechanical Properties of Selective Laser Melted 18Ni-300 Steel. In: *Physics Procedia* 12 (2011), S. 255 – 263. – ISSN 1875–3892

[20] YADROITSEV, I. ; GUSAROV, A.V. ; YADROITSEVA, I. ; SMUROV, I.: Single Track Formation in Selective Laser Melting of Metal Powders. In: *Journal of Materials Processing Technology* 210 (2010), S. 1624 – 1631. – ISSN 0924–0136

[21] YASA, E. ; DECKERS, J. ; CRAEGHS, T. ; BADROSSAMAY, M. ; KRUTH, J.-P.: Investigation on Occurance of Elevated Edges in Selective Laser Melting. In: *Proceedings of the 20th Annual International Solid Freeform Fabrication Symposium.* Austin, TX : University of Texas, August 2009, S. 180 – 192

[22] YADROITSEV, I. ; SMUROV, I.: Surface Morphology in Selective Laser Melting of Metal Powders. In: *Physics Procedia* 12 (2011), S. 264 – 270. – ISSN 1875–3892

[23] LÜ, L. ; FUH, J.Y.H. ; WONG, Y.-S.: *Laser-Induced Materials and Processes for Rapid Prototyping.* Boston : Kluwer, 2001. – ISBN 0–7923–7400–2

[24] STOFFREGEN, H. ; FISCHER, J. ; SIEDELHOFER, C. ; ABELE, E.: Selective Laser Melting of Porous Structures. In: *Proceedings of the 22nd Annual International*

Solid Freeform Fabrication Symposium. Austin, TX : University of Texas, August 2011, S. 680 – 695

[25] THIJS, L. ; VERHAEGHE, F. ; CRAEGHS, T. ; VAN HUMBEECK, J. ; KRUTH, J.-P.: A Study of the Microstructural Evolution during Selective Laser Melting of Ti-6Al-4V. In: *Acta Materialia* 58 (2010), Nr. 9, S. 3303 – 3312. – ISSN 1359–6454

[26] MAZUMDER, J.: Overview of Melt Dynamics in Laser Processing. In: *Optical Engineering* 30 (1991), August, Nr. 8, S. 1208 – 1219. – ISSN 1560–2303

[27] CHANDRASEKHAR, S.: *Hydrodynamic and Hydromagnetic Stability.* 1. Auflage. New York : Dover, 1981. – ISBN 0–486–64071–X

[28] LORD RAYLEIGH SEC., R.S.: On the Instability of a Cylinder of Viscous Liquid under Capillary Force. In: *The London, Edinburgh and Dublin Philosophical Magazine and Journal of Science* 34 (1892), August, Nr. 207, S. 145–154

[29] LORD RAYLEIGH SEC., R.S.: On the Instability of Cylindrical Fluid Surfaces. In: *The London, Edinburgh and Dublin Philosophical Magazine and Journal of Science* 34 (1892), August, Nr. 207, S. 177–180

[30] BURNS, M.: *Automated Fabrication - Improving Productivity in Manufacturing.* 1. Auflage. Englewood Cliffs, NJ : PTR Prentice Hall, 1993. – ISBN 0–13–119462–3

[31] ONUH, S.O. ; YUSUF, Y.Y.: Rapid Prototyping Technology: Applications and Benefits for Rapid Product Development. In: *Journal of Intelligent Manufacturing* (1999), Nr. 10, S. 301 – 311. – ISSN 0956–5515

[32] CASAVOLA, C. ; CAMPANELLI, S.L. ; PAPPALETTERE, C.: Experimental Analysis of Residual Stresses in the Selective Laser Melting Process. In: *SEM XI International Congress & Exposition on Experimental & Applied Mechanics.* Orlando, FL : Society for Experimental Mechanics, Juni 2008

[33] MEIER, H. ; HABERLAND, C.: Experimental Studies on Selective Laser Melting of Metallic Parts - Experimentelle Untersuchungen zum Laserstrahlgenerieren metallischer Bauteile. In: *Materialwissenschaft und Werkstofftechnik* 39 (2008), Nr. 9, S. 665 – 670. – ISSN 1521–4052

[34] REHME, O. ; EMMELMANN, C.: Reproducability for Properties of Selective Laser Melting Products. In: BEYER, E. (Hrsg.) ; DAUSINGER, F. (Hrsg.) ; A., Ostendorf (Hrsg.) ; OTTO, A. (Hrsg.): *Proceedings of the Third International WLT-Conference on Lasers in Manufacturing.* Stuttgart : AT-Fachverlag, 2005. – ISBN 978–3–00–016402–6

[35] YADROITSEV, I. ; PAVLOV, M. ; BERTRAND, P. ; SMUROV, I.: Mechanical Properties of Samples Fabricated by Selective Laser Melting. In: *14èmes Assises Européennes du Prototypage & Fabrication Rapide.* Paris, Juni 2009

[36] Tolosa, I. ; Garciandía, F. ; Zubiri, F. ; Zapirain, F. ; Esnaola, A.: Study of Mechanical Properties of AISI 316 Stainless Steel processed by „Selective Laser Melting", following different Manufacturing Strategies. In: *International Journal of Advanced Manufacturing Technology* 51 (2010), April, S. 639–647. – ISSN 0268–3768

[37] Over, C.: *Generative Fertigung von Bauteilen aus Werkzeugstahl X38CrMoV5-1 und Titan TiAl6V4 mit Selective Laser Melting.* 1. Auflage. Aachen : Shaker, 2003 (Berichte aus der Lasertechnik). – ISBN 3–8322–2245–6. – zgl. Diss. RWTH Aachen

[38] Kruth, J.-P. ; Vandenbroucke, B. ; Van Vaerenbergh, J. ; Mercelis, P.: Benchmarking of Different SLS/SLM Processes as Rapid Manufacturing Techniques. In: *International Conference Polymers & Moulds Innovations.* Gent, April 2005

[39] Santos, E.C ; Shiomi, M. ; Osakada, K. ; Laoui, T.: Rapid Manufacturing of Metal Components by Laser Forming. In: *International Journal of Machine Tools and Manufacture* 46 (2006), S. 1459–1468. – ISSN 0890–6955

[40] Munguia, J. ; de Ciurana, J. ; Riba, C.: Pursuing successful Rapid Manufacturing: a Users' Best-Practices Approach. In: *Rapid Prototyping Journal* 14 (2008), Nr. 3, S. 173–179. – ISSN 1355–2546

[41] Berns, H. ; Theisen, W.: *Ferrous Materials - Steel and Cast Iron.* 1. Auflage. Berlin : Springer, 2008. – ISBN 978–3–540–71847–5

[42] Rösler, J. ; Harders, H. ; Bäker, M.: *Mechanisches Verhalten der Werkstoffe.* 2. Auflage. Wiesbaden : Teubner, 2006. – ISBN 3–8351–0008–4

[43] Brinksmeier, E. ; Levy, G. ; Meyer, D. ; Spierings, A.B.: Surface Integrity of Selective-Laser-Melted Components. In: *CIRP Annals - Manufacturing Technology* 59 (2010), S. 601–606. – ISSN 0007–8506

[44] Concept Laser GmbH (Hrsg.): *LaserCUSING® Materialdatenblatt.* Lichtenfels, 2011. – Firmenschrift

[45] Wegst, C. ; Wegst, M.: *Stahlschlüssel.* 23. Auflage. Marbach : Verlag Stahlschlüssel Wegst, 2013. – ISBN 978–3–922599–29–6

[46] Böhler Edelstahl GmbH (Hrsg.): *Böhler W720 Hochfester martensitaushärtbarer Stahl.* Kapfenberg, November 2005. – Firmenschrift

[47] Böhler Edelstahl GmbH (Hrsg.): *Lieferprogramm Werkzeugstähle, Schnellarbeitsstähle.* Kapfenberg, Juli 2008. – Firmenschrift

[48] Böhler Edelstahl GmbH (Hrsg.): *Böhler W722 Hochfester martensitaushärtbarer Stahl.* Kapfenberg, November 2009. – Firmenschrift

[49] LBC ENGINEERING (Hrsg.): *Materialdatenblatt 1.2709 - Werkstoffkenndaten.* http://www.lasergenerieren.de/upload/lbc-engineering-materialdatenblatt-1-2709.pdf. Version: Mai 2013, Abruf: 09.11.2013. – Firmenschrift

[50] CITIM GMBH (Hrsg.): *Datenblatt Werkzeugstahl 1.2709.* http://www.citim.de/de/download/DB-SLM-1-2709-citim-de-2013-01.pdf. Version: September 2012, Abruf: 10. August 2014

[51] MÖLLER, D.: *Luft: Chemie, Physik, Biologie, Reinhaltung, Recht.* 1. Auflage. Berlin : de Gruyter, 2003. – ISBN 978–3–11–016431–2

[52] SEHRT, J.T.: *Möglichkeiten und Grenzen bei der generativen Herstellung metallischer Bauteile durch das Strahlschmelzverfahren.* 1. Auflage. Aachen : Shaker, 2010 (Berichte aus der Fertigungstechnik). – ISBN 978–3–8322–9229–4. – zgl. Diss. Univ. Duisburg-Essen

[53] TRENKE, D.: *Selektives Lasersintern von porösen Entlüftungsstrukturen am Beispiel des Formenbaus.* 1. Auflage. Clausthal-Zellerfeld : Papierflieger, 2006. – ISBN 3–89720–848–2. – zgl. Diss. Univ. Clausthal

[54] SPIERINGS, A.B. ; SCHNEIDER, M. ; EGGENBERGER, R.: Comparison of Density Measurement Techniques for Additive Manufactured Metallic Parts. In: *Rapid Prototyping Journal* 17 (2011), Nr. 5, S. 380 – 386. – ISSN 1355–2546

[55] SCHROEDER, R.G. ; LINDERMAN, K. ; LIEDTKE, C. ; CHOO, A.S.: Six Sigma: Definition and Underlying Theory. In: *Journal of Operations Management* 26 (2008), Juli, Nr. 4, S. 536–554. – ISSN 0272–6963

[56] LUNKENBEIN, T.F.: *Mesostrukturierte Metalloxide und Polyoxometallate mittels ionogener Diblockcopolymere - Synthese, Charakterisierung und Anwendung.* Bayreuth, Universität Bayreuth, Diss., 2012

[57] REYES-REYES, M. ; KIM, K. ; DEWALD, J. ; LÓPEZ-SANDOVAL, R. ; AVADHANULA, A. ; CURRAN, S. ; CARROLL, D.L.: Meso-Structure Formation for Enhanced Organic Photovoltaic Cells. In: *Organic Letters* 7 (2005), Nr. 26, S. 5749 – 5752. – ISSN 1523–7060

[58] SOLER-ILLIA, G.J. ; LOUIS, A. ; SANCHEZ, C.: Synthesis and Characterization of Mesostructured Titania-Based Materials through Evaporation-Induced Self-Assembly. In: *Chemistry of Materials* 14 (2002), Nr. 2, S. 750–759. – ISSN 0897–4756

[59] JONES, R.M.: *Mechanics of Composite Materials.* 2. Auflage. Philadelphia, PA : Taylor & Francis, 1999. – ISBN 1–56032–712–X

[60] SCHÜRMANN, H.: *Konstruieren mit Faser-Kunststoff-Verbunden.* 2. Auflage. Berlin : Springer, 2007. – ISBN 978–3–540–72189–5

[61] RICHTER, M.: *Entwicklung mechanischer Modelle zur analytischen Beschreibung der Materialeigenschaften von textilbewehrtem Feinbeton*. Dresden : TU Dresden, 2005 (Berichte des Instituts für Mechanik und Flächentragwerke Heft 2). – ISBN 3–86005–471–6. – zgl. Diss. TU Dresden

[62] WILLIAMS, C.B.: *Design and Development of a Layer-Based Additive Manufacturing Process for the Realization of Metal Parts of Designed Mesostructure*. Atlanta, GA, Georgia Institute of Technology, PhD-Thesis, April 2008

[63] REHME, O. ; EMMELMANN, C.: Rapid Manufacturing of Lattice Structures with Selective Laser Melting. In: BACHMANN, F.G. (Hrsg.) ; HOVING, W. (Hrsg.) ; LU, Y. (Hrsg.) ; WASHIO, K. (Hrsg.): *SPIE Proceedings - Laser-based Micropackaging* Bd. 6107. San Jose, CA : Society of Photo-Optical Instrumentation Engineers (SPIE), 2006

[64] REHME, O.: *Cellular Design for Laser Free Form Fabrication*. 1. Auflage. Göttingen : Cuvillier, 2010 (Schriftenreihe Lasertechnik Bd.4). – ISBN 9–783–869–552–736. – zgl. Dissertation TU Hamburg-Harburg

[65] BURZER, J.: *Beitrag zur Einsetzbarkeit von Metallschäumen in der Verkehrstechnik*. 1. Auflage. München : H. Utz, 2002 (Institut für Materialforschung - Bayreuth Bd. 4). – ISBN 3–89675–738–5. – zgl. Diss. Univ. Bayreuth

[66] BANHART, J.: Manufacture, Characterisation and Application of Cellular Metals and Metal Foams. In: *Progress in Material Science* 46 (2001), Nr. 6, S. 559 – 632. – ISSN 0079–6425

[67] BANHART, J.: Manufacturing Routes for Metallic Foams. In: *Journal of the Minerals, Metals & Materials* 52 (2000), Dezember, Nr. 12, S. 22 – 27. – ISSN 1047–4838

[68] YADROITSEV, I. ; SHISHKOVSKY, I. ; BERTRAND, P. ; SMUROV, I.: Manufacturing of fine-structured 3D porous Filter Elements by Selective Laser Melting. In: *Applied Surface Science* 255 (2009), März, Nr. 10, S. 5523 – 5527. – ISSN 0169–4332

[69] MORONI, G. ; SYAM, W.P. ; PETRÒ, S.: Towards early Estimation of Part Accuracy in Additive Manufacturing. In: *Procedia CIRP* 21 (2014), S. 300 – 305. – ISSN 2212–8271

[70] STAMP, R. ; FOX, P. ; O'NEILL, W. ; JONES, E. ; SUTCLIFFE, C.: The Development of a Scanning Strategy for the Manufacture of Porous Biomaterials by Selective Laser Melting. In: *Journal of Material Science: Materials in Medicine* 20 (2009), Juni, S. 1839 – 1848. – ISSN 0957–4530

[71] EMMELMANN, C. ; MUNSCH, M.: Laser Freeform Fabrication of Porous Network Structures for Dental Applications. In: A., Ostendorf (Hrsg.) ; GRAF, T. (Hrsg.) ; PETRING, D. (Hrsg.) ; OTTO, A. (Hrsg.): *Proceedings of the Fifth International*

WLT-Conference on Lasers in Manufacturing. Stuttgart : AT-Fachverlag, 2009. – ISBN 978–3–00–027994–2

[72] LI, R. ; LIU, J. ; SHI, Y. ; DU, M. ; XIE, Z.: 316L Stainless Steel with Gradient Porosity Fabricated by Selective Laser Melting. In: *Journal of Materials Engineering and Performance* 19 (2010), July, Nr. 5, S. 666 – 671. – ISSN 1059–9495

[73] BONNET, M.: *Kunststoffe in der Ingenieuranwendung.* 1. Auflage. Wiesbaden : Vieweg+Teubner, 2009. – ISBN 97 8–3–83480349–8

[74] XANTHOS, M. ; TODD, D.B.: Plastics Processing. In: MARK, H.F. (Hrsg.): *Encyclopedia of Polymer Science and Technology* Bd. 11. 3. Auflage. Weinheim : Wiley-VCH, November 2004. – ISBN 978–0–471–27507–7, S. 1 – 29

[75] STEINKO, W.: *Optimierung von Spritzgießprozessen.* München : Hanser, 2008. – ISBN 978–3–446–40977–4

[76] JOHANNABER, F. ; MICHAELI, W.: *Handbuch Spritzgießen.* 2. Auflage. München : Hanser, 2004. – ISBN 3–446–15632–1

[77] MENGES, G. ; MICHAELI, W. ; MOHREN, P.: *Spritzgießwerkzeuge - Auslegung, Bau, Anwendung.* 6. Auflage. München : Hanser, 2007. – ISBN 978–3–446–40601–8

[78] BEITZ, W. (Hrsg.) ; GROTE, K.-H. (Hrsg.): *Dubbel - Taschenbuch für den Maschinenbau.* 20. Auflage. Berlin : Springer, 2001. – ISBN 3–540–67777–1

[79] JAROSCHEK, C.: *Spritzgießen für Praktiker.* 3. Auflage. München : Hanser, 2013. – ISBN 978–3–446–43360–1

[80] PASCHKE, E. ; ZIMMER, K.P.: Die Druckabhängigkeit der Schwindung bei teilkristallinen Thermoplasten. In: *Kunststoffe* 9 (1969), S. 3–8. – ISSN 0023–5563

[81] FISCHER, U. ; KILGUS, R. ; PAETZOLD, H. ; SCHILLING, K. ; HEINZLER, M. ; NÄHER, F. ; RÖHRER, W. ; STEPHAN, A.: *Tabellenbuch Metall.* 41. Auflage. Haan-Gruiten : Europa Lehrmittel, 1999. – ISBN 3–8085–1671–2

[82] DEMAG PLASTICS GROUP (Hrsg.): *Spritzgießen - kurz und bündig.* 3. Auflage. Schwaig, 2005. – Firmenschrift

[83] MONEKE, M.: *Die Kristallisation von verstärkten Thermoplasten während der schnellen Abkühlung und unter Druck.* Darmstadt, Technischen Universität Darmstadt, Diss., 2001

[84] MENGES, G. ; WÜBKEN, G. ; HORN, B.: Einfluß der Verarbeitungsbedingungen auf die Kristallinität und Gefügestruktur teilkristalliner Spritzgußteile. In: *Colloid and Polymer Science* 254 (1976), Nr. 3, S. 267 – 278. – ISSN 0303–402X

[85] POSTAWA, P. ; KWIATKOWSKI, D. ; BOCIAGA, E.: Influence of the Method of Hea-

ting/Cooling Moulds on the Properties of Injection Moulding Parts. In: *Archives of Materials Science and Engineering* 31 (2008), Juni, Nr. 2, S. 121 – 124. – ISSN 1897–2764

[86] ZÖLLNER, O.: *Optimierte Werkzeugtemperierung.* Leverkusen : Bayer AG, Geschäftsbereich Kunststoffe, 1999 (Anwendungstechnische Information ATI 1104 d,e). – Firmenschrift

[87] HOFMANN, S.: Energieeffiziente Werkzeugauslegung für den Variotherm Prozess. In: *Spritzgießen 2010.* Düsseldorf : VDI Verlag, 2010. – ISBN 978–3–18–234306–6, S. 113 – 123

[88] WÜBKEN, G.: *Thermisches Verhalten und thermische Auslegung von Spritzgießwerkzeugen.* Aachen : Institut für Kunststoffverarbeitung, TH Aachen, 1976 (Technisch-wissenschaftlicher Bericht des IKV)

[89] MICHAELI, W. ; SCHÖNFELD, M.: Komplexe Formteile kühlen. In: *Kunststoffe* 8 (2006), S. 37–41. – ISSN 0023–5563

[90] VOGEL, H. ; TANGWIRIYASAKUL, C. ; EMMELMANN, C.: Analysis of Cooling Channel Design for Injection Molds Manufactured by Laser Freeform Fabrication. In: VOLLERTSEN, F. (Hrsg.): *Proceedings of the Fourth International WLT-Conference on Lasers in Manufacturing.* Stuttgart : AT-Fachverlag, 2007

[91] EMMELMANN, C. ; VOGEL, H.: Development of Complex Cooling Systems for Laser Freeform Fabricated Molds by using FEM Simulation. In: A., Ostendorf (Hrsg.) ; GRAF, T. (Hrsg.) ; PETRING, D. (Hrsg.) ; OTTO, A. (Hrsg.): *Proceedings of the Fifth International WLT-Conference on Lasers in Manufacturing.* Stuttgart : AT-Fachverlag, 2009. – ISBN 978–3–00–027994–2

[92] KIM, B.H. ; WADHWA, R.R.: A New Approach to Low Thermal Inertia Molding. In: *Polymer-Plastics Technology and Engineering* 26 (1987), Nr. 1, S. 1–22. – ISSN 0360–2559

[93] WADHWA, R.R. ; KIM, B.H.: Experimental Results of Low Thermal Inertia Molding. In: *Polymer-Plastics Technology and Engineering* 27 (1988), Nr. 4, S. 509 – 518. – ISSN 0360–2559

[94] YAO, D. ; KIM, B.H.: Development of Rapid Heating and Cooling Systems for Injection Molding Applications. In: *Polymer Engineering and Science* 42 (2002), Dezember, Nr. 12, S. 2471 – 2481. – ISSN 0032–3888

[95] KOJIMA, M. ; NARAHARA, H. ; NAKAO, Y. ; FUKUMARU, H. ; KORESAWA, H. ; SUZUKI, H. ; ABE, S.: Permeability Characteristics and Applications of Plastic Injection Molding Fabricated by Metal Laser Sintering Combined with High Speed Milling. In: *International Journal of Automation Technology* 2 (2008), Nr. 3, S. 175 – 181. – ISSN 1881–7629

[96] EMMELMANN, C. ; KLAHN, C.: Funktionsintegration im Werkzeugbau durch laseradditive Fertigung. In: *RTejournal* 9 (2012). – ISSN 1614–0923

[97] HARAGAS, S. ; TUDOSE, L. ; JUCAN, D. ; SZUNDER, A.: Multi-Objective Optimization of the Pneumatic Ejectors for Plastics Thin-wall Injected Parts. In: *Materiale Plastice* 47 (2010), Nr. 1, S. 74 – 79. – ISSN 0025–5289

[98] STITZ, S. ; KELLER, W.: *Spritzgießtechnik: Verarbeitung, Maschine, Peripherie.* 2. Auflage. München : Hanser, 2004. – ISBN 3–466–22921–3

3. Problemstellung und Lösungsweg

In dem vorangegangenen Kapitel wurden die laseradditive Fertigung, die Systematik von luftdurchlässigen Materialien und die Grundlagen von Spritzgießwerkzeugen vorgestellt. Die additive Fertigung bietet mit der großen geometrischen Freiheit des Fertigungsverfahrens die Möglichkeit, Bauteile oder Teilbereiche von Bauteilen luftdurchlässig zu gestalten. Wie im Abschnitt 2.2.2 aufgeführt, ist dies mit unterschiedlichen Ansätzen bereits umgesetzt worden. Für den breiten industriellen Einsatz von luftdurchlässigen Strukturen liegen keine Untersuchungen hinsichtlich der Eignung von laseradditiv gefertigten, luftdurchlässigen Strukturen vor.

Ziel dieser Arbeit ist es, eine luftdurchlässige Struktur mit hoher Nutzporosität zu entwickeln und deren Eignung für den industriellen Einsatz hinsichtlich der Luftdurchlässigkeit, der Widerstandsfähigkeit gegen mechanische Belastungen und der thermischen Eigenschaften zu untersuchen. Als Referenzanwendung für die vielfältigen Einsatzbedingungen in der Industrie wird bei diesen Untersuchungen der Einsatz in Spritzgießwerkzeugen herangezogen. Das Kapitel 2.3 hat die hohen mechanischen und thermischen Ansprüche gezeigt, die an Spritzgießwerkzeuge gestellt werden. Erfüllt das luftdurchlässige Material diese, so kann es auch in anderen Bereichen sinnvoll eingesetzt werden.

Der Lösungsweg für diese Problemstellung ist gemeinsam mit dem Kapitelaufbau dieser Arbeit in Abbildung 3.1 dargestellt. Grundlage der Untersuchung ist der Stand der Technik aus den Bereichen laseradditive Fertigung, luftdurchlässige Strukturen und Werkzeugbau. Dieser ist in Kapitel 2 zusammengefasst. Nach der Ableitung der Problemstellung und des Lösungsweges in dem vorliegenden Kapitel 3 folgen die Untersuchungen zu der Herstellung und den Eigenschaften der luftdurchlässigen Strukturen.

In Kapitel 4 wird eine luftdurchlässige Mesostruktur mit hoher Nutzporosität entwickelt, deren Abmessungen sich beeinflussen lassen. Für die laseradditive Fertigung der Struktur werden Prozessparameter bestimmt, die einen prozesssicheren Aufbau ermöglichen. Auf Grund des Herstellungsprozesses ist zu erwarten, dass die hergestellten Strukturen von der idealen Struktur abweichen. Die Beschreibung der erzeugten Geometrie und die Einflussmöglichkeiten auf die Variationen schließen dieses Kapitel ab.

Die darauf folgenden drei Kapitel untersuchen den Einfluss der Geometrie auf die Luftdurchlässigkeit, die mechanischen und die thermischen Eigenschaften. Die drei Bereiche sind in ihren physikalischen Gesetzmäßigkeiten nur in geringem Maße miteinander verknüpft und werden daher unabhängig voneinander behandelt. In jedem der drei Kapitel wird der relevante Stand der Technik in dem entsprechenden Fachgebiet vorgestellt, um die Grundlage für die folgenden Analysen zu legen. Ferner beschreiben die Kapitel die

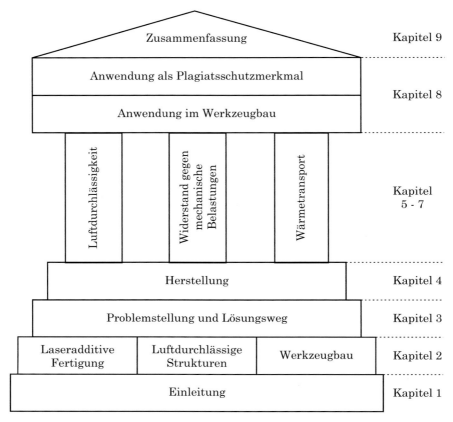

Abbildung 3.1.: Struktur der Untersuchungen und Kapitelaufbau

durchgeführten Untersuchungen und schließen mit einer zusammenfassenden Bewertung der Ergebnisse ab.

Die Luftdurchlässigkeit der Struktur ist die primäre Eigenschaft des Materials, welche den späteren Einsatz in verschiedenen Anwendungen ermöglicht. Daher werden in Kapitel 5 zunächst die Einflüsse der Struktur auf die Durchlässigkeit untersucht. Aus dem Vergleich mit den bekannten Zusammenhängen der Strömungslehre lassen sich Einflussmöglichkeiten auf die Luftdurchlässigkeit entwickeln. Mit diesen Ergebnissen ist die Auslegung des Materials für Anwendungen mit anderen Gasen und Gasgemischen möglich.

Das Material ist während der Montage und im Gebrauch mechanischen Belastungen ausgesetzt. Kapitel 6 untersucht die Widerstandsfähigkeit des luftdurchlässigen Materials und entwickelt ein Maß für die mechanische Robustheit. Grundlage hierfür sind die Prüfverfahren aus den Materialwissenschaften. Anhand des Maßes für die Robustheit werden unterschiedliche Gestaltungsmöglichkeiten für die luftdurchlässige Struktur untersucht und bewertet.

In vielen industriellen Anwendungen sind nicht nur die mechanischen Eigenschaften sondern auch die Eigenschaften beim Wärmetransport durch die Struktur von Bedeutung. Diese werden in Kapitel 7 untersucht. Neben der Bestimmung der Wärmekapazität ist auch die Richtungsabhängigkeit des effektiven Wärmetransportkoeffizienten Gegenstand der Untersuchung, da diese bei einer geordneten Mesostruktur aus zwei Medien mit unterschiedlichen thermischen Eigenschaften erwartet wird.

Mit der Bestimmung der Zusammenhänge zwischen der Geometrie der luftdurchlässigen Struktur und der Luftdurchlässigkeit, der mechanischen Robustheit und den thermischen Eigenschaften ist es möglich, eine Struktur für eine konkrete industrielle Anwendung zielgerichtet zu entwickeln und herzustellen. In Kapitel 8 wird als industrielle Referenzanwendung ein Druckluftauswerfersystem für Spritzgießwerkzeuge beschrieben. Dieses System wurde entwickelt, um das mechanische Auswerfersystem eines Spritzgießwerkzeuges vollständig zu ersetzen. Kernelement des Systems ist die luftdurchlässige Struktur, die Druckluft aus dem Inneren des Werkzeugs zu der Oberfläche der Kavität leitet. Die Mesostruktur ist so gestaltet, dass sie durchlässig für Luft und gleichzeitig undurchlässig für die Kunststoffschmelze ist. Abschnitt 8.1 behandelt das Druckluftauswerfersystem mit seiner Funktionsweise, den Auswirkungen auf den Spritzgießprozess und die experimentelle Validierung der Auswerferfunktion. Das System beeinflusst nicht nur den Spritzgießprozess sondern auch die produzierten Kunststoffartikel. Die luftdurchlässigen Strukturen hinterlassen auf der Kunststoffoberfläche einen Abdruck. Durch die geometrische Freiheit der laseradditiven Fertigung ist es möglich, diesen Abdruck als Gestaltungsmerkmal in das Produktdesign zu integrieren. Da der Abdruck werkzeugindividuell ist und nicht kopiert werden kann, ermöglicht er eine eindeutige Zuordnung von Kunststoffartikeln zu einem Werkzeug. Aus dieser Möglichkeit wird in Abschnitt 8.2 ein mehrstufiges Konzept für die Nutzung als Plagiatsschutzmerkmal entwickelt.

Das abschließende Kapitel 9 fasst die wesentlichen Ergebnisse der Untersuchungen zusammen und gibt einen Ausblick auf zukünftige Forschungsfragen.

4. Herstellung von luftdurchlässigen Strukturen

Die Herstellung der luftdurchlässigen Strukturen in dieser Arbeit erfolgt auf einer Maschine M2Cusing des Herstellers Concept Laser . Die Anlage verfügt über einen 200 W Nd:YAG-Faserlaser mit einer Wellenlänge von 1064 nm. Die nicht beheizte Baukammer ist mit einer Stickstoff-Atmosphäre geflutet und die Anlage stellt einen Rest-Sauerstoffgehalt $\leq 0,1\,\%$ sicher [1]. Für das Auftragen der Pulverschichten wird eine Beschichterklinge aus Stahl verwendet. Bei dem hier verwendeten Pulver handelt es sich um den Werkzeugstahl X3NiCrMoTi (1.2709), welcher vom Anlagenhersteller Concept Laser unter der Bezeichnung CL50WS bezogen wurde [2].

4.1. Anforderungen an die Geometrie von luftdurchlässigen Strukturen

Für die Entwicklung einer luftdurchlässigen Struktur, die für den industriellen Einsatz geeignet ist, ist die Aufstellung eines Anforderungsprofils erforderlich. Hierbei sind einige Anforderungen unabhängig von der konkreten Anwendung und andere wiederum anwendungsspezifisch.

Eine allgemeine Anforderung an die laseradditiv gefertigte, luftdurchlässige Struktur ist eine hohe Nutzporosität. Wie bereits in Abschnitt 2.2.1 beschrieben reduzieren alle Porentypen die mechanischen Eigenschaften und wirken isolierend. Im Gegensatz zu geschlossenen und blinden Poren tragen nur durchgehende Poren zur Luftdurchlässigkeit bei. Daher ist es generell von Vorteil, wenn nur durchgängige Kanäle im Material vorhanden sind. Für die Messung der Porosität stehen zwei Verfahren zur Verfügung, die allerdings beide nicht die Nutzporosität messen können. Bei der Dichtemessung nach dem archimedischen Prinzip wird die Dichte einer Probe ρ_{Probe} bestimmt. Erst der Vergleich mit der theoretischen Dichte ρ_{Ref} des porenfreien Werkstoffs ermöglicht mit den Gleichungen 2.7 und 2.6 einen Rückschluss auf die relative Dichte ρ_{rel} und die Porosität ϵ der Probe. Durchgängige und blinde Poren füllen sich bei der Dichtemessung nach dem archimedischen Prinzip mit Flüssigkeit und gehen nicht in die Dichte ρ_{Probe} mit ein. Das archimedische Prinzip ist daher vor allem für die Bestimmung der Porosität von Bauteilen mit geschlossenen Poren geeignet. [3]

Ein Messverfahren für die direkte Bestimmung der relativen Dichte ist die Auswertung von Schliffen. Unter dem Mikroskop sind Poren in der Ebene des Schliffs gut zu erkennen. Die Position der Schliffebene, der ausgewertete Bildausschnitt und die Vergrößerung des Mikroskops haben einen Einfluss auf das Messergebnis. Die Reproduzierbarkeit ist daher geringer als bei der Messung nach dem archimedischen Prinzip, da die Auswertung von unterschiedlichen Bildausschnitten und Schliffebenen jeweils eine andere Auswahl an Fehlstellen erfasst [3]. Der Vorteil dieses Verfahrens ist, dass die Schliffbilder Aufschluss über die Art, Größe und Verteilung der Poren geben [3]. Die Auswertung von Schliffen ist daher für die Bestimmung der Porosität ϵ außerhalb der luftdurchlässigen Kanäle geeignet. Zusätzlich wird dieses Verfahren in Abschnitt 4.2.2 verwendet, um weitere geometrische Größen der luftdurchlässigen Struktur zu bestimmen. Hierzu zählen unter anderem die Abmessungen der Kanäle und mögliche Verbindungen zwischen den Wänden.

Die Größe der Kanäle sollte über einen breiten Bereich wählbar sein, damit die Struktur für die jeweilige industrielle Anwendung angepasst werden kann. Eine geringe Streuung der erzeugten Abmessungen ist insbesondere für solche Anwendungen von Bedeutung, in denen die Struktur eine filternde Funktion erfüllt. Dies betrifft sowohl die Breite der Kanäle im Inneren des Materials, als auch die Größe der Öffnungen an der Oberfläche.

Das luftdurchlässige Material wird mit der laseradditiven Fertigung hergestellt. Das bedeutet, dass die luftdurchlässige Struktur schichtweise aufgebaut wird und jede Schicht aus einzelnen länglichen Schmelzspuren besteht, die verbunden sein können. Der Herstellungsprozess verläuft daher nicht in alle Raumrichtungen gleich und bereits die in Abschnitt 2.2.2 vorgestellten Strukturen haben gezeigt, dass dadurch das Material in unterschiedlichen Richtungen eine andere Luftdurchlässigkeit aufweist. Für die Entwicklung einer luftdurchlässigen Struktur, welche an verschiedene Anwendungen angepasst werden kann, bedeutet dies, dass die gewünschte Richtung der größten Luftdurchlässigkeit relativ zur Aufbaurichtung festzulegen ist.

Für die Integration in industrielle Anlagen ist eine Flexibilität in der Gestaltung von Vorteil. Für einige Anwendungen sind luftdurchlässige Einsätze gefordert, die nur diese eine Funktion erfüllen, während in anderen Anwendungen die luftdurchlässigen Strukturen Teil eines komplexen Systems sind und deshalb in größere Bauteile integriert werden. Aus der Integration in Bauteile leitet sich ab, dass auch größere Volumen aus luftdurchlässigem Material herstellbar sein sollten. Dies bezieht sich sowohl auf die luftdurchlässige Fläche an der Bauteiloberfläche als auch die Dicke der luftdurchlässigen Schicht. Für das Design eines Produktes ist es wünschenswert, dass zusätzlich die Mesostruktur als Gestaltungselement für die Bauteile genutzt werden kann und so ein Zusatznutzen geschaffen wird.

Für den konkreten Anwendungsfall eines Druckluftauswerfersystems für Spritzgießwerkzeuge lassen sich aus den allgemeinen Anforderungen folgende Spezifikationen ableiten: Das luftdurchlässige Material ist gemeinsam mit der Luftversorgung und dem Temperiersystem in einen Werkzeugeinsatz integriert. Das System muss eine ausreichend große Fläche A des Kunststoffartikels mit Druckluft beaufschlagen, damit dieser durch den Druck p aus der Form entfernt wird. Die Kraft F, die durch die Druckluft auf den Kunststoffartikel wirkt, berechnet sich mit

$$F = p \cdot A \tag{4.1}$$

aus dem Druck p und der beaufschlagten Fläche A [4]. Damit die Luft eine ausreichend große Kraft ausübt, ist eine große Gesamtfläche der Öffnungen erforderlich. Hieraus ergibt sich ein potentieller Zielkonflikt, da die Größe der einzelnen Öffnung durch die maximale Spaltbreite begrenzt ist. Wie in Abschnitt 2.3.2.2 beschrieben, besteht bei zu großen Spalten die Gefahr, dass Kunststoffschmelze in zu große Öffnungen eindringen kann.

Die Aufbaurichtung von laseradditiven Werkzeugeinsätzen entspricht üblicherweise der Auswurfrichtung. Abbildung 4.1 zeigt dies am Beispiel eines hybrid gefertigten Werkzeugeinsatzes mit konventionell gefertigtem Grundkörper und darauf aufgebautem laseradditiven Bereich. Die im Vergleich zu konventionellen Fertigungsverfahren teurere laseradditive Fertigung wird hierbei nur für den Bereich des Werkzeugeinsatzes verwendet, in dem die geometrische Freiheit des Verfahrens für die konturnahe Kühlung benötigt wird [5]. Um auch für kostengünstige Hybridbauteile luftdurchlässige Bereiche zu ermöglichen, sollte die Struktur in Aufbaurichtung die größte Luftdurchlässigkeit aufweisen.

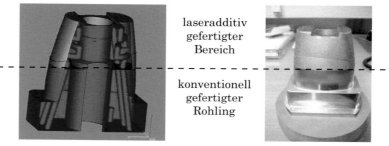

laseradditiv
gefertigter
Bereich

konventionell
gefertigter
Rohling

a) Schnitt durch das CAD-Modell   b) Bauteil vor der Endbearbeitung

Abbildung 4.1.: Hybrider Werkzeugeinsatz aus konventionellem Grundkörper und laseradditivem Bereich [6]

Bereits kleine Unebenheiten, wie Bearbeitungsspuren aus der spanenden Bearbeitung, übertragen sich von der Werkzeugoberfläche auf den Kunststoffartikel [5]. Es ist daher zu erwarten, dass auch die luftdurchlässigen Strukturen des Druckluftauswerfersystems einen Abdruck auf dem Artikel hinterlassen. Damit diese Abdrücke nicht als Qualitätsmangel wahrgenommen werden, sollten sie sich als Oberflächenstrukturierung in die Gestaltung des Artikels integrieren lassen. Daher ist es für die Verwendung in Spritzgießwerkzeugen erforderlich, dass die Mesostruktur des luftdurchlässigen Materials angepasst werden kann und somit als Gestaltungsmerkmal dient.

Die geforderten (F) und gewünschten (W) Eigenschaften des luftdurchlässigen Materials sind in Tabelle 4.1 zusammengefasst.

Tabelle 4.1.: Anforderungsprofil an das luftdurchlässige Material mit Forderungen (F) und Wünschen (W)

	Allgemeine Anforderung	Anforderung des Werkzeugbaus
Porosität außerhalb der luftdurchlässigen Kanäle $\epsilon < 1\,\%$	F	F
Größe der Öffnungen an der Oberfläche nach der Endbearbeitung $b_{\mathrm{Spalt}} < 25\,\mu\mathrm{m}$	W	F
Größe der Öffnungen im Inneren einstellbar	F	F
Ausrichtung der luftdurchlässigen Kanäle bei der laseradditiven Fertigung in Aufbaurichtung	-	F
Integration in massive Strukturen möglich	F	F
beliebige Größe der Bauteile aus luftdurchlässigem Material	F	F
Nutzung als Gestaltungsmerkmal	W	F

4.2. Herstellung und Geometrie der laseradditiv gefertigten, luftdurchlässigen Strukturen

Auf Basis des im vorherigen Abschnitt erstellten Anforderungsprofils wird eine luftdurchlässige Mesostruktur entwickelt und laseradditiv gefertigt.

4.2.1. Konzeption der luftdurchlässigen Strukturen

In Abschnitt 2.2.2 wurden verschiedene Ansätze zur Herstellung von luftdurchlässigen Strukturen vorgestellt. Da die maximale Größe von Öffnungen bei der Verwendung in Spritzgießwerkzeugen begrenzt ist und die Mesostruktur zusätzlich für die Oberflächenstrukturierung eingesetzt werden soll, wird eine geometrisch definierte Struktur angestrebt. Eine luftdurchlässige Struktur, die aus zufälligen Verbindungen zwischen Poren resultiert, wird verworfen, da eine stochastische Struktur keine ausreichende Kontrolle über die Abmessungen bietet.

Für massive, laseradditiv gefertigte Bauteile mit integrierten luftdurchlässigen Bereichen ist es erforderlich, dass die massiven und luftdurchlässigen Bereiche gemeinsam in einem Bauprozess hergestellt werden können. Um dies zu ermöglichen wird für die luftdurchlässige Mesostruktur die gleiche Schichtdicke $s = 30\,\mu\mathrm{m}$ festgelegt, die auch für die Verarbeitung von Werkzeugstahl auf diesem Maschinentyp übliche ist [7]. Die gewählte Mesostruktur besteht aus einzelnen Schmelzspuren mit der Breite b_{Spur}, die wie in Abbildung 4.2 übereinander platziert sind. Durch einen Spurabstand $h_{\mathrm{s}} > b_{\mathrm{Spur}}$ überlappen die Schmelzspuren nicht mehr. Die Spuren bilden Wände, zwischen denen sich Spalte befinden. Über den Spurabstand h_{s} kann die Spaltbreite

$$b_{\mathrm{Spalt}} = h_{\mathrm{s}} - b_{\mathrm{Spur}} \qquad (4.2)$$

eingestellt werden. Damit in der Referenzanwendung keine Kunststoffschmelze in die Struktur eindringen kann, wird eine kleine Spaltbreite $b_{\text{Spalt}} < 25\,\mu\text{m}$ gefordert. [8]

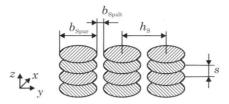

Abbildung 4.2.: Luftdurchlässige Strukturen aus einzelnen Schmelzspuren [8]

Der so aufgebaute Spalt erstreckt sich über die Länge der Schmelzspuren. Mit der Spaltbreite b_{Spalt} und der Spaltlänge l_{Spalt} stehe einem Konstrukteur zwei unabhängige, geometrische Größen zur Verfügung, über die er die durchströmte Querschnittfläche

$$A_{\text{Spalt}} = b_{\text{Spalt}} \cdot l_{\text{Spalt}} \tag{4.3}$$

beeinflussen kann. Für die Referenzanwendung besteht ein Zielgrößenkonflikt zwischen einem schmalen Spalt, in den keine Kunststoffschmelze eindringen kann, und einer großen, mit Druckluft beaufschlagten Fläche. Mit der Spaltlänge l_{Spalt} als zweitem Geometrieparameter kann dieser Zielgrößenkonflikt gelöst werden.

Die entsprechend Abbildung 4.2 aufgebauten Wände haben eine Länge und Höhe, die deutlich größer sind als die Breite einer Schmelzspur. Daraus ergibt sich ein geringes Flächenträgheitsmoment quer zur Ausdehnung der Wand. Die dünnen Wände verformen sich daher leicht und bereits bei einer geringen seitlichen Belastung kommt es zu einer deutlichen Auslenkung. Eine Möglichkeit die Wände gegen seitliche Belastungen zu stabilisieren sind quer verlaufende Schmelzspuren, die wie in Abbildung 2.12 dargestellt die Wände miteinander verbinden. Dies schränkt allerdings die Variationsmöglichkeiten bei der Oberflächengestaltung ein und nach einer konventionellen Nachbearbeitung können diese Querverbindungen an der Oberfläche sichtbar sein. Stattdessen wird die Schachbrettstruktur aus Abbildung 2.4 modifiziert: Die Wände werden zu Blöcken mit quadratischer Grundfläche zusammengefasst. Diese Blöcke aus einzelnen Lamellen formen ein Schachbrettmuster, bei dem die Ausrichtung der Spalte in benachbarten Blöcken um 90° gedreht ist. Dieses Belichtungsmuster wird während des Bauprozesses nicht verändert und in jeder neuen Schicht werden die Schmelzspuren auf den Spuren der vorangegangenen Schichten platziert.

Abbildung 4.3 zeigt einen Block des Schachbrettmusters. Die Spaltlänge l_{Spalt} ist durch die quer verlaufenden Schmelzspuren der benachbarten Felder begrenzt. Die Spuren überlappen sich und fixieren so die Enden der Wände über die gesamte Spalttiefe s_{Spalt}. Das eingezeichnete Koordinatensystem wird in den weiteren Untersuchungen beibehalten.

Das Material entspricht weder einer gezielt konstruierten, geometrisch bestimmten Struktur, noch einer geometrisch unbestimmten Porosität, die durch die Variation der Bearbeitungsparameter erzeugt wird. Vielmehr erfolgt ein Eingriff in die mittlere Informationsebene in Abbildung 2.2, die sowohl bauteil- als auch prozessspezifische In-

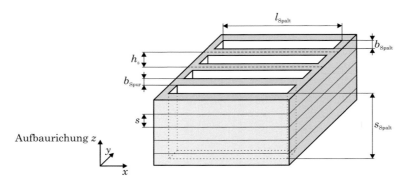

Abbildung 4.3.: Festlegung von Achsen und Abmessungen

formationen enthält. Hierbei wird die Belichtungsstrategie gezielt variiert, so dass die beabsichtigte geometrische Struktur entsteht. Diese Art der Herstellung bietet den Vorteil, dass der Konstrukteur die Struktur nicht individuell für ein Bauteil konstruiert, sondern dass eine einmal definierte Belichtungsstrategie für die Datenvorbereitung von verschiedensten Bauteilen anwendbar ist. Die angepasste Belichtungsstrategie bietet dabei mehr Kontrolle über die Geometrie als es bei einem stochastischen Material der Fall wäre. Es handelt sich daher um eine Mesostruktur zwischen der Bauteilform, die vom Konstrukteur festgelegt wird, und einer zufälligen Struktur, wie beispielsweise dem aus dem Wärmeleitungsschweißen resultierenden Gefüge.

4.2.2. Herstellung der luftdurchlässigen Strukturen

Die luftdurchlässige Struktur besteht aus einzelnen, übereinanderliegenden Schmelzspuren. Im Gegensatz zu dem Aufbau von massiven Bauteilen überlappen die Spuren nicht mit den benachbarten Spuren. Dies hat mehrere Auswirkungen auf den Prozess. Zum einen entfällt der in Abschnitt 2.1.2 beschriebene, stabilisierende Effekt durch das Anlegen der Schmelze an die bereits erstarrte Nachbarspur. Zum anderen wird bei der normalen Belichtungsstrategie die Energie des Lasers als Wärmestrom über das umliegende, bereits erstarrte Material aus der Schmelze abgeleitet. Da die Spuren bei der Herstellung des luftdurchlässigen Materials nicht überlappen, steht nur das Material unterhalb der Schmelzspur als Wärmesenke zur Verfügung. Die Temperatur des Schmelzpools steigt, mehr Pulver wird aufgeschmolzen und beides destabilisiert, wie in Abschnitt 2.1.3 beschrieben, die Schmelzspur.

Der fehlende Kontakt zur Nachbarspur und die schlechtere Wärmeleitung führen dazu, dass sich die Oberfläche der Schmelze zu einer einzelnen Schweißraupe zusammenzieht. Diese ist höher als das umgebende Pulverbett [9]. Ist die Spurüberhöhung größer als die Schichtdicke, so kommt der Beschichter in Kontakt mit der Spur. Eine starre Stahlklinge kann kleinere Materialmengen von der Spur abtragen, bei größeren Mengen blockiert der Beschichter und es kommt zum Abbruch des Bauprozesses [10, 11, 12]. Eine flexible Klinge aus Gummi gibt an den überhöhten Stellen nach und kein Material wird abgetragen. Die Versuche haben gezeigt, dass durch die Platzierung der Spuren aufeinander die nächste Schicht auf der bereits überhöhten Spur aufbaut und die Struktur auf diese Weise weiter in die Höhe wächst. Da die überhöhten Bereiche ortsfest sind, verschleißt die flexible Beschichterklinge an den Stellen, die mit den Spuren in Kontakt kommen. Die Klinge zieht kein ebenes Pulverbett mehr auf. Stattdessen wird an den bereits überhöhten Bereichen mehr Pulver abgelegt. Abbildung 4.4 zeigt eine Probe, die mit flexibler Klinge gebaut wurde. Anstelle einer planen Oberfläche hat der Quader eine sehr ungleichmäßige Oberseite mit deutlichen Spurüberhöhungen. Für die Herstellung des luftdurchlässigen Materials wird daher eine Stahlklinge verwendet und die Spurüberhöhung durch eine Anpassung der Prozessparameter reduziert.

Abbildung 4.4.: Spurüberhöhung bei der Verwendung von flexiblen Beschichterklingen

Eine flacher Schmelzspur und dadurch ein stabilerer Prozess für die Herstellung des luftdurchlässigen Materials werden durch eine geringere Streckenenergie erreicht [11]. Entsprechend Gleichung 2.2 kann die Streckenenergie durch eine schnellere Scangeschwindigkeit oder eine niedrigere Laserleistung gesenkt werden. Eine Erhöhung der Scangeschwindigkeit verlängert den Schmelzpool und führt wie in Abschnitt 2.1.3 beschrieben zu einem instabilen Schmelzpool [13]. Die Scangeschwindigkeit wird daher nur moderat auf $v_{\mathrm{s}} = 800\,\mathrm{mm\,s^{-1}}$ erhöht und die Streckenenergie durch Reduzieren der Laserleistung auf $P_{\mathrm{L}} = 100\,\mathrm{W}$ vermindert. Die Parameter für massives und luftdurchlässiges Material aus dem Werkzeugstahl X3NiCrMoTi (1.2709) sind in Tabelle 4.2 zusammengefasst. Mit diesen werden im weiteren Verlauf Probekörper und Werkzeugeinsätze mit Spurabständen zwischen 120 μm und 200 μm aufgebaut.

Tabelle 4.2.: Prozessparameter für die Herstellung des massiven und des luftdurchlässigen Materials aus Werkzeugstahl X3NiCrMoTi (1.2709)

Parameter	massiv	luftdurchlässig
Laserleistung P_{L}	180 W	100 W
Scangeschwindigkeit v_s	$600\,\mathrm{mm\,s^{-1}}$	$800\,\mathrm{mm\,s^{-1}}$
Schichtdicke s	30 μm	
Spurabstand h_{s}	105 μm	130 μm bis 200 μm
Beschichtergeschwindigkeit	$50\,\mathrm{mm\,s^{-1}}$	

Bei der laseradditiven Fertigung der Wände schmilzt zunächst ein breiter Streifen Pulver auf, welcher sich durch die Oberflächenspannung zusammenzieht. Hieraus ergibt sich für den Aufbau von luftdurchlässigen Strukturen ein Mindestabstand der Schmelzspuren. Bei einem zu kleinen Abstand hat der Schmelzpool direkt nach dem Aufschmelzen

Kontakt zur Nachbarspur und legt sich an diese an. Die Schmelzspuren liegen nicht mehr direkt aufeinander und die Spalte sind unterbrochen. Die Abbildung 4.5 zeigt Schliffe von Proben mit $h_{\mathrm{s}} = 120\,\mu\mathrm{m}$ bis $200\,\mu\mathrm{m}$ Spurabstand. Bei einem Spurabstand von $h_{\mathrm{s}} = 120\,\mu\mathrm{m}$ sind nur einzelne Poren zwischen den Schmelzspuren erkennbar. Erst oberhalb von $140\,\mu\mathrm{m}$ sind durchgehende Spalte vorhanden.

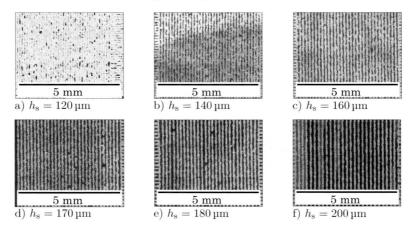

a) $h_{\mathrm{s}} = 120\,\mu\mathrm{m}$ b) $h_{\mathrm{s}} = 140\,\mu\mathrm{m}$ c) $h_{\mathrm{s}} = 160\,\mu\mathrm{m}$

d) $h_{\mathrm{s}} = 170\,\mu\mathrm{m}$ e) $h_{\mathrm{s}} = 180\,\mu\mathrm{m}$ f) $h_{\mathrm{s}} = 200\,\mu\mathrm{m}$

Abbildung 4.5.: Abnahme von Verbindungen zwischen den Schmelzspuren und Ausbildung von durchgehenden Spalten, gezeigt an Schliffen in der x,y-Ebene von Proben mit $h_{\mathrm{s}} = 120\,\mu\mathrm{m}$ bis $200\,\mu\mathrm{m}$ Spurabstand (Parameter vgl. Tab. 4.2)

Anhand von Schliffen werden der Spurabstand h_{s}, die mittlere Breite der Schmelzspur b_{Spur} und die Spaltbreite b_{Spalt} der Proben mit durchgehenden Spalten bestimmt. Hierzu wird ein ca. $5 \times 5\,\mathrm{mm}$ großer Bildausschnitt ausgewertet. Die Position und die Breite l des Ausschnitts sind so gewählt, dass die Schmelzspuren parallel zu einer Seite orientiert sind und die Bildränder in der Mitte der ersten und letzten Spur verlaufen. Durch diese Positionierung entspricht die Anzahl der Schmelzspuren der Anzahl der Spalte. Je nach Spurabstand befinden sich $n = 25$ bis 38 Schmelzspuren in dem ausgewerteten Bereich. Die Länge der Spuren im Bildausschnitt kann beliebig gewählt werden. Der Ist-Spurabstand $h_{\mathrm{s,\,ist}}$ entspricht nach

$$h_{\mathrm{s,\,ist}} = \frac{l}{n} \tag{4.4}$$

dem Abstand l über n Schmelzspuren.

Die Schmelzspurbreite wird ebenfalls durch die Auswertung der Schliffen in Abbildung 4.5 bestimmt. In den Abbildungen sind die Schmelzspuren deutlich heller als die Spalte. Mit einer Bildauswertungssoftware wird die helle Fläche A_{hell} und die Gesamtfläche A_{Gesamt} des Bildes bestimmt. Der Flächenanteil der hellen Schmelzspuren an der Gesamtfläche entspricht dem Verhältnis zwischen Spurbreite b_{Spur} und Spurabstand $h_{\mathrm{s,\,ist}}$. Die mittlere Spurbreite b_{Spur} im Bildausschnitt kann daher mit

$$b_{\mathrm{Spur}} = \frac{A_{\mathrm{hell}}}{A_{\mathrm{Gesamt}}} \cdot h_{\mathrm{s,\,ist}} \tag{4.5}$$

berechnet werden. Die Differenz von Spurabstand $h_{\text{s, ist}}$ und Spurbreite b_{Spur} ist die Spaltbreite

$$b_{\text{Spalt}} = h_{\text{s, ist}} - b_{\text{Spur}}. \tag{4.6}$$

Die ermittelten Abmessungen sind in Tabelle 4.3 aufgeführt. Der gemessene Spurabstand $h_{\text{s, ist}}$ zeigt eine gute Übereinstimmung zu dem eingestellten Soll-Spurabstand $h_{\text{s, soll}}$. In den weiteren Betrachtungen wird daher $h_{\text{s}} = h_{\text{s, soll}}$ als Spurabstand verwendet. Bei der Ermittlung der Prozessparameter wurde vermutet, dass die Wärmeleitung durch das luftdurchlässige Material geringer ist als durch Vollmaterial und dies Auswirkungen auf den Prozess der laseradditiven Fertigung hat. Zur Bestätigung dieser Vermutungen wurden die Proben dicht an der massiven Substratplatte und in einem größeren Abstand ausgewertet. In Tabelle 4.3 bezeichnet die Position *unten* einen Abstand von ca. 0,5 mm zur Substratplatte. Die *obere* Position der Auswertung befindet sich ca. 24 mm von der Substratplatte entfernt.

Tabelle 4.3.: Schmelzspurbreite und Spaltbreite (Parameter vgl. Tab. 4.2)

Soll-Spurabstand $h_{\text{s, soll}}$	Position	Ist-Spurabstand $h_{\text{s, ist}}$	Spurbreite b_{Spur}	Spaltbreite b_{Spalt}
120 µm	unten	119,1 µm	92,4 µm	26,7 µm
	oben	120,0 µm	110,1 µm	9,9 µm
140 µm	unten	139,0 µm	95,9 µm	43,1 µm
	oben	142,6 µm	113,3 µm	29,2 µm
160 µm	unten	160,7 µm	96,5 µm	64,2 µm
	oben	162,3 µm	109,2 µm	53,1 µm
170 µm	unten	169,4 µm	86,1 µm	83,3 µm
	oben	174,2 µm	113,6 µm	60,6 µm
180 µm	unten	180,9 µm	80,6 µm	100,3 µm
	oben	184,3 µm	112,8 µm	71,5 µm
200 µm	unten	198,6 µm	70,2 µm	128,4 µm
	oben	201,0 µm	105,7 µm	95,3 µm

Abbildung 4.6 zeigt die Schmelzspurbreite für die Spurabstände und die beiden Positionen. Der Einfluss der Platte auf die Schmelzspurbreite wirkt auf zwei Arten. Zum einen stellt die massive Platte eine Wärmesenke dar, in welche die Energie des Laserstrahls als Wärme abgeleitet wird. An der oberen Position ist die Schmelze weiter von der Platte entfernt, was durch die geringere Wärmeleitfähigkeit des luftdurchlässigen Materials, welche genauer in Kapitel 7 bestimmt wird, zu einer höheren Temperatur der Schmelze führt. Hierdurch wird mehr Pulver aufgeschmolzen und der größere Schmelzpool erstarrt zu einer breiteren Schmelzspur als an der unteren Position, welche dicht an der Substratplatte liegt. An der oberen Position beträgt die mittlere Schmelzspurbreite $b_{\text{Spur}} = 110{,}9$ µm und es ist kein Zusammenhang zwischen der Schmelzspurbreite und dem Spurabstand erkennbar, da der Spalt zwischen den Spuren die Schmelzspuren voneinander isoliert. An der unteren Position ist die Wirkung der Substratplatte als Wärmesenke erkennbar. Die mittlere Schmelzspurbreite b_{Spur} an der unteren Po-

sition ist mit 87,0 μm deutlich geringer. Zum anderen ist die Bauplattform eine Verbindung zwischen den Schmelzspuren. Dieser zweite Effekt zeigt sich am Verlauf der Schmelzspurbreiten an der unteren Position. In der Nähe der Platte sind die Schmelzspuren der Spurabstände bis 160 μm breiter als bei den größeren Spurabständen. Die nebeneinander liegenden Spuren werden nacheinander mit dem Laser belichtet. Bei den dicht beieinander liegenden Spuren scheint die Substratplatte eine thermische Verbindung zwischen den Spuren darzustellen. Der Bereich um eine Schmelzspur erwärmt sich durch die Wärme aus dem Schmelzpool. Bei einem geringen Spurabstand wird die nachfolgende Schmelzspur auf eine vorgewärmte Platte aufgebracht und der Effekt einer Wärmesenke ist weniger ausgeprägt als bei größeren Spurabständen. Da die luftdurchlässigen Strukturen in größeren Bauteilen integriert sind, werden sie nicht direkt auf einer Bauplattform aufgebaut. Im Weiteren werden daher die Abmessungen in größerem Abstand von der Bauplattform verwendet.

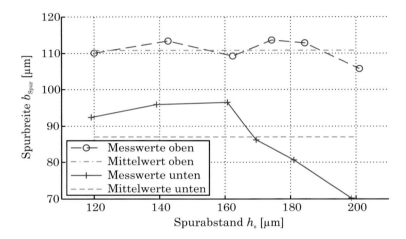

Abbildung 4.6.: Schmelzspurbreite in Abhängigkeit vom Spurabstand (Parameter vgl. Tab. 4.2)

Auf den Schliffbildern in Abbildung 4.5 ist ein Einfluss des Spurabstands auf die Struktur erkennbar. Bei geringen Spurabständen bestehen viele Verbindungen zwischen den Schmelzspuren deren Anzahl mit steigendem Spurabstand abnimmt. Die Verbindungen entstehen, wenn der Schmelzpool Kontakt zur benachbarten Schmelzspur bekommt und die Schmelze erstarrt. Je dichter die Spuren sind, desto wahrscheinlicher kommt es zum Kontakt und desto häufiger treten diese Brücken über den Spalt auf. Diese Verbindungen haben einen Einfluss auf die Eigenschaften des Materials. Daher werden Schliffe von Proben mit einem Spurabstand von 130 μm bis 200 μm angefertigt. Über die bereits erwähnte unterschiedliche Helligkeit können hellere Schmelzspuren und dunklere Spalte unterschieden werden. Die Bildauswertungssoftware ist in der Lage, die Anzahl der zusammenhängenden Flächen eines Helligkeitsniveaus zu zählen. Aus der Anzahl dieser Flächen lässt sich die Anzahl der Verbindungen zwischen benachbarten Spuren ermitteln. Beispielsweise trennt eine Verbindung von zwei Schmelzspuren den dazwischenliegenden Spalt in zwei dunkle Flächen. Auf der anderen Seite führt eine unterbrochene Schmelzspur dazu, dass zwei Spalte zu einer durchgehenden dunklen Fläche werden.

Auf einer Fläche von ca. 5×5 mm wird die Anzahl von dunklen Flächen $n_{A,\text{dunkel}}$, die Anzahl Spalte n_{Spalt} und die Anzahl der Unterbrechungen in Spuren $n_{\text{Lücke}}$ bestimmt. Die hieraus berechnete absolute Anzahl der Verbindungen

$$n_{V,\text{abs}} = n_{A,\text{dunkel}} - n_{\text{Spalt}} + n_{\text{Lücke}} \qquad (4.7)$$

wird auf die Anzahl an Verbindungen pro Spaltlänge

$$n_V = \frac{n_{V,\text{abs}}}{n_{\text{Spalt}} \cdot l_{\text{Spalt}}} \qquad (4.8)$$

normiert. Die Tabelle 4.4 führt die an den jeweiligen Bildausschnitten ermittelten Werte auf und gibt die mit Gleichung 4.7 berechnete absolute Anzahl an Verbindungen $n_{V,\text{abs}}$ und die mit Gleichung 4.8 auf die Spaltlänge bezogene Anzahl an Verbindungen n_V auf.

Tabelle 4.4.: Anzahl der Verbindungen zwischen den Schmelzspuren (Parameter vgl. Tab. 4.2)

Spurabstand h_s [µm]	130	140	150	160	170	180	190	200
Anzahl Spalte n_{Spalt} [-]	39	36	34	32	30	28	27	26
Spaltlänge l_{Spalt} [mm]	5,07	5,05	5,13	5,11	5,08	5,02	5,12	5,19
Anzahl Spaltflächen $n_{A,\text{dunkel}}$ [-]	905	308	50	72	30	25	29	26
Unterbrechungen $n_{\text{Lücke}}$ [-]	22	15	18	5	9	4	4	0
absolute Anzahl Verbindungen $n_{V,\text{abs}}$ [-]	888	287	34	45	9	1	6	0
Verbindungen / Länge n_V [1/mm]	4,49	1,58	0,20	0,28	0,06	0,01	0,04	0,00

Die Abbildung 4.7 zeigt den Verlauf der auf die Spaltlänge bezogenen Anzahl an Verbindungen n_V als Funktion des Spurabstands h_s. Zusätzlich zu den ermittelten Werten ist der approximierte Verlauf eingezeichnet. Dieser steigt für kleine Spurabstände steil an, da bereits bei einem Spurabstand $h_s = 120$ µm nur noch Porenketten vorliegen und erwartet wird, dass bei noch kleineren Abständen ein massives, porenfreies Material aufgebaut wird.

Auch ohne die Verbindungen zwischen den Schmelzspuren sind die Wände nicht ideal glatt. Bereits massive, laseradditiv gefertigte Bauteile aus dem verwendeten Werkzeugstahl besitzen eine Oberflächenrauheit, die eine Nachbearbeitung mit konventionellen Verfahren erforderlich macht [14]. Die Wände der luftdurchlässigen Strukturen sind nicht erreichbar für eine Nachbearbeitung, daher wird ihre Oberflächenstruktur im unbearbeiteten Zustand untersucht. Hierzu wird eine Probe mit 170 µm Spurabstand entlang eines Spalts aufgetrennt und die freigelegten Wände mit einem konfokalen Mikroskop aufgenommen und vermessen. Abbildung 4.8 zeigt exemplarisch die

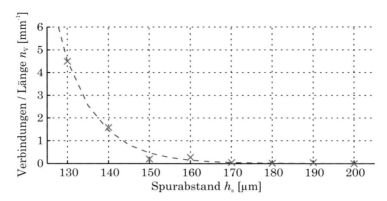

Abbildung 4.7.: Anzahl der Verbindungen zwischen den Schmelzspuren und approximierter Verlauf in Abhängigkeit vom Spurabstand

Oberflächenstruktur der Wand eines Spalts. Neben den Ausbuchtungen aus erstarrter Schmelze finden sich Anhaftungen aus sphärischen Pulverpartikeln. Insgesamt liegen runde Strukturen ohne scharfkantige Spitzen vor. Die gemittelte Rautiefe R_z und der arithmetische Mittenrauwert R_a der Oberfläche werden an mehreren Orten bestimmt [15]. Im Mittel beträgt die gemittelte Rautiefe $R_z = 194{,}3\,\mu\text{m}$ und der arithmetische Mittenrauwert $R_a = 13{,}9\,\mu\text{m}$.

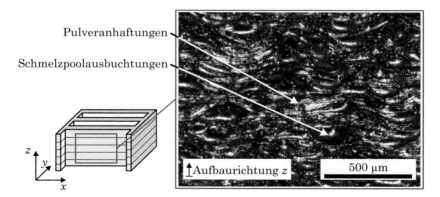

Abbildung 4.8.: Oberflächenstruktur der internen Wände der luftdurchlässigen Mesostruktur (Parameter vgl. Tab. 4.2)

Die geometrischen Eigenschaften und Abmessungen, die mit den Parametern in Tabelle 4.2 erreicht werden, sind in Tabelle 4.5 zusammengefasst.

Tabelle 4.5.: Geometrische Eigenschaften der Wände des luftdurchlässigen Materials (Parameter vgl. Tab. 4.2)

Parameter	Wert
Schmelzspurbreite b_{Spur}	110,9 µm
gemittelte Rautiefe R_z	194,3 µm
arithmetischer Mittenrauwert R_a	13,9 µm

4.3. Gestaltung der Werkzeugoberfläche mit luftdurchlässigen Strukturen

Ein Vorteil der laseradditiven Fertigung ist die im Vergleich zu konventionellen Fertigungsverfahren große geometrische Freiheit in der Gestaltung von Bauteilen bei vergleichbaren mechanischen Eigenschaften [16, 17, 18]. Die Bauteile werden ausgehend von einem digitalen Datensatz gefertigt. Im vorangegangenen Abschnitt wurde die Belichtungsstrategie durch die Erhöhung des Spurabstandes so verändert, dass ein luftdurchlässiges Schachbrettmuster aufgebaut wird. Die Möglichkeiten zur Gestaltung von luftdurchlässigen Strukturen sind nicht auf dieses einfache Rechteckmuster beschränkt, stattdessen können die Schichten mit jedem beliebigen Muster aus einzelnen Schmelzspuren gefüllt werden. Für die Sicherstellung der Luftdurchlässigkeit ist es lediglich erforderlich, dass die Schmelzspuren in den folgenden Schichten übereinander platziert werden und zwischen den so aufgebauten Wänden ein ausreichend breiter Spalt bleibt. Da die maximale Länge der einzelnen Schmelzspuren beschränkt ist, bietet es sich an, die Fläche in kleinere Teilflächen zu unterteilen. Hierzu kann auf Parkettierungen, wie sie in der Mathematik definiert sind [19, 20, 21, 22], oder auch auf künstlerische Elemente wie Patchworkmuster [23] zurückgegriffen werden. Da die Fläche der Parkettsteine mit parallelen Schmelzspuren gefüllt wird, bleibt die lamellenartige Struktur des luftdurchlässigen Materials bei allen Variationen der Parkettierung erhalten und die Erkenntnisse, die in dieser Arbeit aus der Untersuchung von Schachbrettmustern gewonnen werden, können auch auf andere Parkettierungen übertragen werden.

Dass es möglich ist, verschiedene Flächenfüllungen als Belichtungsstrategien zu implementieren, zeigt Abbildung 4.9 am Beispiel der drei platonischen Parkettierungen. Bei diesen wird die Fläche mit nur einer Sorte regelmäßiger n-Ecke überlappungsfrei gefüllt und die einzelnen Parkettsteine berühren sich nur an den Kanten. Lediglich Dreieck-, Viereck- und Sechseckgitter erfüllen diese Forderung [24]. Durch die sehr einfache, regelmäßige Struktur der platonischen Parkettierungen ist es besonders leicht, sie in ein Programm für die Datenvorbereitung zu implementieren. Hierbei ist zu beachten, dass die exakte Größe der Parkettsteine durch die Anzahl und die Breite der Spalte bestimmt wird, wenn die Anwendung eine einheitliche Spaltbreite erfordert.

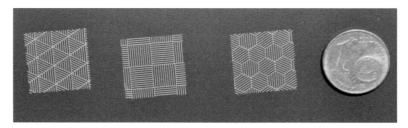

Abbildung 4.9.: Platonische Parkettierungen als Belichtungsmuster zur Veranschaulichung auf ein eloxiertes Blech lasermarkiert

Die Belichtungsmuster in Abbildung 4.9 wurden in der Anlage zur additiven Fertigung hergestellt. Anstelle des Metallpulvers wurde ein eloxiertes Blech auf die Bauplattform gelegt und die Laserleistung auf $P_L = 10\,\text{W}$ reduziert. Auf diese Weise wurde das Belichtungsmuster durch Abtragen der eloxierten Schicht auf das Blech markiert. Der gute Kontrast des Belichtungsmusters auf dem Blech veranschaulicht das Ergebnis der veränderten Datenvorbereitung für die laseradditive Fertigung besser und ermöglicht eine detailliertere Beurteilung, als es bei einem additiv gefertigtem Bauteil der Fall wäre. Die einzelnen Felder sind deutlich voneinander zu unterscheiden, da die Ausrichtung der einzelnen Scanvektoren gegenüber den Nachbarfeldern gedreht ist. Mit dieser Rotation wird nicht nur ein ästhetisches Ziel verfolgt, sondern sie ermöglicht es den einzelnen Wänden, sich an den Enden gegenseitig zu stabilisieren. Dies ist erforderlich, um der Struktur die nötige Robustheit gegen mechanische Belastungen zu verleihen, welche in Kapitel 6 detailliert untersucht und beschrieben wird. Bei dem Viereckmuster treffen die Vektoren orthogonal auf die Vektoren der Nachbarfelder, was zur Stabilisierung der Enden ausreicht. Bei den anderen beiden Mustern in Abbildung 4.9 treffen an einigen Kanten die Enden der Vektoren aufeinander. Um diese Enden zu fixieren, ist ein zusätzlicher Belichtungsvektor entlang der Kante eingefügt worden. Von diesen Parkettierungen, bei denen sich die Schmelzspuren gegenseitig stützen, wird erwartet, dass sie die Anforderungen aus Abschnitt 4.1 hinsichtlich der mechanischen Robustheit und der möglichen Nutzung als Gestaltungsmerkmal erfüllen.

4.4. Nutzung einer Deckschicht

Es kann Anwendungen geben, in denen die im vorangegangenen Abschnitt erreichte Spaltbreite noch zu groß ist oder in denen die Lamellenstruktur an der Oberfläche nicht gewünscht ist. Neben der Ästhetik sind hierfür auch technische Gründe möglich, beispielsweise wenn die luftdurchlässige Struktur Teil eines Spritzgießwerkzeugs für die Verarbeitung von sehr dünnflüssigen Kunststoffschmelzen ist oder wenn die geforderte Oberflächenqualität keine Abdrücke von Spalten zulässt. In diesen Fällen kann die luftdurchlässige Struktur mit einer dünnen, massiven Deckschicht versehen werden, welche in einem weiteren Fertigungsschritt perforiert wird. Hierzu werden die letzten Schichten vor der Bauteiloberfläche mit den Belichtungsparametern für massive Bauteile aus Tabelle 4.2 hergestellt. Diese Deckschicht unterscheidet sich in ihrer Oberflächenstruktur nicht von vollständig massivem Material und kann auch wie dieses bearbeitet werden.

Um die Luftdurchlässigkeit wieder herzustellen, ist es möglich, die Deckschicht selektiv wieder abzutragen oder mit kleinen Bohrungen zu perforieren. Hierfür bietet sich Laserabtragen an, da es eine präzise Bearbeitung ohne die Ausübung von Kräften erlaubt [25, 26].

4.4.1. Dicke der Deckschicht

Für die Nachbearbeitung der Deckschicht ist es erforderlich, ihre Dicke zu kennen, da beispielsweise nach einem Schleifprozess noch eine durchgängige Schicht erhalten bleiben soll oder vor der Perforation eine ausreichende Bohrtiefe festzulegen ist. Da eine nachträgliche Messung der Dicke, beispielsweise mit Röntgenstrahlung, aufwändig ist, soll die aus der Anzahl der Schichten resultierende, reale Schichtdicke an drei Proben bestimmt werden. Diese haben eine luftdurchlässige Basis in Form eines 5 mm flachen Quaders, dessen quadratische Grundfläche eine Kantenlänge von 15 mm besitzt. In den Fertigungsdaten der Proben wurden auf diese Basis eine, fünf und zehn Schichten mit den Belichtungsparametern für massives Material positioniert. Die Grundfläche der Deckschicht ist ebenfalls quadratisch. Durch die geringere Kantenlänge von nur 12 mm kann die Oberfläche der luftdurchlässigen Schicht als Referenz genutzt werden. Dieser Orientierungspunkt erlaubt es, zu erkennen, ob die Deckschicht nur auf dem luftdurchlässigen Material aufliegt oder auch ein Teil der Mesostruktur bei Herstellung der Deckschicht mit aufgeschmolzen wurde und die massive Schicht somit in den luftdurchlässigen Bereich hineinreicht. Entsprechend den Parametern in Tabelle 4.2 beträgt die Schichtdicke von luftdurchlässigem und massivem Material 30 µm. Die Abbildung 4.10 zeigt Draufsichten und Schnitte normal zu den Spalten durch die luftdurchlässigen Proben.

Der Vergleich der Aufnahmen in Abbildung 4.10 zeigt, dass die einzelne Schicht mit einer Dicke $s = 30$ µm in Abbildung 4.10(a) noch keine geschlossene Deckschicht erzeugt. Sowohl in der Draufsicht als auch im Schnitt ist zu erkennen, dass einzelne Spalte nach wie vor offen sind. Demgegenüber sind bei den Proben mit fünf Schichten in Abbildung 4.10(b) und zehn Schichten in Abbildung 4.10(c) keine Lücken in der Deckschicht erkennbar. Da die Abmessungen der Deckschichten auf den Proben deutlich größer sind als die einzelnen Spalte darunter, sind die Ergebnisse auch auf größere Flächen übertragbar.

Die Dicke der Deckschicht wird anhand der Schliffe bestimmt. Die einzelne Schicht in Abbildung 4.10(a) ist im Mittel 100,5 µm dick. Dies ist deutlich mehr als die in den Fertigungsdaten vorgegebene Schichtdicke von $s = 30$ µm. Die Untersuchungen von Yasa et al. haben gezeigt, dass die Tiefe des Schmelzpools größer ist als die Schichtdicke [27]. Durch die Wärmeleitung im Material werden beim Belichten einer Schicht immer auch die darunterliegenden Schichten auf- und angeschmolzen und so eine feste Verbindung zwischen den Schichten erreicht. Mit den folgenden Schichten nimmt die Dicke der Deckschicht nur langsam zu, da zunächst die Lücken in der ersten Schicht gefüllt werden. Hinzu kommt, dass die Dichte der erstarrten Schmelze etwa doppelt so groß ist wie die Schüttdichte der verarbeiteten Pulver [3, 28, 29]. Hierdurch ist die resultierende Dicke einer Schicht geringer als die aufgetragene Pulverschicht und bereits die Untersuchungen von Meiners haben gezeigt, dass der Herstellungsprozess mehrere Schichten

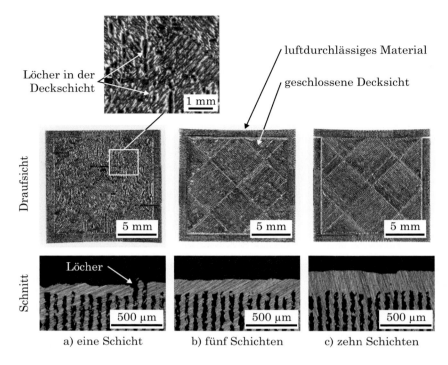

Abbildung 4.10.: Variation der Anzahl an durchgehenden Schichten mit jeweils $s = 30\,\mu\text{m}$ Dicke

benötigt, bis sich eine stabile Schichtdicke einstellt [28]. Dieser Unterschied zwischen der gemessenen Dicke der Deckschicht und der theoretische Dicke, die sich aus der Anzahl der Schichten und der Schichtdicke ergibt, ist auch bei den untersuchten Proben mit mehr als einer Schicht zu beobachten. Nach fünf Schichten beträgt die gemessene Dicke der Deckschicht $134,0\,\mu\text{m}$ bei einer theoretischen Dicke von $150,0\,\mu\text{m}$ und nach zehn Schichten sind es $219,0\,\mu\text{m}$ anstelle der vorgegebenen $300,0\,\mu\text{m}$.

4.4.2. Perforation der Deckschicht

Im vorangegangenen Abschnitt wurde die luftdurchlässige Struktur mit einer ebenfalls laseradditiv gefertigten Deckschicht, bestehend aus mehreren Schichten massiven Materials, versehen und die resultierende Dicke der Deckschicht bestimmt. Diese kann wie Vollmaterial bearbeitet werden, um beispielsweise eine glatte Oberfläche zu erzeugen, in die dann in einem zweiten Bearbeitungsschritt Bohrungen oder Muster eingebracht werden, welche die Deckschicht durchdringen und so Verbindungen von der Oberfläche bis zu den Spalten der luftdurchlässigen Mesostruktur herstellen. Auch wenn in dieser Arbeit die laseradditive Fertigung der luftdurchlässigen Strukturen im Vordergrund steht, so soll auch das Konzept der perforierten Deckschicht exemplarisch an einem Demonstrator überprüft werden. Das Ziel ist hierbei die Herstellung eines funktionierenden technischen Systems, an dem das Zusammenspiel von luftdurchlässiger Struktur und perforierter Deckschicht in einem industriellen Prozess gezeigt werden kann. Hierbei werden die Analyse des Herstellungsprozesses und die Optimierung des Bearbeitungsergebnisses bewusst für weiterführende Arbeiten offen gelassen.

Die Referenzanwendung für den Demonstrator ist, wie auch für die luftdurchlässige Mesostruktur, die Verwendung in Spritzgießwerkzeugen, da dies einen Vergleich zwischen den Systemen mit und ohne Deckschicht erlaubt. Auf die in Abschnitt 4.2 entwickelte Struktur wird eine Deckschicht aufgebracht, welche spanend nachbearbeitet und mit Laserbohrungen perforiert wird. Laserbohren bietet den Vorteil, dass sich mit diesem Verfahren in kurzer Zeit viele Bohrungen mit geringem Durchmesser wirtschaftlich herstellen lassen. Das Fertigungsverfahren ist flexibel, gut automatisierbar und es lassen sich ausreichend kleine Durchmesser bei großen Aspektverhältnissen (Bohrungstiefe/Bohrungsdurchmesser $\gg$ 1) erreichen [25, 30]. Daher wird diese Fertigungstechnologie für Perforation der Deckschicht festgelegt und im Folgenden eine geeignete Bohrstrategie und Bohrverfahren ausgewählt.

In Abbildung 4.11 sind drei möglichen Bohrstrategien schematisch dargestellt. Beim Einzelpulsbohren in Abbildung 4.11(a) wird die Bohrung mit einem einzelnen Laserpuls hergestellt. Beim Perkussionsbohren in Abbildung 4.11(b) tragen mehrere auf die gleiche Stelle gerichtete Pulse Material ab und vertiefen so die Bohrung. Das erreichbare Aspektverhältnis ist höher als im Vergleich zum Einzelpulsbohren. Für Bohrungen mit großem Durchmesser ist das Trepanierbohren, in der Abbildung 4.11(c), geeignet. Ausgehend von einer Startbohrung, die mittels Perkussionsbohren hergestellt wird, schneidet der Laserstrahl das Loch aus [25, 30]. Da bei der Perforation kleine Bohrungen angestrebt werden, kommen nur Einzelpuls- und Perkussionsbohren als mögliche Strategien in Frage.

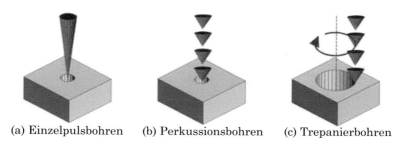

(a) Einzelpulsbohren   (b) Perkussionsbohren   (c) Trepanierbohren

Abbildung 4.11.: Bearbeitungsstrategien beim Laserbohren [30]

Die Bohrstrategien in Abbildung 4.11 beschreiben, wie die Laserpulse platziert werden. Für den präzisen Materialabtrag an der Bearbeitungsstelle können mit dem Schmelzbohren und dem Sublimierbohren zwei verschiedene Verfahren verwendet werden. Beim Schmelzbohren schmilzt der Laser das Material auf und ein Schmelzpool bildet sich. Durch weitere Energiezufuhr verdampft ein kleiner Teil des Materials und der Dampfdruck treibt die Schmelze aus der Bohrung aus. Das Sublimierbohren verwendet Laserpulse mit deutlich höheren Intensitäten. Das Material erreicht in kurzer Zeit die

Verdampfungstemperatur und der Materialabtrag erfolgt durch Verdampfen des Materials. Bei diesem Verfahren bildet sich nur wenig Schmelze, dafür ist die erreichte Bohrtiefe eines Pulses geringer. [25]

Bei der Wahl der Strategie und des Verfahrens für die Perforation der Deckschicht auf dem luftdurchlässigen Material ist zunächst die Forderung nach einer ausreichenden Tiefe von Bedeutung. Eine Bohrtiefe von 500 μm sollte für eine zuverlässige Durchdringung der Deckschicht ausreichen, da dies mehr als das Doppelte der Dicke ist, die im vorangegangenen Abschnitt bei einer Deckschicht aus zehn Schichten gemessen wurde. Ein zweiter Einflussfaktor für die Auswahl des Verfahrens ist die Menge an Schmelze, die beim Bohren erzeugt wird. Es wird angenommen, dass diese durch die Kapillarkraft in die Spalte des luftdurchlässigen Materials gezogen werden kann. Es wird daher das Sublimierbohren mit einem Pikosekundenlaser ausgewählt, da die kurzen Pulse mit hoher Energie das Material direkt verdampfen und nur wenig Schmelze erzeugen. Für die Wechselwirkung zwischen Ultrakurzpulslasern und Materie sei auf weiterführende Literatur verwiesen, unter anderem [25, 26, 31, 32, 33, 34, 35, 36]. Der geringe Materialabtrag beim Sublimierbohren mit Pikosekundenlasern erfordert die Anwendung des Perkussionsbohrens als Bohrstrategie, damit eine ausreichende Tiefe des Bohrlochs erreicht wird.

Für die Umsetzung des gewählten Bohrprozesses wird in dieser Arbeit eine Laserabtraganlage mit einem Pikosekundenlaser Hyper Rapid 50 von Lumera Laser verwendet, die den Laserstrahl mit einem hurrySCAN II-Scanner des Herstellers Scanlab auf das Werkstück ablenkt. Die technischen Daten der Strahlquelle und der Ablenkeinheit sind in Tabelle 4.6 angegeben.

Tabelle 4.6.: Technische Daten der Laserabtraganlage für die Perforation der Deckschicht [37, 38]

Parameter	Wert
Wellenlänge λ	1064 nm
Laserleistung P_L	5 W bis 50 W
Pulsfolgefrequenz f_P	400 kHz bis 2000 kHz
Pulsdauer t	< 15 ps
Positioniergeschwindigkeit v	6,25 m s^{-1}
Brennweite f	100 mm
Fokusdurchmesser d	ca. 17 μm

Im vorangegangenen Abschnitt wurde bei zehn additiv gefertigten Schichten eine mittlere Dicke der Deckschicht von 219,0 μm gemessen. Damit die Bohrungen die Deckschicht zuverlässig perforieren, ist eine ausreichende Bohrtiefe erforderlich. Eine Tiefe von 500 μm bei über 80 % der Bohrungen bietet einen ausreichenden Sicherheitsfaktor und wird daher als Anforderung definiert. Die Bestimmung der Parameter für die Perforation der Deckschicht erfolgt an 500 μm dickem Blech aus Stahl. Die Verwendung von Blechen ermöglicht es, im Gegensatz zur Anfertigung von Schliffen aus laseradditiv gefertigten Proben, bei einer großen Anzahl an Bohrungen das Erreichen der erforderlichen Bohrtiefe mit geringem Aufwand zu detektieren. Mit Gegenlichtaufnahmen wird der Anteil der Bohrungen, die das Blech durchdrungen haben, bestimmt. Anschließend werden die Bohrungen unter dem Mikroskop ausgewertet. Hierbei werden der Bohrungsdurchmesser, die Durchmesser von der Wärmeeinflusszone und den Ablagerungen rund um die Bohrung vermessen. Die mit den Blechen bestimmten Parameter werden anschließend an einem laseradditiv gefertigten Bauteil validiert.

In die Bleche werden 400 Bohrungen in einem 20×20 Raster mit 0,5 mm Abstand eingebracht. Die Bohrungen werden als Perkussionsbohrungen durch mehrfache Punktbelichtungen auf eine Stelle ausgeführt. Bei jeder Punktbelichtung gibt die Strahlquelle ca. 50 Pulse ab. Der Laserfokus liegt bei der Bearbeitung auf der Oberfläche des Blechs und wird nicht nachgeführt. In Versuchen haben sich die Parameter in Tabelle 4.7 als ein geeigneter Kompromiss zwischen möglichst kleinen Bohrungsdurchmessern und einem hohen Anteil an durchgehende Bohrungen herausgestellt. Bei einer Reduzierung des Durchmessers steigt der Anteil der Bohrungen, die durch erstarrte Schmelze verschlossen sind, während Parameter bei denen mehr Bohrungen das Blech durchdringen auch einen größeren Bohrungsdurchmesser erzeugen. Für die Funktion der luftdurchlässigen Deckschicht ist es nicht erforderlich, dass alle Bohrungen offen sind, sondern es reicht aus, wenn in der Umgebung einer verschlossenen Bohrung mehrere offene Bohrungen Luft aus dem Inneren des Bauteils an die Oberfläche leiten.

Tabelle 4.7.: Bearbeitungsparameter für die Laserbohrungen

Parameter	Wert
Laserleistung P_L	50 W
Pulsfolgefrequenz f_P	800 kHz
Anzahl Punktbelichtungen n	4000

Mit diesen Einstellungen aus Tabelle 4.7 wurden auf den Stahlblechen die Werte in Tabelle 4.8 erreicht. Die Durchmesser wurden an einer zufälligen Auswahl von 9 Bohrungen unter dem Mikroskop bestimmt. Der Prozentsatz der Bohrungen, die das 500 µm dicke Blech durchbohrt haben und die durchschnittliche Bearbeitungsdauer beziehen sich auf die gesamte Probe mit 400 Bohrungen. Ein Vergleich mit den Spaltbreiten in Tabelle 4.3 zeigt, dass der Bohrungsdurchmesser von 55 µm geringer ist als die Spaltbreite bei einem Spurabstand von 170 µm. Die Bohrungen bilden an der Oberfläche ein regelmäßiges Raster von kleinen Punkten und sind damit für einen Betrachter weniger auffällig als die Spalte der luftdurchlässigen Mesostruktur. Die Bearbeitungsdauer von 0,3175 s berechnet sich aus der Zeit für die Fertigung aller Bohrungen und der Anzahl der Bohrungen. Durch die kurze Prozessdauer für die Herstellung einer Bohrung ist eine wirtschaftliche Bearbeitung von großen Flächen mit entsprechend vielen Bohrungen möglich.

Für die Verifizierung der Übertragbarkeit der Ergebnisse auf den Stahlblechen auf laseradditiv gefertigte Bauteile aus Werkzeugstahl X3NiCrMoTi (1.2709) werden die Parameter aus Tabelle 4.7 für die Perforation eines Werkzeugeinsatzes verwendet. Der Einsatz und seine technische Funktion werden in Abschnitt 8.1.2.1 detailliert erläutert. Für die Verifizierung genügt es, an dieser Stelle nur die Anordnung der luftführenden Bereiche zu beschreiben. Im Inneren des Einsatzes befinden sich Luftkanäle, von denen aus Druckluft durch eine 5 mm dicke, luftdurchlässige Schicht und eine perforierte Deck-

Tabelle 4.8.: Abmessungen der Laserbohrungen, gefertigt auf der in Tabelle 4.6 beschriebenen Anlage mit den Parametern aus Tabelle 4.7

Parameter	Mittelwert	Standardabweichung
Bohrungsdurchmesser	55 µm	3,16 µm
Durchmesser der Wärmeeinflusszone	439 µm	33,48 µm
Durchmesser der Ablagerungsschicht	235 µm	21,87 µm
Bohrungstiefe > 0,5 mm	81 %	-
Aspektverhältnis	> 9	-
Bearbeitungsdauer pro Bohrung	0,3175 s	-

schicht an die Oberfläche gelangt. Abbildung 4.12 zeigt einen Ausschnitt der Oberfläche des Werkzeugeinsatzes nach der Perforation. Die Abmessungen der Schmelze um die Bohrungen, der Wärmeeinflusszonen und der Bohrungen bestätigen, dass die an den Blechen bestimmten Parameter auch auf Werkzeugeinsätze übertragbar sind. In der Nachbarschaft von Bohrungen, die erkennbar durch Schmelze verschlossen sind, finden sich wie in Abbildung 4.12 dargestellt genügend offene Bohrungen.

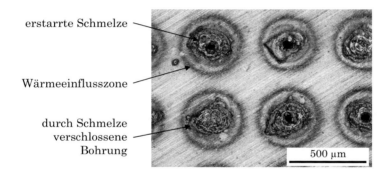

Abbildung 4.12.: Laserbohrungen mit den Parameters aus Tabelle 4.7 in die Deckschicht des Spritzgießwerkzeugeinsatzes (hergestellt mit den Parametern in Tab. 4.2)

Die perforierte Ringfläche des Werkzeugeinsatzes hat einen Außenradius von 72 mm und einen Innendurchmesser von 8 mm. Die Laserbohrungen in dieser Fläche haben, wie bereits bei den Versuchen auf den Blechen, einen Abstand von 0,5 mm. Der Aufwand, jede einzelne dieser 16 100 Bohrungen auf Luftdurchlässigkeit zu überprüfen, ist nicht gerechtfertigt, da es für die Funktion ausreicht, wenn die Luft gleichmäßig aus der perforierten Oberfläche strömt. Um dies zu überprüfen, wird Druckluft in die Kanäle des Bauteils geleitet und gelangt von dort durch die luftdurchlässige Struktur und die Laserbohrungen in der Deckschicht an die Bauteiloberfläche. Ein schaumbildendes Lecksuchspray macht dort die Bereiche, aus denen die Luft ausströmt, sichtbar. Abbildung 4.13 zeigt, wie die Luft gleichmäßig aus den Bohrungen strömt und das Lecksuchspray aufschäumt.

Abbildung 4.13.: Prüfung der Perforation eines Werkzeugeinsatzes auf Luftdurchlässig-keit (hergestellt mit den Parametern in Tab. 4.2 und 4.7)

Mit diesem Beispiel konnte gezeigt werden, dass die laseradditive Fertigung von technischen Bauteilen mit einer perforierten Deckschicht über der luftdurchlässigen Mesostruktur möglich ist. Auch wenn die verwendeten Parameter in Tabelle 4.7 noch nicht optimiert sind, konnte mit Laserbohrungen eine Verbindung zwischen der luftdurchlässigen Struktur im Inneren des Bauteils und der Oberfläche hergestellt werden. Auch konnte gezeigt werden, dass mit Laserbohren eine größere Fläche in einer vertretbaren Prozesszeit mit mehreren tausend Bohrungen perforiert werden kann. Die Erprobung des Demonstrators in einer technischen Anwendung wird in Kapitel 8.1 beschrieben.

Literaturverzeichnis

[1] CONCEPT LASER GMBH (Hrsg.): *We proudly present: M2 cusing.* Lichtenfels, Mai 2007. – Firmenschrift

[2] CONCEPT LASER GMBH (Hrsg.): *LaserCUSING® Materialdatenblatt.* Lichtenfels, 2011. – Firmenschrift

[3] SPIERINGS, A.B. ; SCHNEIDER, M. ; EGGENBERGER, R.: Comparison of Density Measurement Techniques for Additive Manufactured Metallic Parts. In: *Rapid Prototyping Journal* 17 (2011), Nr. 5, S. 380 – 386. – ISSN 1355–2546

[4] BEITZ, W. (Hrsg.) ; GROTE, K.-H. (Hrsg.): *Dubbel - Taschenbuch für den Maschinenbau.* 20. Auflage. Berlin : Springer, 2001. – ISBN 3–540–67777–1

[5] MENGES, G. ; MICHAELI, W. ; MOHREN, P.: *Spritzgießwerkzeuge - Auslegung, Bau, Anwendung.* 6. Auflage. München : Hanser, 2007. – ISBN 978–3–446–40601–8

[6] CONCEPT LASER GMBH (Hrsg.): *Prozessrichtlinien LaserCUSING.* Lichtenfels, August 2007. – Firmenschrift

[7] CONCEPT LASER GMBH (Hrsg.): *M2 cusing Originalbetriebsanleitung.* Version 1.0.11. 2011. – Firmenschrift

[8] KLAHN, C. ; BECHMANN, F. ; HOFMANN, S. ; DINKEL, M. ; EMMELMANN, C.: Laser Additive Manufacturing of Gas Permeable Structures. In: *Physics Procedia* 41 (2013), S. 866–873. – ISSN 1875–3892

[9] YADROITSEV, I. ; SMUROV, I.: Surface Morphology in Selective Laser Melting of Metal Powders. In: *Physics Procedia* 12 (2011), S. 264 – 270. – ISSN 1875–3892

[10] SEYDA, V. ; EMMELMANN, C.: Chancen und Risiken laseradditiver Fertigung in der Medizintechnik am Beispiel eines Hüftimplantats. In: *8. Deutsch-Niederländische Lasertage Weser-Ems.* Emden, März 2012

[11] YASA, E. ; DECKERS, J. ; CRAEGHS, T. ; BADROSSAMAY, M. ; KRUTH, J.-P.: Investigation on Occurance of Elevated Edges in Selective Laser Melting. In: *Proceedings of the 20th Annual International Solid Freeform Fabrication Symposium.* Austin, TX : University of Texas, August 2009, S. 180 – 192

[12] MUNSCH, M.: *Reduzierung von Eigenspannungen und Verzug in der laseradditiven Fertigung.* 1. Auflage. Göttingen : Cuvillier, 2013 (Schriftenreihe Lasertechnik Bd. 6). – ISBN 978–3–95404–501–3. – zgl. Diss. TU Hamburg-Harburg

[13] YADROITSEV, I. ; GUSAROV, A.V. ; YADROITSEVA, I. ; SMUROV, I.: Single Track Formation in Selective Laser Melting of Metal Powders. In: *Journal of Materials Processing Technology* 210 (2010), S. 1624 – 1631. – ISSN 0924–0136

[14] BRINKSMEIER, E. ; LEVY, G. ; MEYER, D. ; SPIERINGS, A.B.: Surface Integrity of Selective-Laser-Melted Components. In: *CIRP Annals - Manufacturing Technology* 59 (2010), S. 601–606. – ISSN 0007–8506

[15] Norm DIN EN ISO 4287:2010-07 Juli 2010. *Geometrische Produktspezifikation (GPS) - Oberflächenbeschaffenheit: Tastschnittverfahren - Benennungen, Definitionen und Kenngrößen der Oberflächenbeschaffenheit*

[16] EMMELMANN, C. ; PETERSEN, M. ; KRANZ, J. ; WYCISK, E.: Bionic Lightweight Design by Laser Additive Manufacturing for Aircraft Industry. In: AMBS, P. (Hrsg.) ; CURTICAPEAN, D. (Hrsg.) ; EMMELMANN, C. (Hrsg.) ; KNAPP, W. (Hrsg.) ; KUZNICKI, Z.T. (Hrsg.) ; MEYRUEIS, P.P. (Hrsg.): *SPIE Eco-Photonics 2011: Sustainable Design, Manufacturing, and Engineering Workforce Education for a Green Future* Bd. 8065. Strassburg : Society of Photo-Optical Instrumentation Engineers (SPIE), April 2011

[17] EMMELMANN, C. ; HERZOG, D. ; KRANZ, J. ; KLAHN, C. ; MUNSCH, M.: Manufacturing for Design, Laseradditive Fertigung ermöglicht neuartige Funktionsbauteile. In: *Industrie Management* 29 (2013), April, Nr. 2, S. 58 – 62. – ISSN 1434–1980

[18] KLAHN, C. ; LEUTENECKER, B. ; MEBOLDT, M.: Design for Additive Manufacturing - Supporting the Substitution of Components in Series Products. In: *Procedia CIRP* 21 (2014), S. 138 – 143. – ISSN 2212–8271

[19] HEESCH, H. ; KIENZLE, O.: *Flächenschluß - System der Formen lückenlos aneinanderschließender Flachteile.* Berlin : Springer, 1963 (Wissenschaftliche Normung Bd. 6). – ISBN 978–3–540–03077–5

[20] BONGARTZ, K. ; BORHO, W. ; MERTENS, D. ; STEINS, A.: *Farbige Parkette - Mathematische Theorie und Ausführung mit dem Computer. Vier Aufsätze zur ebenen Kristallographie.* 1. Auflage. Basel : Birkhäuser, 1988 (Mathematische Miniaturen Bd. 4). – ISBN 978–3–7643–2223–6

[21] GRÜNBAUM, B. ; SHEPHARD, G.C.: Perfect Colorings of Transitive Tilings and Patterns in the Plane. In: *Discrete Mathematics* 20 (1977), S. 235 – 247. – ISSN 0012–365X

[22] BIGALKE, H.-G. ; WIPPERMANN, H.: *Reguläre Parkettierungen : mit Anwendungen in Kristallographie, Industrie, Baugewerbe, Design und Kunst.* 1. Auflage. Mannheim : BI-Wiss.-Verl., 1994. – ISBN 3–411–16711–4

[23] KAHMANN, I.: *Patchwork und Quilten: eine Einführung in die Techniken und traditionelle Muster.* 2. Auflage. Th. Schäfer, 1994. – ISBN 3–87870–668–5

[24] KEPLER, J.: *Prodomus Dissertationium Cosmographicarum, Continens Mysterium Cosmographicarum.* Graz : Excudebat Georgius Gruppenbachius, 1596

[25] POPRAWE, R.: *Lasertechnik für die Fertigung: Grundlagen, Perspektiven und Bei-*

spiele für den innovativen Ingenieur. 1. Auflage. Berlin : Springer, 2005. – ISBN 3–540–21406–2

[26] EMMELMANN, C. ; CALDERÓN URBINA, J.P.: Process Design of Ultra-Short Pulse Laser Ablation by Modern Quality-Oriented Design of Experiments. In: CAR, Z. (Hrsg.) ; KUDLÁČEK, J. (Hrsg.) ; PEPELNJAK, T. (Hrsg.): *Proceedings of International Conference on Innovative Technologies IN-TECH*. Rijeka : Faculty of Engineering University of Rijeka, 2012. – ISBN 978–953–6326–77–8, S. 261–264

[27] YASA, E. ; KEMPEN, K. ; KRUTH, J.-P. ; THIJS, L. ; VAN HUMBEECK, J.: Microstructure and Mechanical Properties of Maraging Steel 300 after Selective Laser Melting. In: *Proceedings of the 21st Annual International Solid Freeform Fabrication Symposium*. Austin, TX : University of Texas, August 2010, S. 383 – 396

[28] MEINERS, W.: *Direktes Selektives Laser Sintern einkomponentiger metallischer Werkstoffe*. 1. Auflage. Aachen : Shaker, 1999 (Berichte aus der Lasertechnik). – ISBN 3–8265–6571–1. – zgl. Diss. RWTH Aachen

[29] SEYDA, V. ; KAUFMANN, N. ; EMMELMANN, C.: Investigation of Aging Processes of Ti-6Al-4V Powder Material in Laser Melting. In: *Physics Procedia* 39 (2012), S. 425 – 431. – Proceedings of LANE2012

[30] HÜGEL, H. ; GRAF, T.: *Laser in der Fertigung*. 2. Auflage. Wiesbaden : Vieweg+Teubner, 2009. – ISBN 978–3–8351–0005–3

[31] DIRSCHERL, M.: *Ultrakurzpulslaser - Grundlagen und Anwendungen*. 1. Auflage. Erlangen : Bayrisches Laserzentrum, 2005 (BLZ Anwenderfibel Bd. 2). – ISBN 3–9809601–2–9

[32] MEIJER, J. ; DU, K. ; GILLNER, A. ; HOFFMANN, D. ; KOVALENKO, V.S. ; MASUZAWA, T. ; OSTENDORF, A. ; POPRAWE, R. ; SCHULZ, W.: Laser Machining by Short and Ultrashort Pulses, State of the Art and new Opportunities in the Age of the Photons. In: *CIRP Annals - Manufacturing Technology* 51 (2002), Nr. 2, S. 531–550. – ISSN 0007–8506

[33] TÜNNERMANN, A. ; NOLTE, S. ; LIMPERT, J.: Femtosecond vs. Picosecond Laser Material Processing: Challenges in Ultrafast Precision Laser Micromachining of Metals at High Repetition Rates. In: *Laser Technik Journal* 7 (2010), Januar, Nr. 1, S. 34 – 38. – ISSN 1863–9119

[34] DÖRING, S. ; ULLSPERGER, T. ; HEISLER, F. ; RICHTER, S. ; TÜNNERMANN, A. ; NOLTE, S.: Hole Formation Process in Ultrashort Pulse Laser Percussion Drilling. In: *Physics Procedia* 41 (2013), S. 424 – 433. – ISSN 1875–3892

[35] MICHALOWSKI, A. ; WEBER, R. ; GRAF, T.: Diagnostic Studies of Melt Transport during Ultrashort Pulse Laser Drilling. In: A., Ostendorf (Hrsg.) ; GRAF, T. (Hrsg.) ; PETRING, D. (Hrsg.) ; OTTO, A. (Hrsg.): *Proceedings of the Fifth Inter-*

national WLT-Conference Lasers in Manufacturing. Stuttgart : AT-Fachverlag, Juni 2009, S. 793 – 797

[36] RUF, A.: *Modellierung des Perkussionsbohrens von Metallen mit kurz- und ultrakurz- gepulsten Lasern.* München : H. Utz, 2004. – ISBN 3–8316–0372–3. – zgl. Diss. Univ. Stuttgart

[37] LUMERA LASER (Hrsg.): *Hyper Rapid 50.* Kaiserslautern, 2010. – Firmenschrift

[38] SCANLAB (Hrsg.): *HurryScan, HurrySCAN II.* Puchheim, Dezember 2011. – Firmenschrift

5. Bestimmung der Luftdurchlässigkeit

Das Ziel dieser Arbeit ist die Entwicklung eines luftdurchlässigen Materials für industrielle Anwendungen. Das vorangegangene Kapitel hat gezeigt, wie die Aufbauparameter die Abmessungen von Spalten in einer Mesostruktur beeinflussen. Bisher wurde angenommen, dass diese Struktur luftdurchlässig ist. In diesem Kapitel soll der Beweis der Luftdurchlässigkeit erbracht werden und der Zusammenhang zwischen den aus der laseradditiven Fertigung resultierenden Abmessungen der Spalte und dem erreichbaren Volumenstrom bei einer vorgegebenen Druckdifferenz bestimmt werden. Der folgende Abschnitt 5.1 stellt die Grundlagen der Strömungslehre vor, soweit sie für die hier durchgeführten Untersuchungen der Luftdurchlässigkeit relevant sind. Im Abschnitt 5.2 werden verschiedene Proben aus luftdurchlässigem Material untersucht und die gefundenen Zusammenhänge mit den Erkenntnissen der Strömungslehre abgeglichen. Da Luft ein Gasgemisch ist, sind die Ergebnisse, unter Berücksichtigung der jeweiligen Stoffeigenschaften, auch auf andere Gase und Gemische übertragbar [1, 2].

5.1. Grundlagen der Strömungslehre

Allgemein unterscheidet die Strömungslehre, ob ein Fluid um einen Körper herum strömt, beispielsweise um eine Tragfläche von einem Flugzeug, oder durch einen Kanal hindurch [3]. Bei dem hier betrachteten, luftdurchlässigen Material ist letzteres der Fall, wobei sich durch die sehr schmalen Spalte der Luftkanäle und die große Wandrauheit Besonderheiten in der Strömung ergeben können. Daher wird zunächst in Abschnitt 5.1.1 eine allgemeine Übersicht über die Strömungen durch Kanäle gegeben und im Abschnitt 5.1.2 die Durchströmung von Mikrokanälen betrachtet.

5.1.1. Strömungen durch Kanäle

Strömt ein Fluid durch einen Kanal, so bildet sich ein Geschwindigkeitsprofil aus. Direkt an der Wand gilt die Prandtlsche Haftbedingung und in der Grenzschicht zwischen Wand und Fluid findet keine Relativbewegung statt [4]. Ausgehend von der Wand nimmt die Geschwindigkeit des Fluids zur Mitte des Kanals hin zu. Die Form dieses Profils wird durch zwei wesentliche Faktoren bestimmt: Zum einen die Übertragung von Schubspannungen durch das Fluid, zum anderen durch die Strömungsgeschwindigkeit. [4, 5]

In einer laminaren Strömung bewegt sich das Fluid in Richtung der Strömung in parallelen Schichten. Wird, wie in Abbildung 5.1 gezeigt, eine Schicht dieser Strömung mit dem Wandabstand y betrachtet, so unterscheidet sich die Geschwindigkeit $u(y)$ dieser Schicht von der Geschwindigkeit der benachbarten Schichten. Die Schichtdicke l in Abbildung 5.1 entspricht der mittleren freien Weglänge eines Moleküls λ. [5]

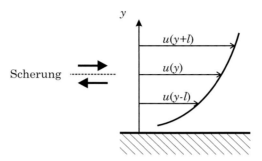

Abbildung 5.1.: Geschwindigkeitsprofil einer Strömung längs einer ebenen Wand [5]

Zwischen den Schichten findet ein regelloser Impulsaustausch durch die Brownsche Bewegung der Moleküle statt. Kollisionen von Teilchen aus benachbarten Schichten bremsen die schnellere Schicht und beschleunigen die langsamere Schicht. Diese Scherung der Schichten führt zu Schubspannungen im Fluid. Bei der großen Gruppe der Newtonschen Fluide, zu denen alle Gase gehören [6], ist die Schubspannung τ proportional der Deformationsgeschwindigkeit du/dy. Für die Newtonschen Fluide gilt das Newtonsche Reibungsgesetz

$$\tau = \eta \frac{du}{dy} \qquad (5.1)$$

mit der dynamischen Viskosität η als Proportionalitätsfaktor. [5]

Für die übertragende Kraft ist die dynamische Viskosität η bestimmend. Sie ist die molekulare Austauschgröße für den Impuls [5]. Die kinematische Viskosität ν ist für die Art der Strömung von Bedeutung. Die kinematische Viskosität ν berechnet sich mit

$$\nu = \frac{\eta}{\rho} \qquad (5.2)$$

aus der dynamischen Viskosität η und der Dichte des Fluids ρ.

Neben der bereits beschriebenen laminaren Strömung, bei der der Impulsaustausch quer zur Strömungsrichtung auf molekularer Ebene geschieht, existiert noch eine zweite turbulente Strömungsform, bei der der Impulsaustausch auf makroskopischer Ebene durch instationäre, wirbelartige Zufallsbewegungen erfolgt. Die Geschwindigkeitskomponenten u, v und w in die drei Raumrichtungen setzen sich bei turbulenten Strömungen aus einem konstanten, zeitlich gemittelten Anteil und einer Schwankungsgröße zusammen [5]. In Abbildung 5.2 sind beide Geschwindigkeitsprofile gegenübergestellt. Durch den stärkeren Impulsaustausch innerhalb der Strömung ist das turbulente Geschwindigkeitsprofil fülliger.

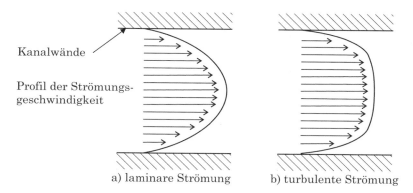

Kanalwände

Profil der Strömungs-
geschwindigkeit

a) laminare Strömung   b) turbulente Strömung

Abbildung 5.2.: Schematische Darstellung des (a) laminaren und des (b) zeitgemittelten
turbulenten Geschwindigkeitsprofils einer Rohrströmung [7]

Bei geringen Geschwindigkeiten liegt zunächst eine laminare Strömung vor und nach
kleinen Störungen stabilisiert sich die Schichtströmung wieder. Mit steigender Geschwindigkeit ändert sich das Verhalten des Fluids deutlich. Die Strömung wird in-
stabil gegenüber Störungen und es bildet sich eine turbulente Strömung. Welche Art
der Strömung vorliegt bestimmt das Verhältnis zwischen Trägheits- und Reibungskräf-
ten, welches durch die Reynolds-Zahl beschrieben wird [5, 7]. Die Reynolds-Zahl Re
einer Strömung wird mit

$$Re = \frac{u_\mathrm{m} \cdot l_\mathrm{char}}{\nu} \tag{5.3}$$

aus der querschnittsgemittelten Fließgeschwindigkeit u_m, der charakteristischen, geometrischen Größe l_char und der kinematischen Viskosität ν gebildet. Reynolds beobachtete
die unterschiedlichen Strömungsarten in Farbfadenversuchen und stellte fest, dass die
Transition von laminarer zu turbulenter Strömung bei einer kritischen Reynolds-Zahl
$Re_\mathrm{k} \approx 2300$ geschieht. In rechteckigen Kanälen verschiebt sich bei steigenden Seiten-
verhältnissen der Transitionsbereich in Richtung zu höheren Reynolds-Zahlen [7, 8].

Die Berechnung der Reynolds-Zahl erfolgt für Strömungen durch Rohre mit dem Durchmesser d als charakteristische Größe l_char. Bei nicht kreisförmigen Kanalquerschnitten
kann der hydraulische Durchmesser d_h verwendet werden [5, 9]. Dieser berechnet sich
mit

$$d_\mathrm{h} = \frac{4A}{U} \tag{5.4}$$

aus der Querschnittfläche A und dem benetzten Umfang U. Durch Einsetzen ergibt
sich aus Gleichung 5.4 für rechteckige Querschnitte mit der Breite b und der Höhe h
der hydraulische Durchmesser

$$d_\mathrm{h} = \frac{2b \cdot h}{b + h}. \tag{5.5}$$

Mit dem hydraulischen Durchmesser können die Gesetzmäßigkeiten, die für Strömungen
durch kreisförmige Querschnitte entwickelt wurden, auf andere Querschnitte, wie beispielsweise die rechteckigen Spalte der laseradditiv gefertigten, luftdurchlässigen Struktur, angewendet werden. Dies betrifft nicht nur die Reynolds-Zahl sondern beispielsweise auch die Widerstandsgesetze für die Berechnung des Druckverlusts. Nach Zierep

ist der hydraulische Durchmesser nur für turbulente Strömungen zu verwenden, da bei diesen die Geschwindigkeit über den Querschnitt nahezu konstant ist. Bei laminarer Strömung ist eine Umrechnung der gegebenen Geometrie in einen hydraulischen Durchmesser nicht zulässig [5]. Andere Autoren machen diese Einschränkung nicht, sondern weisen darauf hin, dass Abweichungen von bis zu 33 % möglich sind [6, 9, 10, 11].

5.1.1.1. Druckverluste in Strömungen

Strömt ein Fluid durch einen Kanal, so kommt es durch Reibung zwischen den Fluidteilchen, durch Wandreibung und durch Verwirbelungen zu einem Druckverlust p_v. Die Berechnung des Druckverlustes mit

$$p_v = \lambda \cdot \frac{l}{d} \cdot \frac{\rho \cdot u^2}{2} \tag{5.6}$$

setzt sich aus mehreren Termen zusammen, die gemeinsam die Strömung charakterisieren. Der erste Term beschreibt hierbei mit der Widerstandszahl λ die Physik der Rohrreibung. Der zweite Term beschreibt mit der Länge l und dem Durchmesser d die Geometrie des Kanals. Für nicht kreisrunde Querschnitte wird der hydraulische Durchmesser d_h aus Gleichung 5.4 an Stelle des Durchmessers d verwendet [9]. Der dritte Term liefert die Dimension des Drucks aus der Dichte ρ und der mittleren Geschwindigkeit u. [5]

Die Widerstandszahl λ ist abhängig von der Art der Strömung. Bei laminaren Strömungen durch Kanäle mit glatten Wänden ist

$$\lambda = \varphi \frac{64}{Re} \tag{5.7}$$

eine Funktion der Reynolds-Zahl Re. Für runde Querschnitte ist der Beiwert für Querschnittsform $\varphi = 1$. Für rechteckige Querschnitte berechnet sich der Beiwert φ mit

$$\varphi = 0{,}878 + 0{,}0566\epsilon + 0{,}758\epsilon^2 - 0{,}193\epsilon^3 \tag{5.8}$$
$$\text{mit } \epsilon = \frac{b - h}{b + h}$$

aus der Breite b und der Höhe h [12].

Mit der Transition von einer laminaren zu einer turbulenten Strömung ändern sich auch die Widerstandsgesetze. Für hydraulisch glatte Rohre und Kanäle gilt bis $Re \approx 10^5$ die Blasius-Formel

$$\lambda = \frac{0{,}3164}{Re^{1/4}} \tag{5.9}$$

zur Bestimmung der Widerstandszahl λ [5, 10]. Die Formel zeigt auch für nicht-kreisförmige Querschnitte eine gute Übereinstimmung mit Messungen [10]. Ein Geometriefaktor wie φ in Gleichung 5.7 ist daher nicht erforderlich. Die gute Übereinstimmung zeigt laut Herwig, dass das Verhalten wandgebundener, turbulenter Strömungen weitgehend universell ist [10].

Die Betrachtungen in diesem Kapitel bezogen sich auf Kanäle mit glatten Wänden. Die Wände in den laseradditiv gefertigten, luftdurchlässigen Strukturen werden nicht nachbearbeitet, daher bleibt die große Oberflächenrauheit, die in Abschnitt 4.2.2 auf den Wänden der Spalte gemessen wurde, erhalten und wirkt sich in den Versuchen auf die Strömung aus. Dies ist bei der Auswertung der Versuche zur Luftdurchlässigkeit zu berücksichtigen. Im Folgenden wird daher der Einfluss der Wandrauheit auf die Strömung beschrieben.

5.1.1.2. Einfluss der Wandrauheit auf die Strömung

In der Strömungslehre wird die Rauheit von Kanälen mit der Sandkornrauheit k_s beschrieben. Diese geht auf Versuche von Nikuradse zurück, bei denen die Innenseite von Rohren, wie in Abbildung 5.3 dargestellt, mit einer Schicht aus Sandkörnern mit dem Durchmesser k_s versehen wurde. [13]

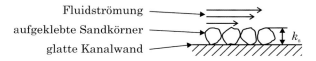

Abbildung 5.3.: Definition der Sandkornrauheit k_s [5]

In den meisten technischen Anwendungen entsprechen die Wände von Strömungskanälen keiner einheitlich besandeten Oberfläche, sondern setzen sich aus unterschiedlich hohen Rauheitsspitzen zusammen. Für diese realen Oberflächen haben Colebrook und Moody eine technische Rauheit k definiert. Die technische Rauheit k entspricht der Rauheit einer einheitlich besandeten Oberfläche, die die gleiche Widerstandszahl λ besitzt wie die technische Oberfläche. Im Gegensatz zur Sandkornrauheit k_s, welche den Durchmesser eines Sandkorns repräsentiert, ist k eine aus der Widerstandszahl λ berechnete Größe. [14, 15]

Die Widerstandsgesetze für glatte Kanäle in Kapitel 5.1.1.1 gelten in einem begrenzten Umfang auch für raue Wände. Nach Nikuradse hat die auf den hydraulischen Durchmesser d_h bezogene relative Rauheit auf den Druckverlust von laminaren Strömungen keinen Einfluss [13]. Neuere Untersuchungen von Gloss mit relativen Rauheitshöhen bis zu $k/d_h = 0,25$ haben gezeigt, dass die Rauheit einen Einfluss auf laminare Strömungen hat und den Druckverlust erhöht, dieser Effekt aber geringer ist als bei turbulenten Strömungen. Die Höhe des zusätzlichen Druckverlustes wird neben der relativen Rauheitshöhe auch von der Form der Rauheit und ihrer Regelmäßigkeit bestimmt. Hierbei gilt, je größer die in die Strömung ragende Fläche ist, desto größer ist der Druckverlust in der Strömung [16]. Mit den Versuchen an den Spalten der laseradditiv gefertigten Mesostruktur soll unter anderem bestimmt werden, welche technische Rauheit k die Wände haben. Da die Spalte sehr schmal sind und in Abschnitt 4.2.2 hohe Werte für die gemittelte Rautiefe R_z und den arithmetischen Mittenrauwert R_a gemessen wurden, ist mit einer großen relativen Rauheitshöhe k/d_h zu rechnen. Ist dies der Fall, dann ist vermutlich auch in der laminaren Strömung eine Erhöhung der Widerstandszahl λ zu beobachten.

Eine turbulente Strömung besitzt eine laminare Unterschicht [5]. Solange diese laminare Schicht, wie in Abbildung 5.4(a), die Rauheitsspitzen vollständig bedeckt, hat die Rauheit wie bei den laminaren Strömungen keinen Einfluss. Die Wand wird als hydraulisch glatt bezeichnet und die Widerstandszahl λ berechnet sich mit Gleichung 5.9 aus der Reynolds-Zahl. Dies ist der Fall solange die Bedingung

$$Re\frac{k}{d_{\mathrm{h}}} \leq 65 \tag{5.10}$$

erfüllt ist [9].

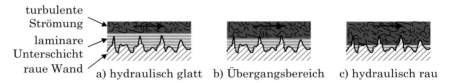

turbulente Strömung

laminare Unterschicht

raue Wand

a) hydraulisch glatt   b) Übergangsbereich   c) hydraulisch rau

Abbildung 5.4.: Definition der Strömungszustände an der Rohrwand [9]

Der Übergangsbereich in Abbildung 5.4(b) ist dadurch gekennzeichnet, dass einzelne Rauheitsspitzen aus der laminaren Unterschicht in die turbulente Strömung ragen und diese stören. Für diesen Bereich, der durch die Bedingung

$$65 < Re\frac{k}{d_{\mathrm{h}}} < 1300 \tag{5.11}$$

begrenzt wird, ist die Widerstandszahl λ von der Reynolds-Zahl und der relativen Rauheitshöhe k/d_{h} abhängig [9]. Colebrook hat für diesen Bereich die implizite Gleichung

$$\frac{1}{\sqrt{\lambda}} = -2\lg\left(\frac{2{,}51}{Re\sqrt{\lambda}} + 0{,}269\frac{k}{d_{\mathrm{h}}}\right) \tag{5.12}$$

aufgestellt [14].

Da die Lösung von impliziten Gleichungen aufwändig ist, haben Swamee und Jain für die Gleichung 5.12 die explizite Formulierung

$$\lambda = \frac{0{,}25}{\left[lg\left(\frac{k}{3{,}7d_{\mathrm{h}}} + \frac{5{,}74}{Re^{0{,}9}}\right)\right]^2} \tag{5.13}$$

entwickelt [17]. Diese gilt für $10^{-6} \leq k/d_{\mathrm{h}} \leq 10^{-2}$ und $5 \cdot 10^3 \leq Re \leq 10^8$ mit einem Fehler von $\pm 1\,\%$ [17]. Die große Rauheit der Wände und die schmalen Spalte in dem laseradditiv gefertigten, luftdurchlässigen Material führen zu einem k/d_{h}-Verhältnis, welches außerhalb dieses Bereichs liegt. Mit der Gleichung 5.13 kann daher lediglich ein Startwert für die Lösung der impliziten Gleichung 5.12 berechnet werden.

Oberhalb des Übergangsbereichs in Gleichung 5.11 liegt für

$$Re\frac{k}{d_{\mathrm{h}}} \geq 1300 \tag{5.14}$$

eine hydraulisch raue Strömung wie in Abbildung 5.4(c) vor. Die Rauheitselemente ragen vollständig aus der laminaren Unterschicht, daher wird dieser Bereich auch als vollrau bezeichnet. Die Widerstandszahl λ ist für hydraulisch raue Rohre mit

$$\lambda = 0{,}0055 + 0{,}15 \left(\frac{k}{d_{\mathrm{h}}} \right)^{1/3} \tag{5.15}$$

nur noch von der relativen Rauheitshöhe k/d_{h} abhängig. [9, 15]

Die Abbildung 5.5 fasst die Widerstandsgesetze für ausgebildete Rohrströmungen zusammen. Bis zu der kritischen Reynolds-Zahl $Re_{\mathrm{k}} \approx 2300$ ist die Gerade der Gleichung 5.7 für den Widerstandsbeiwert λ von laminaren Strömungen eingezeichnet. Oberhalb der kritischen Reynolds-Zahl Re_{k} nähern sich die Funktionen für λ ausgehend von der Kurve für hydraulisch glatte Wände entsprechend Gleichung 5.10 an die horizontalen Geraden der Gleichung 5.15 für vollraue Strömungen mit den jeweiligen relativen Rauheitshöhen k/d_{h} an.

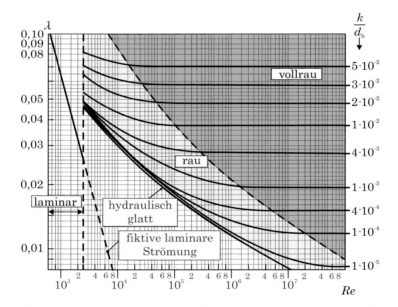

Abbildung 5.5.: Widerstandsgesetz der ausgebildeten Rohrströmung [10]

Experimente, unter anderem von Dean [8] und Wibel [7], haben gezeigt, dass bei einer erhöhten Wandrauheit die Transition von einer laminaren in eine turbulente Strömung bereits bei geringeren Reynolds-Zahlen beginnt und der Transitionsbereich breiter ist. Dieser Effekt ist entgegengesetzt zu dem Einfluss des Seitenverhältnisses, welches die Transition zu höheren Reynolds-Zahlen verschiebt [7]. Das laseradditiv gefertigte, luftdurchlässige Material zeichnet sich durch Spalte mit hohem Seitenverhältnis und einer großen Wandrauheit aus. Bei welchen Reynolds-Zahlen die Transition beginnt, ist daher Teil der folgenden Untersuchungen.

5.1.1.3. Einlaufbereich von Strömungen

Neben dem bisher betrachteten Druckverlust in der eingelaufenen Strömung in glatten oder rauen Kanälen entsteht ein zusätzlicher Druckverlust am Anfang des Kanals. Hier liegt noch kein laminares oder turbulentes Strömungsprofil wie in Abbildung 5.2 vor, sondern dieses bildet sich erst über die hydrodynamische Einlauflänge l_h in Abbildung 5.6 aus. Das Fluid strömt mit konstanter Geschwindigkeit in den Kanal ein und wird durch die Wände abgebremst. Es bildet sich eine Grenzschicht aus, die ausgehend vom Anfang des Kanals von der Wand weg in Richtung Kanalmitte wächst. Abbildung 5.6 zeigt diesen Prozess am Beispiel eines schlanken Kanals, dessen Länge deutlich größer ist als sein Durchmesser. Die sich ausdehnende Grenzschicht ist in Abbildung 5.6 grau hinterlegt. Nachdem sich am Ende des Grenzschichtbereichs die Grenzschichten der einzelnen Wände in der Mitte getroffen haben, folgt ein Übergangsbereich, an dessen Ende eine vollausgebildete Strömung vorliegt. [10]

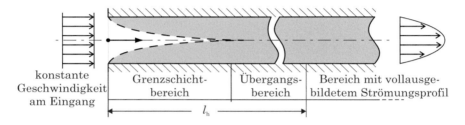

konstante
Geschwindigkeit
am Eingang

Grenzschicht-
bereich

Übergangs-
bereich

Bereich mit vollausge-
bildetem Strömungsprofil

l_h

Abbildung 5.6.: Strömungsentwicklung in schlanken Kanälen konstanten Querschnittes nach [10]

Durch die Verwirbelungen in turbulenten Strömungen und dem damit verbundenen Impulsaustausch ist die Einlaufstrecke von turbulenten Strömungen deutlich kürzer als bei laminaren Strömungen [10]. Die Spalte des luftdurchlässigen Materials können als schlanke Kanäle betrachtet werden, da auch hier die Ausdehnung in Strömungsrichtung s_{Spalt} deutlich größer ist als die Spaltbreite b_{Spalt}. Für die Einlauflängen von laminaren bzw. turbulenten Strömungen in diesen Kanälen gelten die Gleichungen 5.16 bzw. 5.17 [10]

$$\frac{l_{\mathrm{h,laminar}}}{b_{\mathrm{Spalt}}} = \frac{0{,}45}{1 + 0{,}041 \cdot \frac{Re}{0{,}45}} + 0{,}041 \cdot Re \qquad (5.16)$$

$$\frac{l_{\mathrm{h,turbulent}}}{b_{\mathrm{Spalt}}} = 8{,}8 \cdot Re^{1/6} \ . \qquad (5.17)$$

Da die Einlaufstrecke durch Verwirbelungen verkürzt wird, ist nach Schiller bei turbulenten Strömungen durch Kanäle mit sehr rauen Wänden mit kürzeren Einlaufstrecken zu rechnen [18]. Dies ist bei dem laseradditiv gefertigten, luftdurchlässigen Material der Fall, daher werden die Gleichungen 5.16 und 5.17 als konservative Abschätzung für die Länge der Einlaufstrecke betrachtet und angenommen, dass sich bereits vorher eine eingelaufene Strömung ausbildet.

5.1.2. Strömungen in Mikrokanälen

Die Vermessung der Spalte in der laseradditiv gefertigten, luftdurchlässigen Struktur in Abschnitt 4.2.2 hat Spaltbreiten von weniger als 0,0953 mm ergeben. Derartig kleine Fluidleitungen bilden in der Strömungslehre eine eigene Gruppe von Kanälen. Kandlikar bezeichnet Kanäle mit einem Durchmesser von 3 mm bis 0,2 mm als Minikanäle und von 0,2 mm bis 0,01 mm als Mikrokanäle [19]. Nach dieser Definition gehören die Spalte in der laseradditiv gefertigten, luftdurchlässigen Mesostruktur entsprechend den Spaltabmessungen in Tabelle 4.3 zu den Mikrokanälen.

In der Strömungslehre wird darüber diskutiert, ob die Gesetzmäßigkeiten für makroskopische Kanäle, wie sie in den vorangegangenen Abschnitten vorgestellt wurden, auch für sehr kleine Kanäle gelten. Ein Aspekt dieser Diskussionen ist, dass durch die kleinen Abmessungen der Kanäle Rauheiten in Form von Bearbeitungsspuren an Bedeutung gewinnen. Die relative Rauheitshöhe k/d_{h} nimmt hierdurch zu [20]. Für die Diskussion sei auf [7, 16, 20, 21, 22, 23] verwiesen.

Unabhängig von dieser Diskussion stellt sich die Frage, ob sich eine Gasströmung durch die schmalen Spalte noch als kontinuierliches Medium verhält. Hierzu liefert die Knudsen-Zahl Kn einen Anhaltspunkt. Von ihr ist abhängig, ob ein Gas als kontinuierliches Medium oder als Molekularströmung zu betrachten ist. Die Knudsen-Zahl Kn wird mit

$$Kn = \frac{\lambda}{l_{\mathrm{char}}} \tag{5.18}$$

aus der mittleren freien Weglänge der Gasmoleküle λ und einer charakteristischen Länge l_{char} berechnet [3, 19]. Nach Kandlikar wird bis zu einer Knudsen-Zahl $Kn < 10^{-3}$ das Gas als kontinuierliches Medium betrachtet, bei dem die kompressiblen Navier-Stokes-Gleichungen gelten und an Grenzflächen die unterschiedlichen Medien die gleiche Geschwindigkeit besitzen. Für Knudsen-Zahlen $10^{-3} < Kn < 10^{-1}$ gelten die Navier-Stokes-Gleichungen weiterhin, allerdings können an den Grenzflächen Unstetigkeiten im Temperatur- und Geschwindigkeitsverlauf auftreten. Bei einer weiteren Erhöhung der Knudsen-Zahl findet ein Übergang zu freien Molekularströmungen statt. Diese Grenzen sind laut Kandlikar empirisch [19]. Herwig gibt nur eine Knudsen-Zahl $Kn < 10^{-2}$ als Grenze zwischen kontinuierlichem Medium und freier Molekularströmung an [3].

Um zu entscheiden, ob in den Spalten ein kontinuierliches Medium vorliegt, werden die Knudsen-Zahlen für die unterschiedlichen Spurabstände berechnet. Hierfür werden die Spaltbreiten b_{Spalt} aus Tabelle 4.3 als charakteristische Längen l_{char} in die Gleichung 5.18 eingesetzt, da dies die kleinste Abmessung im Spalt ist. Die freie Weglänge von Luft bei einer Temperatur $T = 300\,\mathrm{K}$ beträgt $\lambda = 68\,\mathrm{nm}$ [21, 24]. Die so berechneten Knudsen-Zahlen sind in Tabelle 5.1 aufgeführt.

Die Knudsen-Zahlen in Tabelle 5.1 liegen im Bereich um $Kn \approx 10^{-3}$ und damit in einem Bereich, in dem nach Herwig das Gas als kontinuierliches Medium betrachtet werden kann und nach Kandlikar der Bereich beginnt, in dem Unstetigkeiten an den Grenzflächen auftreten können [3, 19]. Da nach beiden Autoren in diesem Bereich die Navier-Stokes-Gleichungen gelten, wird weiterhin von einem kontinuierlichen Medium ausgegangen.

Tabelle 5.1.: Berechnete Knudsen-Zahlen der untersuchten Spalte

Spurabstand h_s	Spaltbreite b_Spalt	Knudsen-Zahl Kn
120 µm	9,9 µm	$6{,}87 \cdot 10^{-3}$
140 µm	29,2 µm	$2{,}33 \cdot 10^{-3}$
160 µm	53,1 µm	$1{,}28 \cdot 10^{-3}$
170 µm	60,6 µm	$1{,}12 \cdot 10^{-3}$
180 µm	71,5 µm	$0{,}95 \cdot 10^{-3}$
200 µm	95,3 µm	$0{,}71 \cdot 10^{-3}$

5.2. Experimentelle Bestimmung der Luftdurchlässigkeit

Ziel der experimentellen Bestimmung der Luftdurchlässigkeit ist es, durch die Durchströmung mit Druckluft Erkenntnisse über die Druckverluste und die Strömungscharakteristik zu gewinnen. Hierbei liegt der Fokus darauf Konstrukteuren von Bauteilen für industrielle Anwendungen eine Grundlage für die Auswahl von geeigneten laseradditiv gefertigten, luftdurchlässigen Mesostrukturen zu geben und ihnen Anhaltspunkte für die Auslegung dieser Strukturen zu liefern.

5.2.1. Versuchsaufbau zur Messung der Durchströmung

Die Grundlagen der Strömungslehre, wie sie in Ausschnitten am Anfang dieses Kapitels beschrieben wurden, gehen auf eine Vielzahl von aufwändigen Versuchen zurück. In den hierfür geschaffenen Versuchsanlagen wurden Fluide durch lange Messstrecken geleitet, um auf diese Weise vollausgebildetete, ungestörte Strömungen zu erreichen. Diese werden dann untersucht und auf Basis der Messungen die Erkenntnisse der Strömungslehre in dem untersuchten Fall überprüft und erweitert. Beispiele für derartige Versuche zur Erforschung der Grundlagen finden sich unter anderem in [7, 13, 14, 16, 25].

Gegenüber diesen Versuchsaufbauten für die Grundlagenforschung finden sich in der Literatur auch sehr einfache Versuchsaufbauten für die Beantwortung von anwendungsbezogenen Fragestellungen zur Durchströmbarkeit von laseradditiv gefertigten Strukturen. Bei der Entwicklung von laseradditiv gefertigten Entlüftungseinsätzen für Spritzgießwerkzeuge hat Trenke die Proben an den Auslass eines Behälters mit einem Testmedium angeschlossen und den Behälter mit Drücken zwischen 0 bar und 50 bar beaufschlagt. Der Nachweis der Durchströmbarkeit oder Undurchlässigkeit erfolgte durch Beobachtung der Austrittsseite der Probe über einen definierten Zeitraum. Als Testmedium wurden Luft, Wasser und Glycerin verwendet. Glycerin repräsentierte in diesen Versuchen das Verhalten einer Kunststoffschmelze. [26]

Sehrt hat in seinen Versuchen mit laseradditiv gefertigten, luftdurchlässigen Strukturen für Filteranwendungen die Proben an eine Druckluftleitung angeschlossen und in ein Wasserbad gelegt. Mit einem Messbecher hat er die Luft aufgefangen, die aus der Oberfläche der Probe strömte. [27]

Wie bei Trenke und Sehrt ist es auch in dieser Arbeit nicht das Ziel, die Grundlagen der Strömungslehre zu überprüfen. Vielmehr sollen für die Verwendung des laseradditiv gefertigten, luftdurchlässigen Materials in konkreten technischen Anwendungen Prozessparameter bestimmt und Auslegungshilfen für den Konstrukteur gefunden werden. Daher sind die Anforderungen hinsichtlich der Genauigkeit des hierfür verwendeten Aufbaus und der Messgeräte geringer und es kann auf Sensoren für industrielle Anwendungen zurückgegriffen werden. Der Aufbau orientiert sich an den Versuchsaufbauten in der Strömungslehre und durchströmt eine Messstrecke, in die Probekörper eingespannt werden, mit trockener, ölfreier Druckluft bei Umgebungstemperatur. Die Messstrecke mit der Probe und den aufgenommenen physikalischen Größen ist in Abbildung 5.7 dargestellt. Vor und nach der Probe sind Sensoren für Druck p und Temperatur T angebracht. Die Drucksensoren haben einen Messbereich bis 10 bar und eine Genauigkeit von 0,5 % des Messbereichs [28]. Die Messung der Temperatur erfolgt mit Thermoelementen vom Typ K mit einer Genauigkeit von 0,75 % [29]. Der Normvolumenstrom $\dot{V}_{\mathrm{Norm}}$ durch die Messstrecke wird nur vor der Probe gemessen. Der Luftmassenstrom verändert sich im stationären Zustand nicht entlang der Messstrecke, da diese nur einen Einlass und einen Auslass besitzt. Daher reicht die Messung des Normvolumenstroms an einer Messstelle aus, um den Volumenstrom an anderen Stellen mit dem idealen Gasgesetz aus Druck und Temperatur zu berechnen. Der Volumenstromsensor misst den Normvolumenstrom bis $\dot{V}_{\mathrm{Norm,max}} = 200\,\mathrm{NL/min}$ in Normliter pro Minute (NL/min) mit einer Genauigkeit von 3 % des Messbereichs [30]. Die Normbedingungen sind $p_{\mathrm{Norm}} = 101\,325\,\mathrm{Pa}$ und $T_{\mathrm{Norm}} = 273{,}15\,\mathrm{K}$.

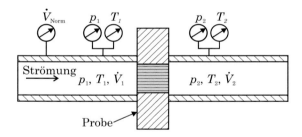

Abbildung 5.7.: Messstrecke zur Durchflussbestimmung

Während der Messungen wird der Druck kann über ein Druckregelventil stufenlos eingestellt. Der Eingangsdruck p_1 wird schrittweise erhöht, bis entweder der maximale Druck $p_{1,\mathrm{max}} \approx 8\,\mathrm{bar}$ der Druckluftversorgung oder das Ende des Messbereichs des Volumenstromsensors $\dot{V}_{\mathrm{Norm,max}} = 200\,\mathrm{NL/min}$ erreicht ist. Jeder neu eingestellte Eingangsdruck wird für einen Zeitraum von ca. 10 s konstant gehalten, um stationäre Strömungsbedingungen herzustellen. Die Auswertung erfolgt für diese stationären Abschnitte.

Die Abbildung 5.8 zeigt die beiden untersuchten Bauformen der laseradditiv hergestellten Proben. Diese bestehen aus einem quadratischen, luftdurchlässigen Bereich, der von einem massiven Rand eingefasst wird. In der Datenvorbereitung werden Kern und Rand als separate Bauteile behandelt. Die Bauteile werden für die laseradditive Fertigung mit einem leichten Überlapp platziert. Dem Rand werden die Parameter für die Herstellung von massiven Bauteilen aus Werkzeugstahl zugewiesen (vgl. Tab. 4.2). In der Aufnahme des Versuchsstandes dient der massive Rand als Dichtfläche und bei der

Nachbearbeitung als stabile Einspannfläche. Der Kernbereich wird, wie in Kapitel 4 beschrieben, als luftdurchlässiges Bauteil mit Spurabständen von $h_s = 130\,\mu\text{m}$ bis $200\,\mu\text{m}$ vorbereitet. Der Aufbau von Rand und Kern erfolgt in einem Prozess, wodurch sich die Bereiche untrennbar miteinander verbinden. Die runden Proben sind 5 mm und 10 mm dick und haben eine quadratische, luftdurchlässige Fläche mit einer Kantenlänge von 10 mm. Vorversuchen mit Proben mit einem Spurabstand $h_s = 120\,\mu\text{m}$ haben ergeben, dass Proben mit diesem Spurabstand nicht luftdurchlässig sind [31].

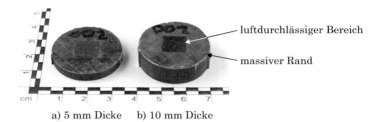

luftdurchlässiger Bereich

massiver Rand

a) 5 mm Dicke   b) 10 mm Dicke

Abbildung 5.8.: Ausführungen der Proben zur Durchflussbestimmung mit $s_{\text{Spalt,soll}} = 5\,\text{mm}$ und $s_{\text{Spalt,soll}} = 10\,\text{mm}$

Aufgrund der geringen luftdurchlässigen Fläche der runden Proben von 1 cm² können höhere Druckdifferenzen und damit auch höhere Strömungsgeschwindigkeiten realisiert werden als bei industriellen Bauteilen mit größeren luftdurchlässigen Bereichen. Für die Untersuchung der Durchströmung wurde auf eine Parkettierung verzichtet, da sich die Größen der Parkettsteine bei verschiedenen Spurabständen unterscheiden, wenn die Spaltbreite innerhalb einer Probe konstant sein soll. Dieser Störfaktor wird dadurch vermieden, dass die quadratische Fläche mit durchgehenden parallelen Wänden gefüllt wird. Aus den Spurabständen der einzelnen Proben von $130\,\mu\text{m}$ bis $200\,\mu\text{m}$ und der mittleren Schmelzspurbreite $b_{\text{Spur}} = 110,9\,\mu\text{m}$ ergeben sich nach Gleichung 5.5 die hydraulischen Durchmesser d_h. In der Tabelle 5.2 sind diese zusammen mit der Anzahl der Spalte n in den Proben angegeben.

Tabelle 5.2.: Hydraulische Durchmesser der untersuchten Proben

Spurabstand h_s	Spaltbreite b_{Spalt}	Spaltlänge l_{Spalt}	hydraulischer Durchmesser d_h	Anzahl der Spalte n
$130\,\mu\text{m}$	$19,1\,\mu\text{m}$	10 mm	$38,1\,\mu\text{m}$	77
$140\,\mu\text{m}$	$29,1\,\mu\text{m}$	10 mm	$58,0\,\mu\text{m}$	72
$150\,\mu\text{m}$	$39,1\,\mu\text{m}$	10 mm	$77,9\,\mu\text{m}$	67
$160\,\mu\text{m}$	$49,1\,\mu\text{m}$	10 mm	$97,7\,\mu\text{m}$	63
$170\,\mu\text{m}$	$59,1\,\mu\text{m}$	10 mm	$117,5\,\mu\text{m}$	59
$180\,\mu\text{m}$	$69,1\,\mu\text{m}$	10 mm	$137,3\,\mu\text{m}$	56
$190\,\mu\text{m}$	$79,1\,\mu\text{m}$	10 mm	$157,0\,\mu\text{m}$	53
$200\,\mu\text{m}$	$89,1\,\mu\text{m}$	10 mm	$176,6\,\mu\text{m}$	50

Die Proben wurden mittels Drahterodieren von der Bauplattform abgetrennt und eine anschließende Reinigung mit Ethanol im Ultraschallbad entfernt lose Pulverpartikel und Wasser aus den Spalten. Es wurden keine Verformungen oder andere Veränderungen durch das Drahterodieren an den Schmelzspuren oder den Spalten beobachtet. Die Dicken der Proben nach dem Abtrennen sind in Tabelle 5.3 aufgeführt. Für die bessere Lesbarkeit werden die Proben weiterhin mit ihrer Soll-Dicke bezeichnet. Die Auswertungen erfolgen mit der gemessenen Dicke $s_{\text{Spalt, ist}}$.

Tabelle 5.3.: Aus der Nachbearbeitung resultierende Dicke der untersuchten Proben

Spurabstand h_{Spalt}	Soll-Dicke $s_{\text{Spalt,soll}} = 5\,\text{mm}$ Ist-Dicke $s_{\text{Spalt,ist}}$	Soll-Dicke $s_{\text{Spalt,soll}} = 10\,\text{mm}$ Ist-Dicke $s_{\text{Spalt,ist}}$
130 µm	4,48 mm	9,46 mm
140 µm	4,46 mm	9,34 mm
150 µm	4,57 mm	9,48 mm
160 µm	4,45 mm	9,39 mm
170 µm	4,54 mm	9,44 mm
180 µm	4,49 mm	9,44 mm
190 µm	4,54 mm	9,50 mm
200 µm	4,50 mm	9,43 mm

5.2.2. Versuchsauswertung zur Messung der Durchströmung

Die Proben werden nacheinander in den Versuchsaufbau eingespannt und mit Luft durchströmt. Wie bereits beschrieben, wird der Eingangsdruck hierbei schrittweise erhöht und zwischen den Schritten konstant gehalten, damit sich eine stationäre Strömung ausbilden kann. Für die Auswertung sei an dieser Stelle die Art des Strömungsproblems analog zu Herwig [3, 16] zusammengefasst:

- *Umströmung / Durchströmung:* Die Luft strömt durch die Spalte.

- *stationäre / instationäre Strömung:* Die Auswertung der Versuche erfolgt nur in den Bereichen mit konstantem Eingangsdruck. Die Strömung ist daher stationär.

- *laminare / turbulente Strömung:* Der Eingangsdruck wird über einen sehr großen Druckbereich variiert. Es ist zu erwarten, dass sowohl laminare als auch turbulente Strömungen vorliegen.

- *kompressibles / inkompressibles Medium:* Als Folge der großen Druckdifferenz über der Probe bei hohen Strömungsgeschwindigkeiten ist die Luft als kompressibles Medium zu betrachten.

- *Kontinuum:* Wie in Abschnitt 5.1.2 beschrieben, ist auf Grund der Knudsen-Zahl $Kn \approx 10^{-3}$ das Medium als Kontinuum zu betrachten.

- *ausgebildete Strömung:* Bei der Auswertung wird mit Gleichung 5.16 das Einlauf-längenverhältnis von $l_\mathrm{h}/b_\mathrm{Spalt}$ für die Reynolds-Zahl am Beginn des Transitionsbereichs berechnet und mit der Probendicke verglichen. Aus diesem Vergleich wird angeleitet, ob eine ausgebildete Strömung vorliegt.

Die Auswertung erfolgt in mehreren Schritten. Unter der Annahme, dass sich bei konstanten Eingangsbedingungen eine stationäre Strömung einstellt, werden zunächst diese Bereiche in den einzelnen Versuchsdurchläufen identifiziert. Als Indikator für konstante Bedingungen dient der Eingangsdruck p_1, welcher bei den Versuchen nach jeder Druck-änderung für ca. 10 s nicht verändert wird. Dies stellt sicher, dass bei der nachgelagerten Auswertung ausreichend lange Bereiche mit konstanten Bedingungen vorliegen. Das hierfür verwendete Kriterium ist, dass der Druck p_1 über mindestens 5 s um weniger als $\epsilon = 0{,}01$ bar variiert. Von diesen Bereichen werden die ersten 1,5 s verworfen, da sich in diesem Zeitraum eine stationäre Strömung ausbildet. In den verbleibenden Zeitabschnitten von mindestens 3,5 s Länge liegt eine stabile Strömung vor und die Messwerte können über den Zeitraum zu einem Mittelwert zusammengefasst werden. Die Abbildung 5.9 zeigt dieses Vorgehen exemplarisch an einem Ausschnitt des Eingangsdrucks der Probe mit dem Spurabstand $h_\mathrm{s} = 170\,\mu$m und der Dicke 10 mm. Die identifizierten, konstanten Bereiche sind mit senkrechten Linien markiert und grau hinterlegt.

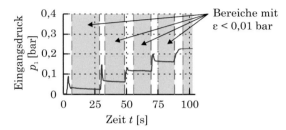

Abbildung 5.9.: Eingangsdruck p_1 der Probe mit dem Spurabstand $h_\mathrm{s} = 170\,\mu$m und der Dicke $s_\mathrm{Spalt,soll} = 10$ mm (hergestellt mit den Parametern in Tab. 4.2)

Die Eigenschaften der Luft sind unter anderem eine Funktion der Temperatur [2, 24]. Um Temperaturveränderungen und damit Veränderungen der Eigenschaften der Luft, wie beispielsweise Dichte und Viskosität, zu erkennen, wurden die Temperaturen T_1 vor der Probe und T_2 nach der Probe gemessen. Die Betrachtung der Temperaturverläufe in Abbildung 5.10 zeigt exemplarisch an der Probe mit dem Spurabstand $h_\mathrm{s} = 170\,\mu$m und der Dicke 10 mm, dass die Temperaturänderungen während der gesamten Messungen gering sind. Da eine Temperaturänderung um wenige Kelvin nur geringe Auswirkungen auf die Stoffeigenschaften der Luft hat, kann diese vernachlässigt werden. Es werden die tabellierten Stoffkennwerte für eine Temperatur $T = 20\,^\circ$C verwendet [2] und lediglich Eigenschaftsänderungen durch Druckunterschiede berücksichtigt.

Neben dem Eingangsdruck p_1, dem Druck hinter der Probe p_2 und den Temperaturen T_1 und T_2 wird in dem Versuchsaufbau der Volumenstrom durch die Probe gemessen. Abbildung 5.11 zeigt exemplarisch an einem Ausschnitt den zeitlichen Verlauf des Normvolumenstroms $\dot{V}_\mathrm{Norm}$ der Probe mit dem Spurabstand $h_\mathrm{s} = 170\,\mu$m und der Dicke 10 mm. Der zeitliche Ausschnitt entspricht der Darstellung des Eingangsdrucks p_1 in

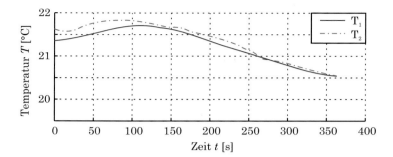

Abbildung 5.10.: Temperaturen $T_{1,2}$ vor und nach der Probe mit dem Spurabstand $h_\mathrm{s} = 170\,\mu\mathrm{m}$ und der Dicke $s_\mathrm{Spalt,soll} = 10\,\mathrm{mm}$ (hergestellt mit den Parametern in Tab. 4.2)

Abbildung 5.9 und es zeigt sich, dass die Verwendung des Eingangsdrucks als Indikator für konstante Bedingungen zulässig ist.

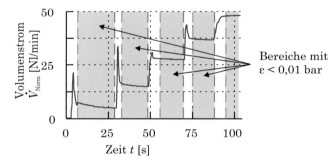

Abbildung 5.11.: Normvolumenstrom $\dot{V}_\mathrm{Norm}$ durch die Probe mit dem Spurabstand $h_\mathrm{s} = 170\,\mu\mathrm{m}$ und der Dicke $s_\mathrm{Spalt,soll} = 10\,\mathrm{mm}$ (hergestellt mit den Parametern in Tab. 4.2)

Für die gefundenen Bereiche, in denen der Eingangsdruck p_1 konstant ist, werden die Mittelwerte für die Druckdifferenz $\Delta p = p_1 - p_2$ und den Normvolumenstrom $\dot{V}_\mathrm{Norm}$ berechnet. Abbildung 5.12 zeigt die gemittelten Normvolumenströme $\dot{V}_\mathrm{Norm}$ über den Druckdifferenzen Δp der einzelnen Intervalle für alle untersuchten Proben. Die Mittelwerte und Standardabweichungen der Werte innerhalb der einzelnen Intervalle sind im Anhang B.1 aufgeführt. Aus diesen Messwerten werden im Folgenden die in Abschnitt 5.1 beschriebenen, dimensionslosen Kenngrößen der Strömung berechnet.

Für die Berechnung der Reynolds-Zahlen Re wird der Normvolumenstrom $\dot{V}_\mathrm{Norm}$ nach dem idealen Gasgesetz mit

$$\dot{V} = \dot{V}_\mathrm{Norm} \cdot \frac{p_\mathrm{Norm}}{p} \cdot \frac{T}{T_\mathrm{Norm}} \tag{5.19}$$

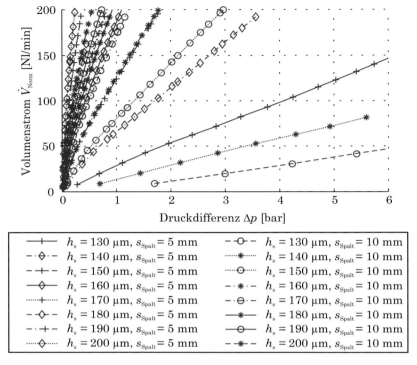

Abbildung 5.12.: Normvolumenstrom $\dot{V}_{\text{Norm}}$ bei unterschiedlichen Spurabständen h_{s} und Dicken s_{Spalt} (hergestellt mit den Parametern in Tab. 4.2)

von den Normbedingungen auf den Volumenstrom $\dot{V}$ bei dem vorhandenen Druck und Temperatur umgerechnet. Als Druck p und Temperatur T wird der Mittelwert von den Werten jeweils vor und nach der Probe verwendet. Dieser Volumenstrom entspricht der Summe der Volumenströme durch die n einzelnen Spalte. Ein einzelner Spalt hat die Fläche A_{Spalt}, welche dem Produkt aus Spaltlänge l_{Spalt} und Spaltbreite b_{Spalt} entspricht. Die hieraus mit

$$u_{\text{m}} = \frac{\dot{V}}{n} \cdot \frac{1}{l_{\text{Spalt}} \cdot b_{\text{Spalt}}} \tag{5.20}$$

ermittelte mittlere Geschwindigkeit wird für die Berechnung der Reynolds-Zahl verwendet. Die Widerstandszahl λ wird durch das Umformen der Gleichung 5.6 in

$$\lambda = \frac{\Delta p}{\frac{s_{\text{Spalt}}}{d_{\text{h}}} \cdot \frac{1}{2} \cdot \rho \cdot u_{\text{m}}^2} \tag{5.21}$$

und das Einsetzen der ermittelten Werte berechnet. Die zeitliche Mittelwertbildung der Messwerte über den stationären Strömungsbereich entfernt zufällige Schwankungen während der Messung, beispielsweise durch Rauschen. Zufällige Schwankungen im Fertigungsprozess, wie variierende Schmelzspurabmessungen, werden durch die räumliche Mittelung über alle Spalten einer Probe ausgeglichen.

Abbildung 5.13 zeigt die so ermittelten Reynolds-Zahlen Re und Widerstandszahlen λ. Bereits bei einer Reynolds-Zahl Re zwischen 100 und 300 ist die Transition von laminarer zu turbulenter Strömung erkennbar. Die Widerstandszahlen der Proben mit einem Spurabstand von $h_s = 150\,\mu m$ bis $200\,\mu m$ haben sehr ähnliche Verläufe, während die Proben mit den kleineren Spurabständen hiervon abweichen. Bei diesen ist auch ein deutlicher Unterschied zwischen den Proben mit unterschiedlichen Dicken zu erkennen, was darauf hindeutet, dass bei diesen Proben die Länge des Strömungskanals einen größeren Einfluss auf die Widerstandszahl hat als bei den anderen Proben. Bereits mit der Abbildung 4.7 wurde gezeigt, dass bei diesen Spurabständen die Anzahl an Verbindungen zwischen benachbarten Schmelzspuren deutlich höher ist als bei den Spurabständen $h_s = 150\,\mu m$ bis $200\,\mu m$. Diese Verbindungen stellen ein zusätzliches Hindernis für die Strömung dar und erhöhen auf diese Weise den Druckverlust und die Widerstandszahl.

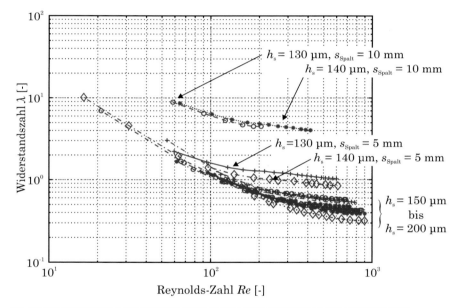

Abbildung 5.13.: Widerstandszahl λ der laseradditiv gefertigten Proben bei unterschiedlichen Spurabständen h_s und Dicken s_{Spalt} (hergestellt mit den Parametern in Tab. 4.2)

Bevor die Widerstandszahlen der luftdurchlässigen Strukturen weiter untersucht werden können, soll zunächst die Frage nach dem Vorhandensein einer eingelaufenen Strömung beantwortet werden, da die Zusammenhänge in Abschnitt 5.1.1 auf dieser Annahme basieren. Dieser Punkt war dort zunächst offen geblieben, da die entsprechenden Messwerte fehlten. Mit der Erkenntnis aus Abbildung 5.13, dass der laminare Bereich bei einer maximalen Reynolds-Zahl $Re = 300$ endet, kann nach Gleichung 5.16 für laminare Strömungen ein Einlauflängenverhältnis von $l_\mathrm{h}/b_\mathrm{Spalt} = 12{,}3$ berechnet werden. Für die Proben in Tabelle 5.2 bedeutet dies eine Einlauflänge von $l_\mathrm{h} = 0{,}23\,\mathrm{mm}$ bis $1{,}10\,\mathrm{mm}$. Die Proben haben daher mit einer Dicke von $s_\mathrm{Spalt} = 5\,\mathrm{mm}$ und $10\,\mathrm{mm}$ eine ausreichende Strömungslänge für die Ausbildung eines stabilen Geschwindigkeitsprofils.

Die Berechnung der Widerstandszahlen in Abbildung 5.13 erfolgte nach Gleichung 5.21 aus der Druckdifferenz zwischen den beiden Messstellen. Diese resultiert nicht nur aus Reibung in der untersuchten Probe, sondern es addieren sich weitere Druckverluste durch den Messaufbau, Einlauf und Austritt hinzu. Die Widerstandszahl λ der Spalte ohne diese zusätzlichen Druckverluste kann mit

$$\lambda = \frac{\lambda_{10\mathrm{mm}} \cdot s_{\mathrm{Spalt},10\mathrm{mm}} - \lambda_{5\mathrm{mm}} \cdot s_{\mathrm{Spalt},5\mathrm{mm}}}{s_{\mathrm{Spalt},10\mathrm{mm}} - s_{\mathrm{Spalt},5\mathrm{mm}}} \tag{5.22}$$

aus den Widerstandszahlen und den gemessenen Dicken der unterschiedlich dicken Proben berechnet werden [7]. Die Maße in den Indizes in Gleichung 5.22 beziehen sich auf die Soll-Dicken $s_{\mathrm{Spalt,soll}} = 5\,\mathrm{mm}$ und $10\,\mathrm{mm}$ der untersuchten Proben.

Die so berechneten Widerstandszahlen der Spalte in den Proben sind in Abbildung 5.14 eingezeichnet. Die bereits in Abbildung 5.13 beobachtete gute Überdeckung der Kurven für die Spurabstände 130 μm und 140 μm sowie der Spurabstände von 150 μm bis 200 μm bleibt dabei erhalten. Dies korreliert mit der in Abbildung 4.7 aufgezeigten Anzahl an Verbindungen zwischen den benachbarten Schmelzspuren. Bei einem Spurabstand $h_\mathrm{s} \geq 150\,\mathrm{μm}$ finden sich kaum noch Verbindungen und es liegen durchgehende Spalte vor. Die Luft strömt über diese Rauheitsspitzen hinweg, während sie bei kleineren Spurabständen um die Verbindungen herum strömen muss.

In Abbildung 5.14 können zwei Bereiche mit Geraden approximiert werden. In dem ersten dieser Abschnitte ist die Widerstandszahl eine Funktion der Reynolds-Zahl und nimmt mit steigender Reynolds-Zahl ab. Sowohl das Widerstandsgesetz in Gleichung 5.7 für laminare Strömungen, als das Gesetz in Gleichung 5.9 für turbulente Strömungen über hydraulisch glatte Wände, zeigen in einer doppelt logarithmischen Darstellung eine Gerade. Da die Bedingung für hydraulisch glatte Wände in Gleichung 5.10 auch die relative Rauheitshöhe k/d_h enthält, wird zunächst der zweite, horizontale Abschnitt in Abbildung 5.14 betrachtet, bei dem die Widerstandszahl sich nicht mit der Reynolds-Zahl ändert. Der Verlauf dieses Bereichs entspricht dem Verhalten einer turbulenten Strömung durch einen Kanal mit hydraulisch rauer Oberfläche. Nach Gleichung 5.15 ist in diesem Fall die Widerstandszahl λ nur von der relativen Rauheitshöhe k/d_h abhängig. Durch Umformen lässt sich diese aus der Widerstandszahl im horizontalen Abschnitt von Abbildung 5.14 berechnen. In Tabelle 5.4 sind die relativen Rauheitshöhen k/d_h und die dazugehörigen technischen Rauheiten k aufgeführt.

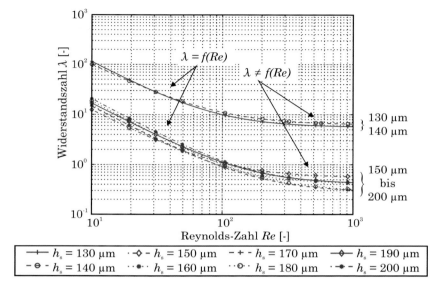

Abbildung 5.14.: Berechnete Widerstandszahl λ ohne Einlaufbereich von laseradditiv gefertigten Proben mit unterschiedlichen Spurabständen h_s (hergestellt mit den Parametern in Tab. 4.2)

Tabelle 5.4.: Relative Rauheitshöhe k/d_h und technische Rauheit k der Durchströmungsproben (hergestellt mit den Parametern in Tab. 4.2)

Spurabstand h_s	relative Rauheitshöhe k/d_h	technische Rauheit k
130 μm	59 228,0	2256,6 mm
140 μm	84 356,0	4892,6 mm
150 μm	56,6	4,4 mm
160 μm	23,9	2,3 mm
170 μm	9,2	1,1 mm
180 μm	10,3	1,4 mm
190 μm	26,0	4,1 mm
200 μm	25,9	4,6 mm

An den für die Spurabstände 130 μm und 140 μm berechneten relativen Wandrauheiten ist zu erkennen, dass sich hier der Einfluss der Wandrauheit auf die Strömung durch die vorhandenen Verbindungen zwischen den Wänden deutlich von den Proben mit größerem Spurabstand unterscheidet. Sowohl die relative Rauheitshöhe k/d_h als auch die technische Rauheit k sind mehrere Zehnerpotenzen von den Größenordnungen entfernt, auf deren Basis die Widerstandsgesetze entwickelt wurden.

Bei den Spurabständen $h_\mathrm{s} \geq 150\,\mu$m beträgt die technische Rauheit $k = 1{,}1\,$mm bis 4,6 mm. Zur Einordnung der berechneten Werte sind in Tabelle 5.5 Materialien und Wandbeschaffenheiten aus der DIN EN ISO 5167-1:2004-01 angegeben, deren Rauheit k in diesem Bereich liegt [1]. Bei dem Vergleich der Werkstoffe aus der Norm mit den Wänden der Spalte korrespondieren diese sowohl im haptischen Eindruck als auch bei den gemessenen Rauheitswerten in Tabelle 4.5. Beispielsweise entspricht die gemessene gemittelte Rautiefe R_z=193,00 μm des laseradditiv gefertigten, luftdurchlässigen Materials den üblichen Oberflächengüten von Sandguss von R_z=63 μm bis 250 μm [32]. Die technische Rauheit k, die in Tabelle 5.5 für verrostetes oder verkrustetes Gusseisen angegeben sind, liegen wiederum in dem Wertebereich der ermittelten technische Rauheit k der laseradditiv gefertigten Proben.

Tabelle 5.5.: Technische Rauheit k von Materialien nach DIN EN ISO 5167-1 [1]

Werkstoff, Beschaffenheit	technische Rauheit k
Stahl, verrostet	0,20 mm - 0,30 mm
Stahl, verkrustet	0,50 mm - 2,0 mm
Stahl, stark verkrustet	> 2,0 mm
Gusseisen, neu	0,25 mm
Gusseisen, verrostet	1,0 mm - 1,5 mm
Gusseisen, verkrustet	> 1,5 mm

Dieser phänomenologische Vergleich mit anderen Werkstoffen und Oberflächenbeschaffenheiten führt zu der Einschätzung, dass die aus den Messwerten berechneten technischen Rauheiten k der luftdurchlässigen Proben mit einem Spurabstand $h_\mathrm{s} \geq 150\,\mu$m in einer realistischen Größenordnung liegen. Dass dieser Wert die vorhandene Spaltbreite übersteigt, liegt in der Definition der technischen Rauheit k begründet. Die Wirkung der vorhandenen Wandstruktur auf die Strömung entspricht einer besandeten Oberfläche mit dem Sandkorndurchmesser k_s. Der Zusammenhang zwischen der technischen Rauheit und der Oberflächentopologie besteht daher nur über die Wirkung auf die Strömung und lässt sich nicht aus geometrischen Größen herleiten. [10, 13, 16]

Abbildung 5.15 ist eine Erweiterung der Abbildung 5.14 um die Widerstandsgesetze für die beiden Arten von turbulenten Strömungen und für laminare Strömungen. Wie bereits beschrieben, zeigt sich bei höheren Reynolds-Zahlen eine gute Übereinstimmung mit einer vollrauen turbulenten Strömung. Ein Einsetzen der ermittelten relativen Rauheitshöhe k/d_h aus Tabelle 5.4 in die Bedingung für eine vollraue Strömung in Gleichung 5.14 ergibt, dass diese ab einer Reynolds-Zahl $2{,}3 \cdot 10^1 \leq Re \leq 1{,}41 \cdot 10^2$ erfüllt ist. Bei den gemessenen Werten beginnt dieser hydraulisch raue Bereich erst bei höheren Reynolds-Zahlen von $Re \approx 4 \cdot 10^2$. Gleichung 5.14 scheint daher nicht geeignet zu sein, bei laseradditiv gefertigten, luftdurchlässigen Mesostrukturen den Beginn einer hydraulisch rauen, turbulenten Strömung vorauszusagen. Ein möglicher Grund hierfür ist, dass bei der Bedingung vorausgesetzt wird, dass sich, wie in Abbildung 5.4 dargestellt, der turbulente Strömungszustand an der Rohrwand von einer hydraulisch glatten Strömung über einen Übergangsbereich zu einer rauen Strömung wandelt. Allerdings zeigt der Bereich mit niedrigeren Reynolds-Zahlen $Re < 4 \cdot 10^2$ in Abbildung 5.15 keine ausreichende Übereinstimmung mit den turbulenten Widerstandsgesetzen. Die mit Gleichung 5.9 für eine turbulente Strömung durch einen hydraulisch glatten Kanal berechneten Widerstandszahlen λ sind deutlich niedriger als die ermittelten Werte. Hinzu kommt, dass sich die Steigung der beiden Verläufe unterscheidet. Das Widerstandsgesetz für den Übergangsbereich von hydraulisch glatter zu hydraulisch rauer Strömung soll mit Gleichung 5.12 einen stetigen Übergang zwischen beiden Strömungen beschreiben [14]. Da in Abbildung 5.15 keine Übereinstimmung zwischen den gemessenen Widerstandszahlen und dem Widerstandsgesetz für Strömungen durch einen hydraulisch glatten Kanal erkennbar ist, ist auch ein stetiger Übergang zwischen diesen Widerstandsgesetzen nicht zielführend bei der Beschreibung der Strömung durch das laseradditiv gefertigte, luftdurchlässige Material. Daher ist dieses Widerstandsgesetz nicht in Abbildung 5.15 eingezeichnet.

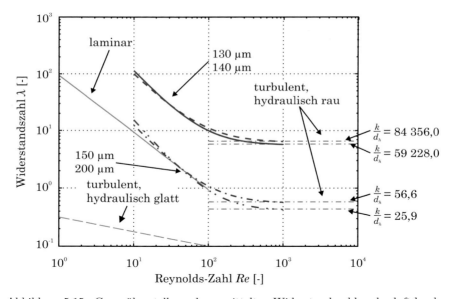

Abbildung 5.15.: Gegenüberstellung der ermittelten Widerstandszahlen des luftdurchlässigen Materials und der Widerstandsgesetze für laminare Strömungen und turbulente, hydraulisch glatte und hydraulisch raue Strömungen

Für den Bereich mit niedrigeren Reynolds-Zahlen $Re < 4 \cdot 10^2$ zeigen die gemessenen Werte von Proben mit einem Spurabstand $h_\mathrm{s} \geq 150\,\mu\mathrm{m}$ eine gute Übereinstimmung mit dem Widerstandsgesetz für laminare Strömungen. Die Werte für die Widerstandszahl liegen in einer ähnlichen Größenordnung, allerdings zeigt der Vergleich der Verläufe der Widerstandszahlen unterschiedliche Steigungen. Für Spurabstände $h_s \leq 140\,\mu m$ ist keine Übereinstimmung zwischen gemessenen Werten und den Widerstandsgesetzen erkennbar. Daher liegt der Schluss nahe, dass auch die Gleichung 5.7 die Strömung durch Kanäle mit sehr großen relativen Rauheitshöhe k/d_h nur unzureichend beschreibt. Eine detaillierte Untersuchung an einem Versuchsstand mit hoher Messgenauigkeit und Proben mit langen Kanälen und definierter Wandrauheit kann hier vermutlich neue und grundlegende Erkenntnisse für die Strömungslehre liefern. Für die Auswahl einer Mesostruktur mit einem Spurabstand $h_s \geq 150\,\mu m$ für eine technische Anwendung und die Abschätzung der Luftdurchlässigkeit genügen die Widerstandsgesetze für laminare und vollraue Strömungen. Bei Spurabständen $h_s \leq 140\,\mu m$ ist hierfür lediglich das Widerstandsgesetz für turbulente, vollraue Strömungen anwendbar.

5.3. Zusammenfassung der Luftdurchlässigkeit und ihre industrielle Relevanz

Die Versuche haben gezeigt, dass die laseradditiv gefertigten Mesostrukturen ab einem Spurabstand $h_s \geq 130\,\mu m$ luftdurchlässig sind. Neben diesem generellen Nachweis wurde mit den Untersuchungen geprüft, ob trotz der großen Wandrauheit die Gesetzmäßigkeiten der Strömungslehre für die Auslegung einer Struktur für eine industrielle Applikation anwendbar sind.

Bei hohen Strömungsgeschwindigkeiten kann das Widerstandsgesetz für turbulente Strömungen durch hydraulisch raue Kanäle angewendet werden. Die ermittelte technische Rauheit der Wände in den Spalten beträgt $k = 1{,}1\,mm$ bis $4{,}6\,mm$. Bei einem Spurabstand $h_s < 150\,\mu m$ erhöhen Verbindungen zwischen den Wänden diesen Wert deutlich auf $k = 2\,m$ bis $5\,m$. Dass die technische Rauheit die Spaltbreite übersteigt und damit die relative Rauheitshöhe $k/d_h > 1$ beträgt, ist korrekt und in der Definition der Rauheit k begründet.

Für den Bereich kleiner Reynolds-Zahlen, in dem die Bedingung in Gleichung 5.14 für hydraulisch raue Kanäle nicht erfüllt ist, und einem Spurabstand $h_s \geq 150\,\mu m$ kann die Widerstandszahl λ mit dem Widerstandsgesetz für laminare Strömungen abgeschätzt werden. Durch die Vielzahl an Verbindungen zwischen den Wänden bei kleineren Spurabständen $h_s \leq 140\,\mu m$ ist bei diesen zwar ein qualitativ ähnlicher Verlauf zu beobachten allerdings bei höheren Widerstandszahlen λ. Untersuchungen in der Strömungslehre haben bereits gezeigt, dass auch bei laminaren Strömungen die Wandrauheit einen Einfluss auf die Strömung hat [16]. Bis für diesen Einfluss eine allgemeingültige Formulierung gefunden ist, können für die laseradditiv gefertigte, luftdurchlässige Mesostruktur die empirischen Daten in Abbildung 5.14 für die Abschätzung der Widerstandszahl λ genutzt werden.

Für eine konkrete Anwendung ist es damit möglich, die Abmessungen der Struktur entsprechend den Anforderungen auszuwählen. Neben der Tiefe des Spalts, die häufig durch die Geometrie der Bauteile vorgegeben ist, kann der Druckverlust vor allem über die Spaltbreite und Spaltlänge eingestellt werden. Die Auswirkungen dieser beiden Parameter auf die Luftdurchlässigkeit sind in Abbildung 5.16 dargestellt. Wird eine hohe Durchlässigkeit mit einem geringen Druckverlust gefordert, so sollte eine Struktur gewählt werden, deren Spalte durch hohe Spurabstände und lange Spalte eine große Querschnittsfläche aufweisen. Demgegenüber weisen schmale Spalte durch die Verbindungen zwischen den Wänden eine hohe Widerstandszahl auf.

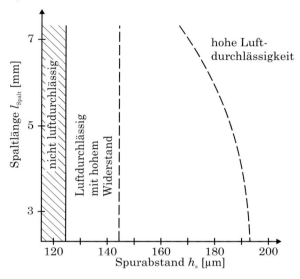

Abbildung 5.16.: Eignung der laseradditiv gefertigten Mesostrukturen in Hinblick auf die Luftdurchlässigkeit

Neben der Luftdurchlässigkeit können industrielle Anwendungen noch weitere Anforderungen an die laseradditiv gefertigte Mesostruktur stellen. Eine Analyse des luftdurchlässigen, laseradditiv gefertigten Materials in Hinblick auf die Hauptfunktionen von Filtern in Abbildung 2.7 zeigt, dass die hier entwickelte Struktur nicht für alle Funktionen geeignet ist. Beispielsweise fördern die einzelnen Spalte mit ihren durchgehenden Wänden nicht die Durchmischung von zwei verschiedenen Fluiden, da kein Austausch zwischen den Spalten möglich ist. Hier sind offenporige, stochastische Materialien sicher besser geeignet. Dagegen kann angenommen werden, dass die einzelnen geraden Spalte durch den hohen Druckverlust gut geeignet sind, um Druckstöße zu dämpfen und die Strömung zu beruhigen. Auch als Filter und zur Begasung kann das Material gut eingesetzt werden, da sich durch die Wahl eines geeigneten Spurabstandes nicht nur der Druckverlust, sondern auch die Breite der Spalte einstellen lässt. Dies beeinflusst die Größe der Öffnungen an der Oberfläche und kann somit das Eindringen von unerwünschten Partikeln oder Flüssigkeiten in das Material verhindern.

Einem Konstrukteur wird daher empfohlen, zunächst zu prüfen, ob die luftdurchlässige Mesostruktur prinzipiell die Funktion erfüllen kann, die er für seine Anwendung benötigt. Ist dies der Fall, so kann er im zweiten Schritt mit den Erkenntnissen aus diesem Kapitel die passenden Abmessungen für die Struktur auswählen.

Literaturverzeichnis

[1] Norm DIN EN ISO 5167-1:2004-01 Januar 2004. *Durchflussmessung von Fluiden mit Drosselgeräten in voll durchströmten Leitungen mit Kreisquerschnitt - Teil 1: Allgemeine Grundlagen und Anforderungen*

[2] VEREIN DEUTSCHER INGENIEURE, VDI-GESELLSCHAFT VERFAHRENSTECHNIK UND CHEMIEINGENIEURWESEN (GCV) (Hrsg.): *VDI-Wärmeatlas*. 11. Auflage. Springer, 2013. – ISBN 978–3–642–19980–6

[3] HERWIG, H.: *Strömungsmechanik: Eine Einführung in die Physik und die mathematische Modellierung von Strömungen*. 2. Auflage. Berlin : Springer, 2006. – ISBN 978–3–540–32441–6

[4] PRANDTL, L.: Über Flüssigkeitsbewegungen bei sehr kleiner Reibung. In: KRAZER, A. (Hrsg.): *Verh. III Internationale Math. Kongress*. Heidelberg : Teubner, 1904, S. 484 – 491

[5] ZIEREP, J. ; BÜHLER, K.: *Grundzüge der Strömungslehre*. 8. Auflage. Wiesbaden : Vieweg+Teubner, 2010. – ISBN 978–3–8348–0834–9

[6] GERSTEN, K. ; HERWIG, H.: *Strömungsmechanik: Grundlagen der Impuls-, Wärme- und Stoffübertragung aus asymptotischer Sicht*. Wiesbaden : Vieweg, 1992 (Grundlagen und Fortschritte der Ingenieurwissenschaften). – ISBN 3–528–06472–2

[7] WIBEL, W.: *Untersuchungen zu laminarer, transitioneller und turbulenter Strömung in rechteckigen Mikrokanälen*. Forschungszentrum Karlsruhe, 2009 (Wissenschaftliche Berichte des Forschungszentrums Karlsruhe FZKA 7462). ISSN 0947–8620. – zgl. Diss. Univ. Dortmund

[8] DEAN, R.B.: Reynolds Number Dependence of Skin Friction and other Bulk Flow Variables in Two-Dimensional Rectangular Duct Flow. In: *Journal of Fluids Engineering* 100 (1978), Juni, Nr. 2, S. 215–223. – ISSN 0098–2202

[9] BOHL, W. ; ELMENDORF, W.: *Technische Strömungslehre*. 13. Auflage. Würzburg : Vogel, 2005. – ISBN 978–3–8343–3029–1

[10] HERWIG, H.: *Strömungsmechanik: Einführung in die Physik von technischen Strömungen*. 1. Auflage. Wiesbaden : Vieweg+Teubner, 2008. – ISBN 978–3–8348–0334–4

[11] SPURK, J. ; AKSEL, N.: *Strömungslehre: Einführung in die Theorie der Strömungen*. 8. Auflage. Heidelberg : Springer, 2010. – ISBN 978–3–642–13142–4

[12] BRAUER, H.: *Grundlagen der Einphasen- und Mehrphasenströmungen*. Aarau : Sauerländer, 1971 (Grundlagen der chemischen Technik Bd. 8)

[13] NIKURADSE, J.: *Strömungsgesetze in rauhen Rohren.* Berlin : VDI Verlag, 1933 (VDI-Forschungsheft 361). – 1–22 S. – Beilage zu *Forschung auf dem Gebiete des Ingenieurwesens* Ausgabe B Band 4

[14] COLEBROOK, C.F.: Turbulent Flow in Pipes with particular Reference to the Transition Region between the Smooth and Rough Pipe Laws. In: *Journal of the Institute of Civil Engineering* 11 (1939), Februar, Nr. 4, S. 133 – 156. – ISSN 0368–2455

[15] MOODY, L.F.: Friction Factors of Pipe Flow. In: *Transactions of the A.S.M.E* 66 (1944), November, Nr. 8, S. 671 – 684

[16] GLOSS, D.: *Der Einfluss von Wandrauheiten auf laminare Strömungen: Untersuchungen in Mikrokanälen.* 1. Auflage. Göttingen : Cuvillier, 2009. – ISBN 978–3–86727–962–8. – zgl. Diss. TU Hamburg-Harburg

[17] SWAMEE, P.K. ; JAIN, A.K.: Explicit Equations for Pipe-Flow Problems. In: *Journal of the Hydraulics Division* 102 (1976), Mai, Nr. 5, S. 657 – 664. – ISSN 0044–796X

[18] SCHILLER, L.: Über den Strömungswiderstand von Rohren verschiedenen Querschnitts und Rauhigkeitsgrades. In: *Zeitschrift für angewandte Mathematik und Mechanik* 3 (1923), Februar, Nr. 1, S. 2–13

[19] KANDLIKAR, S.G. ; GARIMELLA, S. ; LI, D. ; COLIN, S. ; KING, M.R. ; KANDLIKAR, S.G. (Hrsg.): *Heat Transfer and Fluid Flow in Minichannels and Microchannels.* Amsterdam : Elsevier, 2006. – ISBN 0–0804–4527–6

[20] TAYLOR, J.B. ; CARRANO, A.L. ; KANDLIKAR, S.G.: Characterization of the Effect of Surface Roughness and Texture on Fluid Flow - Past, Present, and Future. In: *International Journal of Thermal Sciences* 45 (2006), S. 962 – 968. – ISSN 1290–0729

[21] KANDLIKAR, S.G. ; GRANDE, W.J.: Evolution of Microchannel Flow Passages - Thermohydraulic Performance and Fabrication Technology. In: *Heat Tranfer Engineering* 24 (2003), Nr. 1, S. 3 – 17. – ISSN 0145–7632

[22] KANDLIKAR, S.G. ; SCHMITT, D. ; CARRANO, A.L. ; TAYLOR, J.B.: Characterization of Surface Roughness Effects on Pressure Drop in Singlephase Flow in Minichannels. In: *Physics of Fluids* 17 (2005), Oktober, S. 100606.1 – 100606.11. – ISSN 1070–6631

[23] CROCE, G. ; D'AGARO, P.: Numerical Simulation of Roughness Effects on Microchannel Heat Transfers and Pressure Drop in Laminar Flow. In: *Journal of Physics D: Applied Physics* 38 (2005), May, S. 1518 – 1530. – ISSN 0022–3727

[24] MÖLLER, D.: *Luft: Chemie, Physik, Biologie, Reinhaltung, Recht.* 1. Auflage. Berlin : de Gruyter, 2003. – ISBN 978–3–11–016431–2

[25] SHOCKLING, M.A. ; ALLEN, J.J. ; SMITS, A.J.: Roughness Effects in Turbulent Pipe Flow. In: *Journal of Fluid Mechanics* 564 (2006), S. 267 – 285. – ISSN 0022–1120

[26] TRENKE, D.: *Selektives Lasersintern von porösen Entlüftungsstrukturen am Beispiel des Formenbaus*. 1. Auflage. Clausthal-Zellerfeld : Papierflieger, 2006. – ISBN 3–89720–848–2. – zgl. Diss. Univ. Clausthal

[27] SEHRT, J.T.: *Möglichkeiten und Grenzen bei der generativen Herstellung metallischer Bauteile durch das Strahlschmelzverfahren*. 1. Auflage. Aachen : Shaker, 2010 (Berichte aus der Fertigungstechnik). – ISBN 978–3–8322–9229–4. – zgl. Diss. Univ. Duisburg-Essen

[28] GEFRA SPA (Hrsg.): *TK Druckmessumformer*. Provaglio d'Iseo, Januar 2006. – Firmenschrift

[29] RS COMPONENTS (Hrsg.): *Thermocouple Type J/K/N/T Welded Tip Glass Fiber 2M*. Corby, Mai 2006. – Firmenschrift

[30] FESTO (Hrsg.): *Durchflusssensoren SFAB*. Esslingen a. Neckar, Oktober 2009. – Firmenschrift

[31] KLAHN, C. ; BECHMANN, F. ; HOFMANN, S. ; DINKEL, M. ; EMMELMANN, C.: Laser Additive Manufacturing of Gas Permeable Structures. In: *Physics Procedia* 41 (2013), S. 866–873. – ISSN 1875–3892

[32] FISCHER, U. ; KILGUS, R. ; PAETZOLD, H. ; SCHILLING, K. ; HEINZLER, M. ; NÄHER, F. ; RÖHRER, W. ; STEPHAN, A.: *Tabellenbuch Metall*. 41. Auflage. Haan-Gruiten : Europa Lehrmittel, 1999. – ISBN 3–8085–1671–2

6. Robustheit der Struktur gegen mechanische Belastungen

Zu den Qualitätsmerkmalen eines technischen Systems zählt nicht nur die Erfüllung der Funktion unter den normalen Betriebsbedingungen, sondern auch eine Robustheit gegen Störungen. Von einem robusten Konzept wird gefordert, dass die Ausgangsgröße unabhängig von der Qualität der Eingangsgrößen ist [1]. Für die luftdurchlässigen Mesostrukturen bedeutet dies, dass in der Anwendung zu den Parametern der Luft noch weitere Umgebungsbedingungen hinzukommen, die die Durchströmbarkeit beeinflussen. Hierzu zählen auch die in diesem Kapitel betrachteten mechanische Belastungen.

In vielen Anwendungen kann das laseradditiv gefertigte, luftdurchlässige Material dazu dienen, den Verarbeitungsprozess eines anderen Materials durch Zu- oder Abführen von Luft oder anderen Gasen zu verbessern. Hierbei kommt das Material in Kontakt mit festen oder flüssigen Medien und daraus resultiert eine mechanische Belastung der laseradditiv gefertigten, luftdurchlässigen Mesostruktur. Hinzu kommen die Belastungen, die bei Einbau und Wartung auf die luftdurchlässigen Bauteile ausgeübt werden. Aus Sicht des Anwenders ist es zwingend erforderlich, dass das Material bei den gegebenen Belastungen in dem jeweiligen industriellen Prozess zuverlässig seine Funktion erfüllt. Von dem Konstrukteur wird daher erwartet, dass er eine luftdurchlässige Mesostruktur mit einer ausreichenden Widerstandsfähigkeit gegen mechanische Belastungen auswählt. Hierfür wird in diesem Kapitel der Zusammenhang zwischen der Mesostruktur und ihrer Robustheit untersucht.

6.1. Mechanische Eigenschaften des laseradditiv gefertigten Materials

Die luftdurchlässige Mesostruktur besteht aus zwei Bereichen. Zum einem den Wänden aus laseradditiv gefertigtem Metall, in dem hier betrachtetem Fall aus Werkzeugstahl 1.2709, und aus den dazwischen liegenden Luftspalten. Da die Luftspalte ein offenes System sind, entweicht die Luft bei einer Verformung und es baut sich kein Druck auf. Der Kraftfluss erfolgt daher ausschließlich über die Wände. Bei der Frage nach der Widerstandsfähigkeit der luftdurchlässigen Mesostrukturen gegen mechanische Belastungen ist zunächst zu untersuchen, ob das Material in den Wänden die gleichen Eigenschaften aufweist wie massives, laseradditiv gefertigtes Material. Durch die veränderte Wärmeleitung und die daraufhin angepassten Prozessparameter ist nicht auszuschließen, dass sich auch das Gefüge und andere Einflussgrößen auf die mechanischen Eigenschaften verändert haben. Ist dies nicht der Fall, so können die bekannten Materialkennwerte für die Simulation des Verhaltens der Mesostruktur verwendet werden.

Der Vergleich von massivem Material mit luftdurchlässigem Material erfolgt anhand von Härtemessungen. Da für Stähle ein empirischer Zusammenhang zwischen der Zugfestigkeit und der Härte besteht, kann durch Härtemessungen an zwei Proben schnell ermittelt werden, ob sich die Werkstoffe unterscheiden [2]. Für die Härtemessung nach Vickers HV0,1 wird eine geringe Prüfkraft von 0,98 N verwendet. Bei dieser Mikrohärtemessung ist der Eindruck der Pyramide klein genug, um die Härte auf einer einzelnen Lamelle zu bestimmen. Die Messpunkte beim luftdurchlässigen Material werden, wie in Abbildung 6.1 gezeigt, in der Mitte der Wände platziert. Hierdurch wird die Wand gleichmäßig belastet und verhindert, dass sich die Wand unter der Last verformt. Ist dies doch der Fall, so bildet sich kein symmetrischer Eindruck der Pyramidenspitze aus, sondern die beiden Diagonalen des Eindrucks sind unterschiedlich lang. Unterscheiden sich die Längen der Diagonalen eines Eindrucks um mehr als 3 % wird diese Messung verworfen.

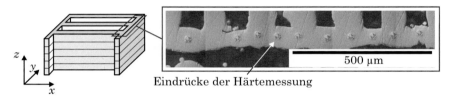

Eindrücke der Härtemessung

Abbildung 6.1.: Eindrücke der Mikrohärtemessung auf einer Lamelle des luftdurchlässigen Materials (hergestellt mit den Parametern in Tab. 4.2)

Zunächst erfolgt die Bestimmung der Mikrohärte an luftdurchlässigen Proben mit einem Spurabstand von $h_s = 130\,\mu m$ bis $200\,\mu m$, die nach der additiven Fertigung mit den Herstellungsparametern aus Tabelle 4.2 nicht wärmebehandelt wurden. An drei verschiedenen Wänden werden jeweils mindestens neun Eindrücke ausgewertet. Durch die wiederholten Messungen in unterschiedlichen Bereichen der Proben können Ausreißer in den Werten erkannt werden und die Reproduzierbarkeit der Ergebnisse ist gewährleistet. Mit dem gleichen Vorgehen wird auch die Mikrohärte einer massiven Referenzprobe bestimmt. In Abbildung 6.2 sind die gemessenen Vickers-Härten der ungehärteten Proben aus massivem und luftdurchlässigem Material gegenübergestellt. Es ist kein signifikanter Einfluss des Spurabstandes auf die Mikrohärte erkennbar und auch die Unterschiede zwischen den Mikrohärten von luftdurchlässigen und massiven Proben liegen innerhalb der Standardabweichungen. Daraus folgt, dass während der laseradditiven Fertigung die Struktur keinen Einfluss auf die mechanischen Eigenschaften des Materials hat.

Nach der laseradditiven Fertigung erfolgt in den meisten Fällen eine Wärmebehandlung, welche dazu dient, die vorhandenen thermischen Eigenspannungen abzubauen [3, 4]. Bei dem hier verwendeten Werkzeugstahl ist zusätzlich eine Ausscheidungshärten möglich [5]. Diese erhöht, wie bereits die Tabelle 2.1 gezeigt hat, die Härte und Festigkeit und verlängert dadurch beispielsweise die Lebensdauer von additiv gefertigten Werkzeugeinsätzen. Da die luftdurchlässigen Mesostrukturen in massive Bauteile integriert werden können, ist zu untersuchen, ob die Wärmebehandlung von massiven und luftdurchläs-

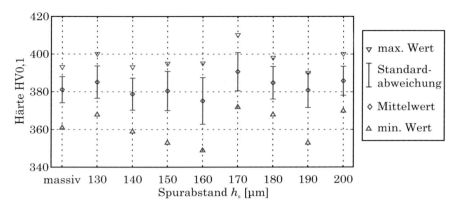

Abbildung 6.2.: Mikrohärte HV0,1 von massivem und luftdurchlässigem Material ohne Wärmebehandlung (hergestellt mit den Parametern in Tab. 4.2)

sigen Proben zu vergleichbaren Materialeigenschaften führt. Hierzu werden die Proben entsprechend dem Temperaturprofil in Abbildung 6.3 gehärtet. Dieses Profil entspricht den Empfehlungen des Anlagenherstellers und Pulverlieferanten für massive Bauteile aus dem Werkstoff X3NiCrMoTi [5] und führt zu den mechanischen Eigenschaften in Tabelle 2.1. Das Bauteil wird mit $50\,\frac{°C}{h}$ auf $490\,°C$ aufgeheizt. Der Ofen hält die Temperatur für 6 h bevor die Temperatur mit $-50\,\frac{°C}{h}$ wieder auf Raumtemperatur abgesenkt wird.

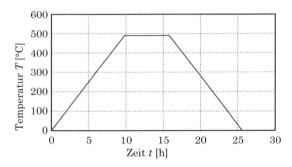

Abbildung 6.3.: Temperaturprofil für die Wärmebehandlung von X3NiCrMoTi [5]

Die Härtemessung der gehärteten Proben erfolgt mit dem gleichen Vorgehen, wie zuvor bei den unbehandelten Proben. Abbildung 6.4 zeigt die gemessenen Vickers-Härten. Die Härte ist durch die Wärmebehandlung um 70 % bis 80 % gestiegen. Der Vergleich der gehärteten Proben untereinander zeigt, wie zuvor bei den Proben ohne Wärmebehandlung, keinen signifikanten Einfluss der Struktur auf die Mikrohärte. Daher können für die Wände in der laseradditiv gefertigten, luftdurchlässigen Struktur die gleichen mechanischen Eigenschaften angenommen werden, wie sie massive Bauteile nach einer identischen Wärmebehandlung aufweisen.

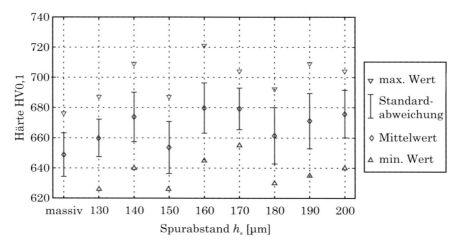

Abbildung 6.4.: Mikrohärte HV0,1 von massivem und luftdurchlässigem Material nach der Wärmebehandlung entsprechend Abbildung 6.3 (hergestellt mit den Parametern in Tab. 4.2)

Die Messung der Mikrohärte des Materials in den Wänden der luftdurchlässigen Mesostruktur und der Vergleich mit den Werten von massivem Material zeigt, dass das Material in den Wänden wie normales, laseradditiv gefertigtes Material behandelt werden kann und sich mögliche Unterschiede in der Widerstandsfähigkeit nur aus der Mesostruktur und nicht aus dem Grundwerkstoff ergeben.

6.2. Mögliche Belastungen und Versagensmechanismen in der Anwendung

Die Widerstandsfähigkeit der luftdurchlässigen Struktur soll in Hinblick auf mögliche industrielle Anwendungen, wie beispielsweise die als Referenzanwendung gewählten Spritzgießwerkzeuge, beurteilt werden. Damit die Ergebnisse eine Relevanz für die praktische Anwendung haben, müssen die Untersuchungen die kritischen Belastungsarten und Versagensmechanismen widerspiegeln. Hierzu werden zunächst in diesem Abschnitt die erwarteten Belastungsarten und Versagensmechanismen diskutiert und die kritischen Lastfälle identifiziert. Im weiteren Verlauf werden diese dann in Simulationen und Experimenten untersucht, um hieraus die Zusammenhänge zwischen der Mesostruktur und der Robustheit empirisch abzuleiten.

6.2.1. Erwartete Belastungsarten

Eine Abschätzung aller Belastungsarten, die bei luftdurchlässigem Material auftreten können, ist auf Grund der Vielfalt der potentiellen Anwendungen nicht sinnvoll. Daher werden hier ausgewählt, generische Belastungsarten dargestellt, von denen erwartet wird, dass sie einen Großteil der industriellen Anwendungen abdecken. Dabei genügt es, die laseradditiv gefertigte Mesostruktur zu betrachten, da die optionale Deckschicht eine Kraft auf die Oberfläche gleichmäßig in die Struktur verteilt und so die maximalen Belastungen der einzelnen Wände eher reduziert. Erfordert die Anwendung eine Deckschicht, so kann das im Folgenden ermittelte Verhalten des luftdurchlässigen Materials ohne Deckschicht für eine konservative Auslegung der Struktur verwendet werden.

Für die möglichen Belastungen in der industriellen Anwendung geben die Hauptfunktionen von Filtern in Abbildung 2.7 einen ersten Hinweis. Allen Funktionen ist gemein, dass sie im Inneren nur von Gas durchströmt werden und eine Interaktion mit anderen Bauteilen und Medien nur an der Oberfläche stattfindet. Unter der Annahme, dass sich innerhalb der Struktur keine großen Druckdifferenzen ausbilden, beschränkt sich die Einleitung von Kräften auf Flächenlasten, durch Druck oder Reibung, welche auf die Bauteiloberfläche und den Bereich dicht unter der Oberfläche wirken. In der industriellen Anwendung ist vor allem mit Druckbelastungen auf die Oberfläche zu rechnen. Diese treten beispielsweise durch Montagekräfte und den Kontakt mit anderen Körpern im Betrieb auf. Bei Filtern kann dies auch der Druck der Partikel in der Gasströmung sein. Zu einer Zugbelastung kommt es, wenn ein Körper von der Oberfläche abgelöst wird, auf der dieser haftet oder in deren Spalte er eingedrungen und dort eine formschlüssige Verbindung mit der Wandrauheit eingegangen ist. Eine seitliche Belastung auf die Wände kann kraftschlüssig durch die Reibung zwischen der Oberfläche und einem anderen Objekt erfolgen oder formschlüssig durch einen Festkörper, der in den Spalt eindringt, oder durch eine Druckdifferenz zwischen den Fluiden in benachbarten Spalten. Letzteres kann beispielsweise im Spritzgießprozess geschehen, wenn Kunststoffschmelze in einen Spalt fließt.

Die Einbringung von Flächenlasten kann in einen Anteil normal zur Oberfläche und einen tangentialen Anteil zerlegt werden [6, 7]. Die Kräfte F_z normal zur Oberfläche wirken als Zug- bzw. Druck auf die einzelnen Lamellen der luftdurchlässigen Struktur. Die Wirkung der tangentialen Flächenlast auf die Lamellen ist abhängig von der Ausrichtung der Wände in der luftdurchlässigen Struktur relativ zur Richtung der Kraft. Bezogen auf die Ausrichtung der Wand kann auch diese wieder in eine Kraft F_y normal zur Wand und eine Kraft F_x in Richtung der Wand aufgeteilt werden. Bei asymmetrisch verteilten Flächenlasten ist zusätzlich noch die Einbringung eines Drehmoments möglich. Dieses ist allerdings im Vergleich zu den Kräften, die aus der Flächenlast resultieren, zu vernachlässigen und wird nicht weiter betrachtet. Abbildung 6.5 zeigt die drei Richtungen, in die eine Kraft auf eine einzelne Wand der Struktur zerlegt werden kann.

Der Kraftfluss verläuft hierbei von dem Krafteinleitungspunkt an der Oberfläche zu den stoffschlüssigen Verbindungen mit den benachbarten Wänden und dem massiven Grundmaterial des Bauteils. Die Überlagerung der Einzelkräfte in Abbildung 6.5 erlaubt es, die für das Versagen des Bauteils kritischen Belastungsrichtungen zu identifizieren und daraus generische Lastfälle abzuleiten [6, 7]. Für diese wird der Einfluss der Struktur auf die Robustheit ermittelt wird.

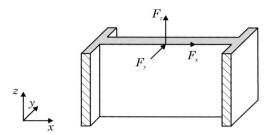

Abbildung 6.5.: Kräfte auf eine einzelne Wand der laseradditiv gefertigten, luftdurchlässigen Struktur

6.2.2. Bauteilversagen

Im Allgemeinen ist ein Bauteilversagen das Ergebnis einer mechanischen Überbeanspruchung und zeigt sich als Bruch, plastische Verformung oder Instabilitäten wie Knicken oder Beulen [8]. Bei diesem direkten mechanischen Versagen kommt es zu einer dauerhaften Verformung oder Zerstörung des Bauteils, beispielsweise durch ein Überschreiten der elastischen Dehngrenze. Für die laseradditiv gefertigten, luftdurchlässigen Strukturen ist noch eine zweite Versagensart möglich. Diese führt ebenfalls dazu, dass das Material seine Funktion nicht mehr erfüllt, allerdings ohne dass dabei die zulässigen Spannungen im Werkstoff überschritten werden. Bei diesem indirekten Versagen führen anwendungsspezifische Effekte zu einem Funktionsverlust der luftdurchlässigen Struktur. Ein Beispiel für solch ein indirektes Versagen ist eine elastische Verformung der Struktur, bei der die resultierende Spaltbreite die Anforderungen der Anwendung überschreitet.

Von den drei orthogonalen Lastrichtungen in Abbildung 6.5 sind zwei von besonderer Bedeutung für die Anwendung. Dies ist eine seitliche Belastung durch die Kraft F_y, da die Wand aufgrund ihrer geringen Dicke und den im Vergleich dazu relativ großen Abmessungen in diese Richtung das geringste Trägheitsmoment besitzt. Die sich daraus ergebende größere Verformung wird als besonders kritisch für das indirekte Versagen des luftdurchlässigen Materials angesehen. Die zweite relevante Belastungsrichtung ist die Druckbelastung der Oberfläche durch die Kraft F_z, da erwartet wird, dass diese in der industriellen Anwendung besonders häufig auftritt.

6.2.2.1. Bauteilversagen durch seitliche Belastungen der Wände in der Struktur

Ein Beispiel für solch ein indirektes Versagen zeigt Abbildung 6.6. Die luftdurchlässige Struktur wurde in dem Druckluftauswerfersystem eines Kunststoffspritzgießwerkzeuges eingesetzt. Das System wird im Detail noch in Kapitel 8.1 vorgestellt. An dieser Stelle dient der Ausfall dieses Prototyps in der Erprobung als anschauliches Beispiel für ein Versagen der luftdurchlässigen Strukturen, ohne dass dabei der Werkstoff überlastet werde. Für die laseradditive Herstellung der luftdurchlässigen Struktur des Werkzeugeinsatzes in Abbildung 6.6 wurde, bei Verwendung der Parameter aus Tabelle 4.2, anstelle eines Schachbretts ein Streifenmuster mit 10 mm Streifenbreite gewählt. Wie bereits in Abbildung 2.3 dargestellt, verlaufen bei diesem Belichtungsmuster die Scanvektoren orthogonal zu der Richtung der Streifen. Die Länge der Wände entspricht der Breite der Streifen. [9]

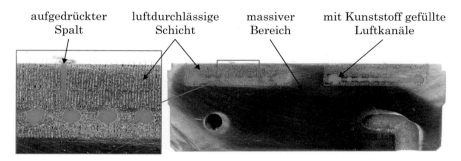

aufgedrückter Spalt   luftdurchlässige Schicht   massiver Bereich   mit Kunststoff gefüllte Luftkanäle

Abbildung 6.6.: Versagen der luftdurchlässigen Struktur in einem Werkzeugeinsatz (hergestellt mit den Parametern in Tab. 4.2)

Die Erprobung des Werkzeugeinsatzes erfolgte mit blau eingefärbtem Polypropylen (PP). Bereits nach sechs Formfüllungen wurde der Versuch abgebrochen, da sich die Kunststoffteile nicht aus dem Spritzgießwerkzeug lösten. Der Schnitt durch den Werkzeugeinsatz zeigte das Schadensbild in Abbildung 6.6. Die Wände einzelner Spalte sind stark deformiert und der dadurch vergrößerte Zwischenraum ist mit Kunststoff gefüllt. Auch das Kanalsystem für die Versorgung des luftdurchlässigen Materials mit Druckluft ist vollständig mit Kunststoff ausgefüllt. Der Schaden wurde nach dem sechsten Einspritzvorgang festgestellt, wobei es möglich ist, dass die Struktur bereits bei der ersten Formfüllung versagt hat. Für das Versagen des Bauteils wird folgender Versagensmechanismus angenommen: Bei der Erprobung des Systems im Spritzgießprozess ist etwas blaue Kunststoffschmelze in den Spalt eingedrungen. Der Druck p, in der Einspritz- bzw. Nachdruckphase, hat durch die Kontaktfläche A zwischen der Schmelze und den Wänden im Spalt eine laterale Kraft

$$F = A \cdot p \qquad (6.1)$$

auf die Wände ausgeübt. Durch diese Kraft auf die Wände hat sich der Spalt geweitet und die Schmelze konnte tiefer in den Spalt eindringen. Die Kontaktfläche A vergrößerte sich und entsprechend Gleichung 6.1 auch die Kraft F, die die Schmelze auf die Wände ausübte. Dieser sich selbst verstärkende Prozess hat dazu geführt, dass die Kunststoffschmelze bis in die Versorgungskanäle des Druckluftauswerfersystems vorgedrungen ist. Der Auslöser für das Versagen des Bauteils war nicht eine Überschreitung der zulässigen Spannungen, sondern die elastische Verformung der Wände. Bereits dieses Beispiel verdeutlicht, dass eine laterale Belastung der Wände im luftdurchlässigen Material vermieden werden sollte. [9]

6.2.2.2. Bauteilversagen durch Belastungen der Oberseite der Wände in der Struktur

Der Abschnitt 6.2.1 hat bereits beschrieben, dass bei der Verwendung von luftdurchlässigen Strukturen im Wesentlichen mit Druckbelastungen auf die Oberfläche zu rechnen ist. Wie bereits im vorangegangenen Abschnitt über die seitlichen Belastungen, ist auch bei einem Druck auf die Oberfläche nicht nur das direkte Versagen durch das Überschreiten der zulässigen Spannungen möglich, sondern ebenfalls ein indirektes Versagen durch die Verformung der Struktur. Die FEM-Simulation und der Versuch in Abbildung 6.7 zeigen dies exemplarisch an der Verformung der Struktur bei einer Belastung der xy-Ebene einer Oberfläche. Bei der FEM-Simulation in Abbildung 6.7(a) wurde der dargestellte Ausschnitt des Schachbrettmusters mit einem Druck $p = 600\,\text{bar}$ beaufschlagt. Der Druck wirkt orthogonal auf die Oberkante der Wände der Mesostruktur und somit in z-Richtung. Durch diese gleichmäßige Flächenbelastung in Blickrichtung der Abbildung hat sich die Struktur verdreht. Dieser Effekt konnte auch experimentell an der realen Struktur in Abbildung 6.7(b) reproduziert werden. Bei diesem Versuch wurde auf die Ecke, an der die Schachbrettfelder zusammenstoßen, durch eine Kugel mit dem Durchmesser $d_{\text{Kugel}} = 10\,\text{mm}$ eine Kraft $F_z = 500\,\text{N}$ aufgebracht. Sowohl bei der Simulation als auch im Experiment weicht die Struktur der Belastung seitlich aus. Dies führt wiederum zum Verdrehen des Musters und zum Aufweiten einzelner Wände.

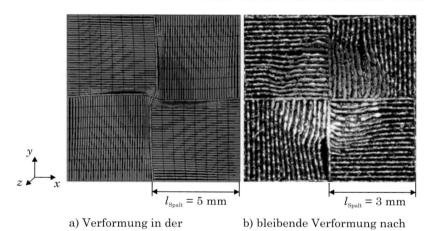

a) Verformung in der
    FEM-Simulation

b) bleibende Verformung nach
    der Belastung im Experiment

Abbildung 6.7.: Beispiele für die Verformung der luftdurchlässigen Struktur in der Simulation (a) und im Experiment (b) (Simulation: $p = 600\,\text{bar}$ $l_{\text{Spalt}} = 5\,\text{mm}$, $h_s = 170\,\mu\text{m}$, $s_{\text{Spalt}} = 5\,\text{mm}$, $b_{\text{Spur}} = 110{,}9\,\mu\text{m}$, Werkstoffparameter vgl. Tab. 2.1; Experiment: $d_{\text{Kugel}} = 10\,\text{mm}$, $F_z = 500\,\text{N}$, $l_{\text{Spalt}} = 3\,\text{mm}$, $h_s = 170\,\mu\text{m}$, $s_{\text{Spalt}} = 5\,\text{mm}$, Prozessparameter vgl. Tab. 4.2)

Das Beispiel zeigt, dass es bei Druckbelastungen nicht ausreicht, eine geringe Anzahl paralleler Wände zu untersuchen, sondern dass eine Betrachtung eines ausreichend großen Ausschnitts der luftdurchlässigen Struktur erforderlich ist. Dem seitlichen Ausweichen der Struktur wiederum liegt ein zufälliges Moment zugrunde, da bei der Belastung der Wand a priori nicht feststeht, in welche Richtung sie ausweicht.

Bei langen, schlanken Strukturen stellt die Möglichkeit eines Versagens durch Knicken oder Beulen ein weiteres zufälliges Ereignis aus einem instabilen Zustand heraus dar. Aus den Grundlagen der Mechanik sind die vier Eulerschen Knickfälle für unterschiedliche Einspannungen von schlanken Stäben bekannt [6, 7]. Bei diesen ist die Knicklast in erheblichem Maße von der Art der Einspannung der Stabenden abhängig. Ein ähnliches Verhalten ist bei der Belastung der luftdurchlässigen Struktur zu erwarten. Die Abbildung 6.8 zeigt schematisch zwei Möglichkeiten, wie eine Wand unter der Belastung mit einer Kugel versagen kann. In Abbildung 6.8(a) ist der unbelastete Zustand zu sehen, bei dem die Kugel die Oberfläche kraftfrei berührt. Die Abbildung 6.8(b) zeigt den Fall, dass sich die Enden der Wände nicht über die Oberfläche bewegen. Die Position der Oberkante der Wand auf der Kugel ist fixiert, es werden aber keine Momente übertragen. Diese Einspannung und die resultierende Verformung der Wand entsprechen bei schlanken Stäben dem III. Eulerschen Knickfall. Der I. Eulersche Knickfall ist die Belastung des Endes eines schlanken Stabes, ohne seine Bewegungsmöglichkeiten einzuschränken. Dieser Fall liegt beispielsweise vor, wenn die Kraft nicht durch einen Körper aufgebracht wird, sondern durch den Druck eines Fluids auf die Oberfläche der Mesostruktur. Wird in Abbildung 6.8(a) ein idealisierter, reibungsfreier Kontakt angenommen, so entspricht dies ebenfalls dem I. Eulersche Knickfall. In dem Moment in dem sich die Wand seitlich verformt hat, gleitet das Ende über die Oberfläche der Kugel und die Wand verformt sich wie in Abbildung 6.8(c) dargestellt.

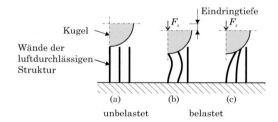

Abbildung 6.8.: Unterschiedliche Verformung der Wände bei der Belastung

Beide Verformungsarten in Abbildung 6.8(b) und (c) sind bei der Belastung der laseradditiv gefertigten, luftdurchlässigen Struktur möglich. Welche der Formen bei dem Versagen einer Wand auftreten, kann nur in begrenztem Umfang beeinflusst werden. Es ist anzunehmen, dass raue und fettfreie Kontaktflächen durch die höhere Haftreibung eine Verformung ohne Relativbewegung zwischen der luftdurchlässigen Struktur und dem eindringenden Körper und damit den Fall in Abbildung 6.8(b) begünstigen. Ist die Kontaktfläche glatt und geschmiert, ist die Haftreibung geringer und die Wände können leichter an der Kugel entlang gleiten. Die daraus resultierende Verformung entspricht der Darstellung in Abbildung 6.8(c).

Diese Überlegungen zu den Versagensmechanismen zeigen, dass neben der Spannungsverteilung im Werkstoff auch die Verformung des Materials in der Anwendung zu betrachten ist. Im Folgenden wird daher sowohl in Abschnitt 6.3 die Verformung mehrerer paralleler Wände unter einer Last simuliert als auch in Abschnitt 6.4 das Verhalten der Struktur als Ganzes experimentell untersucht. Die Modellierung und Simulation von nicht linearen Problemen, wie den instabilen Zuständen, die dem Versagen der Wände unter Druck zugrunde liegen, ist sehr aufwändig und mit entsprechend großen Unsicherheiten behaftet [10]. Daher wird für die Untersuchung der Mesostruktur unter Druckbelastung zugunsten einer experimentellen Untersuchung auf eine Simulation verzichtet.

6.3. Simulation der Verformung durch seitliche Belastungen der Wände

Für die seitliche Verformung einer Lamelle der luftdurchlässigen Struktur ist die kritischste Belastung eine laterale Kraft, die in der Mitte der Wand an der Oberseite der Struktur angreift. Dieser Punkt ist am weitesten von den Verbindungen zu den umgebenden Strukturen entfernt und die Kraft führt zu der größten Auslenkung der Wand. Mit diesem Krafteinleitungspunkt wird die Verformung der Wand bei verschiedenen Spaltlängen und Spurabständen in einem FEM-Modell untersucht.

Die Mikrohärtemessungen in Abschnitt 6.1 haben gezeigt, dass sich die Eigenschaften einer einzelnen Wand nicht verändern, wenn ein anderer Spurabstand gewählt wird. Der Spurabstand h_s bestimmt allerdings die Breite des Spalts b_{Spalt} zwischen den einzelnen Wänden und damit bei welcher Auslenkung die belastete Wand die Nachbarwände berührt. Wird, wie in Abbildung 6.9(a) skizziert, eine an den Seiten eingespannte Wand mit einer kleinen Kraft F_y belastet, so verformt sich nur die belastete Wand und ein Spalt zur benachbarten Wand bleibt erhalten. Eine Erhöhung der Kraft bewirkt eine stärkere Auslenkung der Wand und führt zum Kontakt mit der Nachbarwand. Bei einer weiteren Steigerung der Belastung werden beide Wände, wie in Abbildung 6.9(b) dargestellt, verformt. Ist die Kraft groß genug, so wird auch der Spalt zur dritten Wand geschlossen und es werden drei Wände verformt. Da mit steigender Belastung eine größere Anzahl an Wänden verformt wird, steigt die Steifigkeit des Systems, wie in dem Kraft/Weg-Diagramm in Abbildung 6.9(d) dargestellt ist.

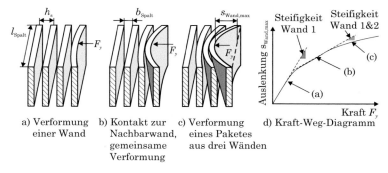

a) Verformung einer Wand   b) Kontakt zur Nachbarwand, gemeinsame Verformung   c) Verformung eines Paketes aus drei Wänden   d) Kraft-Weg-Diagramm

Abbildung 6.9.: Erhöhung der Steifigkeit durch den Kontakt zwischen der belasteten Wand mit den benachbarten Wänden

Dieser in Abbildung 6.9 exemplarisch dargestellte Sachverhalt wird mit FEM-Simulationen untersucht, um den Zusammenhang zwischen der Länge der Wände l_{Spalt}, dem Spurabstand h_{s}, der Kraft F_y und der daraus resultierenden Auslenkung s_{Wand} zu bestimmen. Hierzu wird ein Ausschnitt der luftdurchlässigen Mesostruktur mit sechs parallelen Wänden betrachtet. Die Wände sind oben und unten frei beweglich und an den Seiten fest eingespannt. Bei entsprechender Auslenkung kommt es zu einem reibungsfreien Kontakt mit der Nachbarwand. Die Simulation erfolgt mit einem statischen, mechanischen Modell, bei dem jeweils die Auslenkung und die Spannungen der Struktur bei einer gegebenen Kraft ermittelt werden. Der räumliche Spannungszustand wird mittels der Hypothese der Gestaltänderungsenergie nach v. Mises in eine Vergleichsspannung σ_{V} überführt [6, 7]. Die Auslenkung und die Vergleichsspannungen werden betrachtet, da eine Überschreitung der zulässigen Spannung zu einem direkten Bauteilversagen durch plastische Verformung oder Bruch führt, während eine zu große Auslenkung ein indirektes Versagen in der Anwendung zur Folge hat. Die Höhe der zulässigen Spannung

$$\sigma_{\mathrm{zul}} = \frac{R_{\mathrm{p0,2}}}{S} \tag{6.2}$$

ist von der Dehngrenze $R_{\mathrm{p0,2}}$ des jeweiligen Werkstoffs und dem gewählten Sicherheitsbeiwert S abhängig. Demgegenüber ist die Grenze für die zulässige Auslenkung von den Anforderungen der jeweiligen Anwendung abhängig und kann nicht allgemeingültig definiert werden.

Als Beispiel für ein Simulationsergebnis zeigt Abbildung 6.10 die Verformung von Wänden mit der Breite $l_{\mathrm{Spalt}} = 5\,\mathrm{mm}$, der Tiefe $s_{\mathrm{Spalt}} = 5\,\mathrm{mm}$ und der Dicke $b_{\mathrm{Spur}} = 110{,}9\,\mathrm{\mu m}$ welche entsprechend einem Spurabstand von $h_{\mathrm{s}} = 140\,\mathrm{\mu m}$ platziert wurden. Durch die Kraft $F_y = 21{,}25\,\mathrm{N}$ wurde die Struktur so weit verformt, dass vier Wände Kontakt miteinander haben.

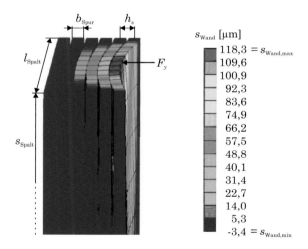

Abbildung 6.10.: Verformung der luftdurchlässigen Struktur bei einer Kraft $F_y = 21{,}25\,\mathrm{N}$ (Abmessungen: $l_{\mathrm{Spalt}} = 5\,\mathrm{mm}$, $s_{\mathrm{Spalt}} = 5\,\mathrm{mm}$, $h_{\mathrm{s}} = 140\,\mathrm{\mu m}$, $b_{\mathrm{Spur}} = 110{,}9\,\mathrm{\mu m}$, Werkstoffparameter vgl. Tab. 2.1)

Die maximale Auslenkung erfolgt im Kraftangriffspunkt in der Mitte der Oberkante der Wand. Die größten Vergleichsspannungen treten, wie in Abbildung 6.11 dargestellt, an der festen Einspannung am Rand auf. Ein Bruch der Struktur an dieser Stelle führt nicht nur zu einer Beschädigung des Werkzeugs, sondern auch zu einer weiteren Öffnung des Spalts. Neben dem Schaden an der luftdurchlässigen Struktur können sich hieraus weitere Folgeschäden entwickeln, wie das Beispiel des eingedrungenen Kunststoffs in Abbildung 6.6 zeigt. Als Kriterien für das Versagen gelten daher sowohl das Überschreiten der für die Anwendung maximal zulässige Auslenkung als auch eine Vergleichsspannung oberhalb der zulässige Spannung des Werkstoffs.

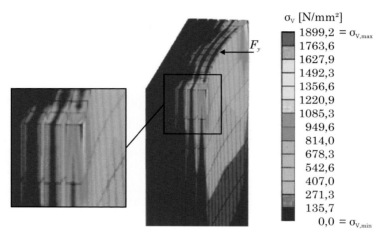

Abbildung 6.11.: Vergleichsspannungsverteilung in der luftdurchlässigen Struktur bei einer Kraft $F_y = 21{,}25\,\mathrm{N}$ (Abmessungen: $l_{\mathrm{Spalt}} = 5\,\mathrm{mm}$, $s_{\mathrm{Spalt}} = 5\,\mathrm{mm}$, $h_{\mathrm{s}} = 140\,\mu\mathrm{m}$, $b_{\mathrm{Spur}} = 110{,}9\,\mu\mathrm{m}$, Werkstoffparameter vgl. Tab. 2.1)

Die Simulationen wurden für Lamellenpakete mit Spurabständen von $h_{\mathrm{s}} = 130\,\mu\mathrm{m}$ bis $200\,\mu\mathrm{m}$ und Längen von $l_{\mathrm{Spalt}} = 3\,\mathrm{mm}$, $5\,\mathrm{mm}$ und $7\,\mathrm{mm}$ durchgeführt. In einem statischen, mechanischen Modell wird eine Kraft F_y auf die Struktur aufgebracht und wie in den Abbildungen 6.10 und 6.11 die maximale Auslenkung $s_{\mathrm{Wand,max}}$ und die maximale Vergleichsspannung $\sigma_{\mathrm{V,max}}$ aufgenommen. In Abbildung 6.12 sind die resultierenden Auslenkungen der Wände $s_{\mathrm{Wand,max}}$ bei den unterschiedlichen Kräften F_y aufgetragen. Zusätzlich zu der Auslenkung der belasteten Wand ist für jede Kurve der Punkt interpoliert worden, an dem die Vergleichsspannung σ_{V} die Dehngrenze $R_{\mathrm{p0,2}}$ des Werkzeugstahls überschreitet. Diese wird bei einer Wandlänge von $3\,\mathrm{mm}$ und $5\,\mathrm{mm}$ erreicht. Für die Wandlänge $l_{\mathrm{Spalt}} = 7\,\mathrm{mm}$ wurden die Simulationen nicht bis zum Erreichen der Dehngrenze fortgeführt, da die Auslenkungen bei dieser Wandlänge ein Vielfaches der ursprünglichen Spaltbreite beträgt und somit einer sinnvollen Verwendung in Bereichen mit mechanischen Belastungen entgegenstehen.

Die Abbildung 6.12 zeigt die geringe Robustheit der luftdurchlässigen Struktur gegenüber seitlichen Kräften auf die Wände. Bedingt durch die dünne Wandstärke von nur einer Schmelzspurbreite und der im Verhältnis dazu großen Länge der Wand führen

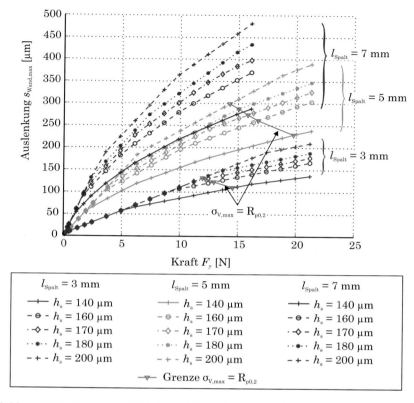

Abbildung 6.12.: Strukturssteifigkeit in Abhängigkeit von Spurabstand h_s und Wandlänge l_Spalt (Abmessungen: $s_\mathrm{Spalt} = 5\,\mathrm{mm}$, $b_\mathrm{Spur} = 110{,}9\,\mu\mathrm{m}$, Werkstoffparameter vgl. Tab. 2.1)

bereits geringe Kräfte einer deutlichen Auslenkung der Struktur und hohen Spannungen an den Verbindungen zwischen den Wänden. Während das direkte Bauteilversagen durch Überschreiten der zulässigen Spannung unabhängig von der Anwendung ist, ist das indirekte Versagen durch eine zu große Auslenkung der Wände von den Anforderungen des jeweiligen Einsatzgebiets abhängig. Hierbei ist auch zu berücksichtigen, ob und wie die benachbarten Wände belastet werden. Wirkt die Belastung über mehrere Wände in die gleiche Richtung, beispielsweise durch Reibung zwischen der Oberfläche der luftdurchlässigen Struktur und einem anderen Körper, so werden die Wände in die gleiche Richtung ausgelenkt und die Spalte vergrößern sich nicht. Tritt hingegen die Belastung in unterschiedliche Richtungen auf, wie es bei der Kunststoffschmelze in dem Werkzeugeinsatz in Abbildung 6.6 der Fall war, so werden die Wände auseinander gedrückt. In diesem Fall addieren sich die Verschiebungen und die resultierende Spaltbreite erreicht früher einen kritischen Wert.

Das Vorgehen zur Bestimmung der Einsatzgrenzen der Struktur wird exemplarisch am Beispiel des Werkzeugeinsatzes in Abbildung 6.6 gezeigt. Die in Abschnitt 2.3.2.2 genannten Grenzwerte für Spalte in Spritzgießwerkzeugen beziehen sich auf Trennstellen, die hinterher auf dem Kunststoffartikel sichtbar sind. Die Funktion des Werkzeugs wird durch diese schmalen Spalte noch nicht beeinträchtigt. Um einen zulässige Spaltbreite $b_{\mathrm{Spalt,zul}}$ für die Funktionsfähigkeit des Spritzgießwerkzeugs zu bestimmen werden an dem Werkzeugeinsatz und den produzierten Kunststoffteilen zunächst die Spalte untersucht, in die kein Kunststoff eingedrungen ist. Erst oberhalb einer Spaltbreite von $b_{\mathrm{Spalt,zul}} = 265\,\mu\mathrm{m}$ ist der Kunststoff mehr als $100\,\mu\mathrm{m}$ tief in die Spalte eingedrungen. Der Grenzwert für die Eindringtiefe ist erforderlich, da beim Spritzgießen die Schmelze die Oberflächenstrukturen des Werkzeugs sehr gut abformt und daher auch unkritische Spalte auf dem Kunststoffteil erkennbar sind. Es ist anzunehmen, dass eingedrungene Schmelze auf die gegenüberliegenden Wände eines Spalts eine Kraft F_y ausübt und dadurch der Spalt in beide Richtungen um die Auslenkung s_{Wand} verbreitert wird und somit gilt für die resultierende Breite des aufgeweiteten Spalts

$$b_{\mathrm{Spalt,max}}(F_y) = b_{\mathrm{Spalt}} + 2 \cdot s_{\mathrm{Wand}}(F_y). \tag{6.3}$$

Die Bedingung für das Versagen durch die Aufweitung eines Spalts lautet

$$b_{\mathrm{Spalt,max}}(F_y) \geq b_{\mathrm{Spalt,zul}}. \tag{6.4}$$

Die zweite Einsatzgrenze für das luftdurchlässige Material stellt das Erreichen der Dehngrenze $R_{\mathrm{p0,2}}$ beziehungsweise der zulässigen Spannung σ_{zul} entsprechend Gleichung 6.2 dar. Die Festlegung des Sicherheitsbeiwerts $S = 2{,}0$ für das Beispiel des Werkzeugeinsatzes berücksichtigt einerseits, dass die Folgen eines Bauteilversagens auf den Werkzeugeinsatz beschränkt sind, auf der anderen Seite die Unsicherheit der effektiven Materialeigenschaften durch Störgrößen, wie beispielsweise Verbindungen zwischen den Wänden. Das Versagenskriterium für die plastische Verformung des Werkstoffes lautet damit

$$\sigma_{\mathrm{V}} \geq \sigma_{\mathrm{zul}}. \tag{6.5}$$

Die Abbildung 6.13 zeigt die Spaltbreiten, die aus seitlichen Kräften auf die gegenüberliegenden Wände eines $l_{\mathrm{Spalt}} = 5\,\mathrm{mm}$ breiten Spalts resultieren. In die Abbildung sind ebenfalls die beiden Einsatzgrenzen der zulässigen Spaltbreite $b_{\mathrm{Spalt,zul}}$ und der zulässigen Spannungen σ_{zul} sowie als zusätzliche Information das Erreichen der Dehngrenze $R_{\mathrm{p0,2}}$ eingezeichnet.

Die eingezeichneten Einsatzgrenzen in Abbildung 6.13 zeigen, dass bei einer Wandlänge von $5\,\mathrm{mm}$ beide Versagenskriterien relevant sind. Die nach Gleichung 6.3 berechnete Spaltbreite $b_{\mathrm{Spalt,max}}$ überschreitet hierbei zuerst den zulässigen Wert $b_{\mathrm{Spalt,zul}}$, bevor die Vergleichsspannung $\sigma_{\mathrm{V,max}}$ zulässige Spannungen σ_{zul} erreicht. Bei welcher Belastung die Grenzen erreicht werden ist vom Spurabstand abhängig. Bei kleinen Spurabständen haben die Wände bereits bei kleinen Auslenkungen Kontakt miteinander und die eingebrachte Kraft wird so über mehrere Lamellen abgeleitet. Dieser Effekt wirkt sich sowohl auf die Spaltbreite $b_{\mathrm{Spalt,max}}$ als auch auf die Spannung $\sigma_{\mathrm{V,max}}$ aus. Der Vergleich der Kräfte bei denen die beiden Grenzen erreicht werden zeigt, dass der Effekt auf die Auslenkung eine größere Wirkung hat. Die in Abbildung 6.13 eingezeichnete

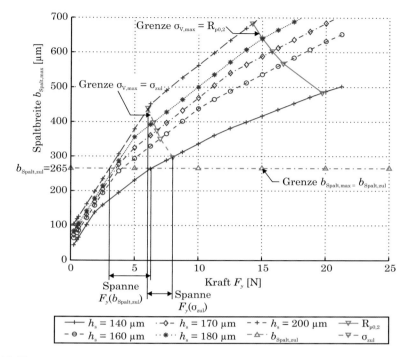

Abbildung 6.13.: Einsatzgrenze aus den FEM-Simulationen der luftdurchlässigen Struktur mit $l_{\text{Spalt}} = 5\,\text{mm}$ Wandlänge im Kunststoffspritzgießprozess (Abmessungen: $s_{\text{Spalt}} = 5\,\text{mm}$, $b_{\text{Spur}} = 110{,}9\,\mu\text{m}$, Werkstoffparameter vgl. Tab. 2.1)

Spanne der Kraft F_y zwischen dem Erreichen der zulässigen Spaltbreite $b_{\text{Spalt,zul}}$ bei einem Spurabstand von $h_{\text{s}} = 140\,\mu\text{m}$ und $h_{\text{s}} = 200\,\mu\text{m}$ ist größer als bei dem Erreichen der zulässigen Spannung σ_{zul}.

Für den betrachteten Fall der eingedrungenen Schmelze sind in Abbildung 6.14 die jeweiligen zulässigen Kräfte $F_{\text{y,zul}}$ für die unterschiedlichen Spurabstände h_{s} und Wandlängen l_{Spalt} dargestellt. Die unterschiedlichen Markierungen zeigen an, ob die Einsatzgrenze durch das Erreichen der zulässigen Spaltbreite $b_{\text{Spalt,zul}}$ oder der zulässigen Spannung σ_{zul} bestimmt wird. Die Darstellung zeigt, dass sowohl der Spurabstand h_{s} als auch die Länge der Wand l_{Spalt} bestimmen, welches Versagenskriterium zuerst erreicht wird. Bei langen Wänden ist dies auf Grund der weiter auseinander liegenden festen Einspannungen die zulässige Spaltbreite $b_{\text{Spalt,zul}}$. Bei kürzeren Wänden ist die Verformung geringer und dadurch wird eher die zulässige Spannung überschritten.

Aus den Simulationen und den daraus gewonnenen Erkenntnissen in Abbildung 6.14 lassen sich erste Schlussfolgerungen für die Auswahl einer geeigneten Mesostruktur für Anwendungen mit mechanischen Belastungen ziehen. Bei den kurzen Wänden mit $l_{\text{Spalt}} = 3\,\text{mm}$ ist die Höhe der zulässigen Kraft im untersuchten Bereich weitgehend

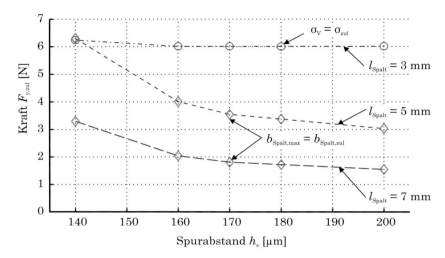

Abbildung 6.14.: Zulässige Kräfte auf die luftdurchlässige Struktur im Kunststoffspritzgießprozess (Abmessungen: $s_{Spalt} = 5\,\text{mm}$, $b_{Spur} = 110{,}9\,\mu\text{m}$, Werkstoffparameter vgl. Tab. 2.1)

unabhängig von dem Spurabstand h_s. Dies kann beispielsweise ausgenutzt werden, um
eine Struktur für eine Anwendung mit mechanischen Belastungen auszuwählen, bei
der eine minimale Spaltbreite gefordert wird. Der folgende Abschnitt untersucht experimentell das Verhalten des laseradditiv gefertigten, luftdurchlässigen Materials bei
Druckbelastungen auf die Oberfläche.

6.4. Experimentelle Untersuchung des Versagens bei Druck auf das Bauteil

Simulationen bieten den Vorteil, dass sie Sachverhalte zeigen, welche in einem realen
System nur schwer zu beobachten sind, weil die wichtigen Größen, wie beispielsweise die Spannungsverteilung in einem Bauteil, nicht im Betrieb messbar sind oder die
relevanten Bereiche, wie die Wirkflächen von Reibpaarungen, nicht zugänglich sind.
Dabei sind Simulationen immer nur ein Abbild der Wirklichkeit und ihre Aussagefä-
higkeit ist durch den Umfang der Modellierung begrenzt [11, 12]. Die Simulationen im
vorangegangenen Abschnitt haben das Verhalten einer idealisierten, luftdurchlässigen
Struktur bei einer einzelnen lateralen Kraft auf eine Wand untersucht. Hierbei befindet
sich das System immer in einem stabilen Zustand, bei dem eine Kraft die Struktur in
Belastungsrichtung elastisch verformt und die Größe der Auslenkung von der Steifigkeit
des Systems abhängt. In Abschnitt 6.2.2.2 wurde gezeigt, dass bei der Belastung der
Oberfläche der laseradditiv gefertigten, luftdurchlässigen Struktur auch instabile Zu-
stände auftreten können. Diese instabilen Zustände zu simulieren erfordert erheblichen
Aufwand in der Modellierung und der experimentellen Verifizierung des Modells. Daher

wird hier auf eine Simulation zugunsten einer experimentellen Untersuchung verzichtet. Hierfür entwickelt der Abschnitt 6.4.1 aus bekannten Prüfverfahren ein Verfahren für die Ermittlung der Widerstandsfähigkeit der luftdurchlässigen Struktur gegen eine mechanische Belastung der Bauteiloberfläche mit Druckkräften. Der Abschnitt 6.4.2 beschreibt die beobachtete Verformung und leitet daraus ein Kriterium für die Belastbarkeit der Struktur ab, welches in Abschnitt 6.4.3 genutzt wird, um experimentell die Auswirkungen von unterschiedlichen Prüfbedingungen und Abmessungen der Mesostruktur auf die Widerstandsfähigkeit des Materials gegen mechanische Belastungen zu bestimmen.

6.4.1. Versuchsaufbau

Der hier realisierte Versuchsaufbau dient dazu, die luftdurchlässige Struktur auf Druck zu belasten und so das Verformungsverhalten und die Belastbarkeit des Materials zu ermitteln. Im Gegensatz zu der Mikrohärtemessung in 6.1 soll die Belastung diesmal nicht punktuell erfolgen, sondern ein größerer Ausschnitt der Struktur belastet werden. Für die Belastung einer größeren Fläche eines Probenkörpers stehen zwei mögliche Gruppen von genormten Prüfverfahren zur Verfügung. Ein Druckversuch belastet einen genormten Probenkörper zwischen zwei Druckplatten bis zum Versagen und misst dabei analog zu Zugversuchen Kraft und Längenänderung der Probe [2]. Eine Härtemessung drückt einen genormten Prüfkörper mit einer definierten Kraft in die Oberfläche des Prüflings und bestimmt aus der Größe oder Tiefe des Eindrucks die Härte der Oberfläche [2]. Beide Gruppen von Prüfverfahren haben für die Untersuchung der Robustheit der laseradditiv gefertigten, luftdurchlässigen Mesostruktur ihre Vor- und Nachteile, die im Folgenden in Hinblick auf die vorliegende Fragestellung diskutiert werden.

Für die Druckversuche bietet sich als genormtes Verfahren die DIN 50134 für die Untersuchung von Probenkörpern aus metallischen, zellularen Werkstoffen mit einer Porosität über 50 % an, da auch diese Werkstoffe aus Metallstrukturen mit luftgefüllten Hohlräumen bestehen [13]. Die Norm empfiehlt zylindrische Proben mit einem Durchmesser von 50 mm und einer Länge von 100 mm oder alternativ rechteckige Proben gleicher Länge und einer quadratischen Grundfläche mit 50 mm Kantenlänge. Abbildung 6.15 zeigt exemplarisch ein Spannung/Stauchung-Diagramm aus der DIN-Norm. Die Druckspannung R_{d} ergibt sich aus der gemessenen Kraft und der Fläche des Querschnitts der unbelasteten Probe. Die Stauchung e_{d} ist die prozentuale Gesamtlängenänderung bezogen auf die unbelastete Probe. Einige zellulare Werkstoffe zeigen einen Bereich, in dem sich die Stauchung vergrößert ohne eine deutliche Erhöhung der Spannung. Dieser Plateaubereich ist in der DIN 50134 als der Bereich zwischen $e_{\mathrm{d}} = 20\,\%$ und $e_{\mathrm{d}} = 40\,\%$ definiert, wenn in diesem Bereich die Differenz zwischen maximaler und minimaler Druckspannung nur 25 % des arithmetischen Mittels R_{Plt} der Druckspannung beträgt. [13]

Dieses Prüfverfahren für zellulare Werkstoffe und die aus dem Druckversuch gewonnenen mechanischen Kennwerte liefern wichtige Erkenntnisse über die Vorgänge beim Versagen des Werkstoffes unter Druckbelastung. Gegen die Untersuchung des hier betrachteten luftdurchlässigen Materials nach DIN 50134 spricht die unzureichende Abbildung der Einsatzbedingungen in der industriellen Anwendung. Vor allem drei Un-

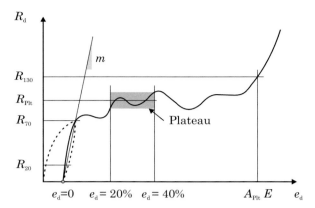

Abbildung 6.15.: Spannung/Stauchung-Diagramm eines Druckversuchs mit den Kennwerten nach DIN 50134 für ein zelluläres Material mit einem Plateaubereich [13]

terschiede zwischen genormten Proben und einem realen Bauteil machen dies deutlich. Erstens ist die in der DIN 50134 empfohlene Länge der Probenkörper mit $l = 100\,\text{mm}$ wesentlich größer als es für den Einsatz von luftdurchlässigen Bereichen in den meisten Anwendungen erforderlich wäre [13]. Zweitens ist die luftdurchlässige Fläche in einzelne, gradlinig begrenzte Teilflächen aufgeteilt. Diese Muster ohne abgeschnittene Felder in die vorgegebenen Probenformen zu bringen, ist nur bei wenigen Parkettierungen möglich. Und ein dritter Grund gegen die Untersuchung mit normgerechten Druckversuchen ist, dass diese die Integration der luftdurchlässigen Strukturen in ein massives Bauteil nicht abbilden. Eine normgerechte Probe besteht nur aus dem untersuchten Material. Die Wände am Rand der Probe können bei den Druckversuchen ungehindert zur Seite knicken und beulen. Es ist daher frühzeitig mit einem Versagen durch den Verlust der äußeren Wände zu rechnen. In einem realen Bauteil sind die luftdurchlässigen Bereiche mit massiven Bereichen kombiniert. Diese geben den Wänden am Rand zusätzliche Stabilität.

Die zweite mögliche Gruppe von Prüfverfahren für die Untersuchung der Robustheit der Mesostruktur sind Härtemessungen. Diese bestimmen den Widerstand einer Oberfläche gegen das Eindringen eines anderen Körpers indem sie die Belastung der Oberfläche in ein Verhältnis zu den bleibenden Spuren setzen [2]. Für die Untersuchung des laseradditiv gefertigten, luftdurchlässigen Materials bietet sich die Norm DIN EN ISO 4498 für die Bestimmung der Härte von Sintermetallen an, da auch diese Werkstoffe inhomogene Materialien aus Luft und Metallstrukturen sind [14]. Diese Norm beschreibt die Untersuchung der metallischen Phase mittels Mikrohärtemessung, um die Werkstoffzusammensetzung und die Wärmebehandlung zu überprüfen und zusätzlich die Bestimmung der Härte des Gesamtmaterials als Makrohärte mit den bekannten Verfahren nach Vickers, Brinell oder Rockwell [15, 16, 17]. Der Prüfkörper wird entsprechend groß gewählt, um neben der Metallphase auch eine Anzahl an Hohlräumen zu erfassen [14]. Die in der DIN EN ISO 4498 vorgegebene Mikrohärtemessung wurde bereits in Abschnitt 6.1 verwendet, um die Vergleichbarkeit des Werkzeugstahls in den

Wänden der luftdurchlässigen Struktur mit additiv gefertigtem Vollmaterial nachzuweisen. Die Bestimmung der Makrohärte im zweiten Schritt der DIN EN ISO 4498 hat für die Untersuchung des laseradditiv gefertigten, luftdurchlässigen Materials den Vorteil, dass hierbei, im Gegensatz zu den Druckversuchen, keine Probengeometrie vorgegeben ist und somit die Struktur in einem realistischen Kontext untersucht werden kann. Ein Nachteil des Verfahrens ist, dass bei Härtemessungen immer nur das Resultat einer vorher definierten Prüflast betrachtet wird. Mit dieser Momentaufnahme können die in Abschnitt 6.2.2.2 vermuteten instabilen Zustände nicht direkt untersucht werden, da der Eindruck immer nur den Zustand vor oder nach dem instationären Punkt abbildet.

Für die Bestimmung der Widerstandsfähigkeit des luftdurchlässigen Materials gegen mechanische Belastungen werden die Vorteile von Druckversuch und Härtemessung kombiniert. Die Untersuchung der Proben erfolgt wie bei den Härtemessungen mit einem Eindringkörper. Eine Spitze, beispielsweise von einer Vickers-Pyramide oder eines Rockwell-Kegels, kann bei der Messung auch in einen Spalt eindringen. Die Belastung erfolgt in diesem Fall nur auf die Seiten der beiden Wände des Spalts und das gemessene Verhalten ist durch den Zusammenhalt von diesen zwei Wänden bestimmt. Dies ist zum einen nicht das Ziel dieser Untersuchung, zum anderen ist ein einzelner Spalt nicht repräsentativ für das Verhalten der ganzen Struktur. Gleiches gilt, wenn die Spitze des Prüfkörpers auf einer Schmelzspur platziert wird, in diesem Fall wird mit der Messung nur die einzelne Wand und die Verbindung zu den direkten Nachbarn untersucht. Für ein Ergebnis, welches die Struktur als Ganzes repräsentiert, sollte diese möglichst gleichmäßig belastet werden. Abbildung 6.16 zeigt die Druckverteilung unter verschiedenen Eindringkörpern bezogen auf einen idealen mittleren Druck p_m. Ein Kegel führt zu einer Druckspitze im Zentrum des Eindrucks. Demgegenüber weist die plane Oberfläche eines zylindrischen Körpers eine Erhöhung des Drucks an den Rändern auf. Von den gezeigten Eindringkörpern hat nur eine Kugel ein stetiges Druckprofil ohne Bereiche mit deutlich überhöhtem Druck p [18]. Für die Untersuchung wird daher, ähnlich der Brinell-Härtemessung, eine Kugel mit einem Durchmesser von 5 mm gewählt.

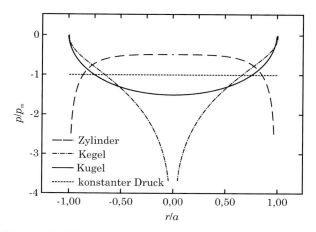

Abbildung 6.16.: Druckverteilung unter verschiedenen Eindringkörpern [18]

Bei den experimentellen Untersuchungen mit diesem stumpfen Körper ist nicht nur die bleibende Verformung am Ende der Belastung von Interesse. Aus den Druckversuchen werden das kontinuierliche Aufbringen der Last und die Wegmessung des Eindring-körpers übernommen. Das bei dieser instrumentierten Eindringprüfung aufgenomme-ne Kraft/Weg-Diagramm gibt einen Einblick in die Vorgänge bei der Verformung der Struktur [18].

Wie bereits bei den Simulationen der Einzelspalte sollen die experimentellen Untersu-chungen den Einfluss des Spurabstandes und der Länge der Wände ermitteln. Die Ein-dringversuche erfolgen an rechteckigen Platten mit einer Dicke von 5 mm. Die Fläche ist mit 8 × 6 vollständigen Feldern eines Schachbrettmusters gefüllt und von unvoll-ständigen Feldern und einem massiven Rand umgeben. Die Abbildung 6.17 zeigt die Proben mit den untersuchten Größen des Musters. Die Schachbrettfelder haben eine Kantenlänge und damit auch eine Wandlänge von $l_{\text{Spalt}} = 3$ mm, 5 mm und 7 mm. Die untersuchten Spurabstände betragen $h_{\text{s}} = 130$ mm bis 200 mm.

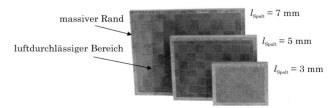

massiver Rand

luftdurchlässiger Bereich

$l_{\text{Spalt}} = 7$ mm

$l_{\text{Spalt}} = 5$ mm

$l_{\text{Spalt}} = 3$ mm

Abbildung 6.17.: Proben für die Untersuchung mit einem stumpfen Eindringkörper (hergestellt mit den Parametern in Tab. 4.2)

Die Eindringversuche erfolgen auf einer einachsigen Zwick Z100 Prüfmaschine. Das Kraftmesssystem hat einen Messbereich bis 10 kN und entspricht der ISO7500 Klasse 1 mit einer sicheren Krafterfassung bis zu 1/500 des Messbereichs [19]. Die laseradditiv ge-fertigten Probekörper aus Abbildung 6.17 liegen auf einer festen und fettfreien Unterla-ge. Die Maschine drückt als Prüfkörper eine geschliffene Kugel mit einem Durchmesser von 5 mm jeweils in die Mitte eines Quadrats der Parkettierung der Mesostruktur. Der kleine Kugeldurchmesser von 5 mm ermöglicht es auch bei nur 3 mm großen Quadra-ten, die Belastung gezielt auf ein Feld aufzubringen. Wie bereits schon bei den Simu-lationen im vorangegangenen Kapitel wurde dieser Ort gewählt, da er den geringsten Widerstand gegen mechanische Belastungen aufweist. Da in Abbildung 6.8 zwei unter-schiedliche Versagensmuster identifiziert wurden, die sich durch die Relativbewegung zwischen der Wand und dem Eindringkörper unterscheiden, erfolgen die Untersuchun-gen jeweils in gefettetem und fettfreiem Zustand. Dies ermöglicht es, den Einfluss des Kontakts zwischen Prüfkörper und Probe zu bestimmen.

6.4.2. Identifizierung der Merkmale für ein Versagen der luftdurchlässigen Struktur

Nachdem im vorangegangenen Abschnitt ein geeignetes Prüfverfahren für die Belastung der luftdurchlässigen Struktur entwickelt wurde, stellt sich nun die Frage nach dem

Verformungsverhalten und wie hieraus ein Kriterium für die Robustheit des Materials gegen mechanische Belastungen abgeleitet werden kann.

Abbildung 6.18 zeigt beispielhaft den Kraft/Weg-Verlauf der Belastung eines 5 mm großen Schachbrettfeldes mit einem Spurabstand $h_s = 150\,\mu m$ durch eine ungefettete Kugel mit 5 mm Durchmesser. Die Eindringtiefe entspricht dem Verfahrweg der Prüfmaschine ab dem ersten Kontakt zwischen der Kugel und der Probe. Der Verlauf von aufgebrachter Kraft und Eindringtiefe zeigt zunächst im Abschnitt I nur einen flachen Anstieg, bei dem eine geringe Kraft bereits zu einer großen Eindringtiefe führt. Nach dieser Phase nimmt die Steigung zu und es folgt ein nahezu lineare Abschnitt II. Dieser endet in dem Plateau in Abschnitt III, bei dem sich die Eindringtiefe weiter erhöht, während gleichzeitig die Kraft stagniert oder sogar abnimmt.

Die Kraft an dem Wendepunkt des Kraft/Weg-Verlaufs, an dem quasi-lineare Steigung des Abschnitts II endet und das Plateau beginnt, wird als Plateaukraft F_{Plt} definiert. Das Ende des Plateaus wird durch einen lokales Minimum oder einen Sattelpunkt angezeigt, welcher die Kraft F_S definiert. Ab diesem Punkt steigt der Kraft/Weg-Verlauf im Abschnitt IV wieder kontinuierlich an, bis zum Ende des Versuchs bei einer Kraft von $F_{HB5/125} = 1226\,N$, welche einer Härteprüfung nach Brinell HB5/125 [2] entspricht.

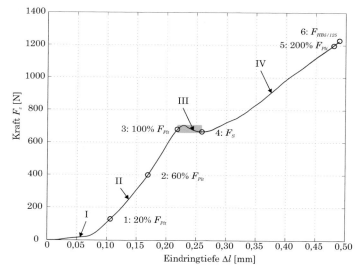

Abbildung 6.18.: Exemplarischer Kraft/Weg-Verlauf bei Belastung der Struktur mit 5 mm langen Wänden und 150 μm Spurabstand mit einer 5 mm Kugel (hergestellt mit den Parametern in Tab. 4.2)

Die Vorgänge in den einzelnen Abschnitten in den Kraft/Weg-Verläufen sind für die Beurteilung der Robustheit der Struktur von Bedeutung. Für die weitere Untersuchung des Verformungsverhaltens werden in den einzelnen Abschnitten insgesamt sechs charakteristische Punkte definiert, die in Abbildung 6.18 eingezeichnet sind. Neben dem Beginn und dem Ende des Plateaus bei F_{Plt} bzw. F_S sind dies die Punkte bei 20 %,

60 % und 200 % der Plateaukraft F_{Plt} sowie eine Kraft von $F_{\text{HB5/125}} = 1226\,\text{N}$ für die Härteprüfung nach Brinell HB5/125 [2]. Für die Beurteilung der Vorgänge während der Belastung wird für jeden der sechs Punkte jeweils ein Schachbrettfeld bis zu dieser Kraft belastet und die resultierende bleibende Verformung untersucht. Tabelle 6.1 zeigt die Oberflächen von Proben mit einer Größe der Schachbrettfelder von $l_{\text{Spalt}} = 3\,\text{mm}$, 5 mm und 7 mm und einem Spurabstand von $h_{\text{s}} = 170\,\mu\text{m}$. Im Anhang B.2 findet sich die Tabelle mit den Abbildungen der Schachbrettfelder mit einem Spurabstand von $h_{\text{s}} = 200\,\mu\text{m}$. Diese zeigen ein vergleichbares Verhalten.

Die Auswertung der Abbildungen in Tabelle 6.1 und der Vergleich mit den Abschnitten des Kraft/Weg-Verlaufs in Abbildung 6.18 erlaubt es, die Vorgänge beim Eindringversuch zu beschreiben. In dem Abschnitt I des Kraft/Weg-Verlaufs in Abbildung 6.18 findet ein Setzen statt, welches auch von Druckversuchen mit porösen Werkstoffen bekannt ist [13]. Hierbei drückt der Prüfkörper zunächst die Probe auf die Unterlage der Prüfmaschine und schließt so kleine Spalte. Nur einzelne Rauheitsspitzen auf beiden Seiten der Probe haben Kontakt mit der Kugel beziehungsweise mit der Unterlage. Die geringe Kontaktfläche führt zu hohen Spannungen in den Rauheitsspitzen. In dem Kraft/Weg-Verlauf zeichnet sich dieser Abschnitt durch eine geringe Steigung aus und die Abbildungen der Probenoberflächen nach der Belastung bis zum Punkt 1 mit 20 % F_{Plt} zeigen kaum Veränderungen an der Probe. Dieser Abschnitt endet, wenn sich die Spitzen durch plastische Verformung geglättet haben und die Belastung nicht mehr isoliert auf wenige exponierte Stellen wirkt. Die Kraft verteilt sich nun gleichmäßiger auf die Struktur. Im weiteren Verlauf der Belastung ist die Verformung weitgehend elastisch und der Kraft/Weg-Verlauf ist im Abschnitt II linear. Dies bestätigt sich durch den Vergleich der Aufnahmen der Oberflächen nach einer Belastung mit 60 % der Plateaukraft F_{Plt}. Die Struktur zeigt keine bleibende makroskopische Deformation und lediglich die Kontaktflächen zwischen Kugel und Probe haben sich durch plastische Verformungen vergrößert, was beispielsweise bei den Strukturen an Punkt 2 in Tabelle 6.1 an einzelnen blanken Stellen erkennbar ist. Erst in der Plateauphase beginnt sich die Struktur dauerhaft zu verformen. Sind bei den Abbildungen von Punkt 3 in Tabelle 6.1 nach einer Belastung bis zu der Plateaukraft F_{Plt} nur leichte Deformationen bei einem Spurabstand von $h_{\text{s}} = 170\,\mu\text{m}$ erkennbar, so ist am Ende des Plateaubereichs bei Punkt 4 die luftdurchlässige Struktur deutlich verformt. Während der Plateauphase findet ein Knicken und Beulen der Wände statt, was auch in den Aufnahmen in Tabelle 6.1 erkennbar ist. Dieses seitliche Ausweichen der Wände hat zur Folge, dass der Prüfkörper ohne eine zusätzliche Kraft weiter in die Probe eindringen kann. Die Deformation der Wände stellt dabei einen neuen, stabilen Gleichgewichtszustand ein. Im folgenden Abschnitt IV kann die Kugel die Struktur ohne weiteres Knicken zusammendrücken. Die Wände haben durch den enge Verbund mit den benachbarten Wänden sowie die Einbindung in die Schachbrettstruktur nur begrenzt Platz, um der Belastung weiterhin seitlich auszuweichen. In den Aufnahmen der Punkte 5 und 6 in Tabelle 6.1 ist zu erkennen, dass die Wände dauerhaft Kontakt haben und sich gegenseitig stützen. Dieser Kontakt sorgt dafür, dass der Kraft/Weg-Verlauf in Abschnitt IV wieder nahezu linear verläuft, allerdings mit einer geringeren Steifigkeit als vor dem Plateau.

Der Verlauf der Kraft über die Eindringtiefe in Abbildung 6.18 und die Abbildungen in Tabelle 6.1 geben Aufschluss über die Widerstandsfähigkeit der laseradditiv gefertigten, luftdurchlässigen Strukturen. Bis zum Beginn des Plateaus ist keine ma-

Tabelle 6.1.: Verformung der luftdurchlässigen Struktur exemplarisch gezeigt an Proben mit dem Spurabstand $h_s = 170\,\mu$m und den Spaltlängen $l_{\text{Spalt}} = 3\,$mm, $5\,$mm und $7\,$mm nach der Belastung mit einer Kugel mit $5\,$mm Durchmesser (hergestellt mit den Parametern in Tab. 4.2)

	$l_{\text{Spalt}} = 3\,$mm	$l_{\text{Spalt}} = 5\,$mm	$l_{\text{Spalt}} = 7\,$mm
1: $20\,\%\ F_{\text{Plt}}$	1mm	2mm	3mm
2: $60\,\%\ F_{\text{Plt}}$	1mm	2mm	3mm
3: $100\,\%\ F_{\text{Plt}}$	1mm	2mm	3mm
4: F_{S}	1mm	2mm	3mm
5: $200\,\%\ F_{\text{Plt}}$	1mm	2mm	3mm
6: $F_{\text{HB5/125}}$	1mm	2mm	3mm

kroskopische plastische Deformation der Struktur erkennbar, sondern lediglich lokale Verformungen, die die Funktion des Materials nicht beeinträchtigen. Oberhalb des Plateaus ist die Struktur dauerhaft verändert. Daher markiert der Beginn des Plateaus die Belastungsgrenze des luftdurchlässigen Materials.

Die Plateaukraft ist phänomenologisch durch das instabile Verhalten der Wände unter einer Druckbelastung gekennzeichnet. Bereits die Simulation der seitlichen Kräfte auf die Wände hat gezeigt, dass das Verhalten der Struktur von den Abmessungen der Spalte abhängig ist. Anhand der Ergebnisse wird angenommen, dass auch bei Druckbelastungen auf die Bauteiloberfläche die Wände mit schmalen Spalten stabiler sind. Zum einen wird bei einem geringen Spurabstand die Last auf mehr Wände verteilt, was die Belastung jeder einzelnen Wand reduziert, zum anderen führen die in Kapitel 4.2.2 beschriebenen Verbindungen zwischen benachbarten Wänden bei kleinen Spurabständen zu einer weiteren Stabilisierung der Struktur. Die Abbildung 6.19(a) zeigt das Kraft/Weg-Diagramm des Eindringversuchs in eine Probe mit 3 mm großen Schachbrettfeldern. Der Verlauf weist kein ausgeprägtes Plateau auf, sondern lediglich eine Veränderung der Steigung zwischen $F = 2500\,\mathrm{N}$ und $3000\,\mathrm{N}$. In Abbildung 6.19(b) sind die Oberflächen von zwei Proben dargestellt, die bis zum Punkt 6 bei $F_{\mathrm{HB5/125}} = 1226\,\mathrm{N}$ und bis zu einer Kraft $F = 5500\,\mathrm{N}$, welche oberhalb des Wendepunkts in der Steigung liegt, belastet wurden. Die Struktur zeigt unterhalb des Wendepunkts den Eindruck der Kugel, ohne dass die Wände ein Anzeichen von Knicken oder Beulen aufweisen. Oberhalb des Wendepunkts ist eine leichte seitliche Verschiebung der Wände erkennbar, welche allerdings deutlich geringer ausgeprägt ist als bei den Proben in Tabelle 6.1. Bei den Proben in Abbildung 6.19 zeigt bis zu der Kraft $F_{\mathrm{HB5/125}}$ ein quasi-lineares Verhalten und auch danach kein ausgeprägtes Plateau welches auf ein Versagen durch Knicken hindeutet. In diesen Fällen kann nur der lineare Bereich in Abschnitt II ausgewertet werden.

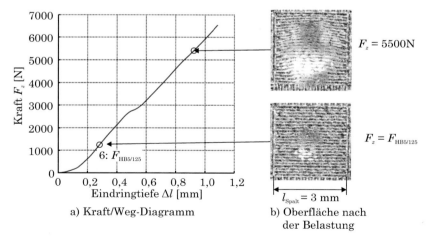

a) Kraft/Weg-Diagramm

b) Oberfläche nach der Belastung

Abbildung 6.19.: Kraft/Weg-Diagramm und Oberflächen von Proben mit 3 mm großen Schachbrettfelder und einem Spurabstand $h_{\mathrm{s}} = 130\,\mu\mathrm{m}$ nach der Belastung (hergestellt mit den Parametern in Tab. 4.2)

Dieser Abschnitt II liefert Erkenntnisse über die Robustheit der Struktur bevor es zu einem makroskopischen Versagen kommt. Die Werkstoffkunde bezeichnet den Widerstand des Materials gegen das Eindringen eines Körpers als Härte. Als Maß für die Härte H wird hier das Verhältnis

$$H = \frac{F_z}{A} \tag{6.6}$$

zwischen Kraft F_z und der Eindruckfläche A verwendet [18]. Durch die lamellenartige Struktur der Probenoberfläche ist es schwierig, die Fläche des Eindrucks nach der Belastung der Proben eindeutig zu bestimmen, da dieser, wie die Abbildung 6.19(b) zeigt, nicht scharf abgegrenzt ist. Mit dieser Methode ist es auch nur indirekt möglich, die elastischen Anteile der Verformung zu identifizieren, da der Abdruck aus der plastischen Verformung resultiert. Die Fläche A in Gleichung 6.6 wird daher, wie in Abbildung 6.20 skizziert, mit dem Satz des Pythagoras aus der Eindrucktiefe h_{Eindruck} während der Belastung und dem Kugeldurchmesser r_{Kugel} berechnet.

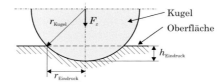

Abbildung 6.20.: Projizierte Fläche der Kugel bei den Eindringversuchen

Die Positionsänderung während des Setzens in Abschnitt I des Kraft/Weg-Verlaufs ist nicht repräsentativ für das Materialverhalten der Probe, sondern wird zusätzlich durch weitere Einflüsse des Messaufbaus bestimmt. Die Eindrucktiefe h_{Eindruck} wird daher aus dem quasi-elastischen Abschnitt II des Kraft/Weg-Verlaufs zwischen dem initialen Setzen des Prüfaufbaus und der Plateaukraft berechnet. Wie in Abbildung 6.21 gezeigt, wird die Eindrucktiefe h_{Eindruck} durch Verlängern des quasi-elastischen Bereichs bis zum unbelasteten Zustand ermittelt. Mit der so bestimmten Eindrucktiefe wird die Fläche des Eindrucks der Kugel berechnet und mit Gleichung 6.6 die daraus resultierende Härte des luftdurchlässigen Materials bestimmt.

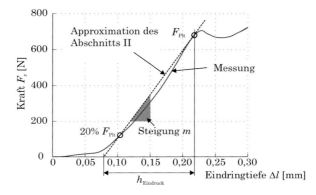

Abbildung 6.21.: Ermittlung der Eindrucktiefe aus dem Kraft/Weg-Verlauf am Beispiel der Abbildung 6.18

Mit der Plateaukraft und der instrumentierten Härte sind zwei Kennwerte entwickelt worden, die sowohl das Versagen des Materials als auch das elastische Verhalten beschreiben. Im Folgenden werden Proben aus laseradditiv gefertigtem, luftdurchlässigem Material mit unterschiedlichen Spurabständen h_{s} und Spaltlängen l_{Spalt} untersucht, um über diese Experimente den Einfluss der Mesostruktur auf die Robustheit zu bestimmen.

6.4.3. Einfluss der Mesostruktur und der Kontaktfläche auf die Robustheit der Struktur

Die Robustheit der Struktur zeichnet sich dadurch aus, dass sie sich unter mechanischen Belastungen nicht oder nur wenig verändert. Für robuste, laseradditiv gefertigte, luftdurchlässige Mesostrukturen bedeutet dies, dass eine möglichst hohe Plateaukraft gewünscht ist, da diese die Belastung beschreibt, bei der die Struktur durch plastische Verformung zerstört wird und dass das Material einen hohen Widerstand gegen das Eindringen von Körpern in die Oberfläche bietet.

Mit Hinblick auf diese beiden Kennwerte werden Proben mit Spurabständen von $h_{\mathrm{s}} = 130\,\mu\mathrm{m}$ bis $200\,\mu\mathrm{m}$ und den Spaltlängen $l_{\mathrm{Spalt}} = 3\,\mathrm{mm}$, $5\,\mathrm{mm}$ und $7\,\mathrm{mm}$ untersucht. In Abschnitt 6.2.2.2 wurden zwei unterschiedliche Versagensmechanismen beschrieben, die sich in der Relativbewegung der Wände über die Oberfläche des Eindringkörpers unterscheiden. Um den Einfluss dieser beiden Versagensarten auf die Robustheit zu untersuchen, wird bei den Experimenten versucht, diese gezielt herbeizuführen, indem die Versuche sowohl mit geschmierter als auch mit fettfreier Kontaktfläche durchgeführt werden. Härte und Plateaukraft werden jeweils an fünf verschiedenen Feldern einer Probe bestimmt. Abbildung 6.22 zeigt die gemessenen Plateaukräfte bei $5\,\mathrm{mm}$ großen Schachbrettfeldern in fettfreiem und geschmiertem Zustand. Die Plateaukraft F_{Plt} ist die Belastung, bei der die Struktur durch Knicken der Wände zerstört wird. Bei einem Spurabstand $h_{\mathrm{s}} = 130\,\mu\mathrm{m}$ kann nur bei wenigen Proben ein Versagen durch Knicken beobachtet werden, daher liegen hier nur vereinzelte Messwerte für die Plateaukräfte vor.

Durch die Schmierung der Kontaktfläche ist ein Haften der Wände an der Oberfläche des Eindringkörpers ebenso wenig ausgeschlossen, wie ein Gleiten der Wände über die Kugel bei einem fettfreien Kontakt. Daher können trotz der unterschiedlichen Kontaktbedingungen beide Verformungsarten auftreten und lediglich eine Form wird bevorzugt. Von den Eulerschen Knickfällen ist bekannt, dass bei diesen die Belastbarkeit der schlanken Stäbe deutlich von der Bewegungsmöglichkeit der Enden abhängt [6, 7]. Bei den Druckversuchen führt dies, wie in Abbildung 6.22 zu erkennen ist, zu einer großen Streuung der Plateaukraft F_{Plt}. Die Verteilung der Messwerte in Abbildung 6.22 ist repräsentativ für die Ergebnisse der Untersuchungen mit luftdurchlässigen Strukturen mit einer Schachbrettfeldgröße von $3\times3\,\mathrm{mm}$ bis $7\times7\,\mathrm{mm}$. Die mittleren Plateaukräfte und die Standardabweichungen der Versuche sind in Abbildung 6.23 für den fettfreien und den geschmierten Kontakt zwischen dem Prüfkörper und der Probe angegeben. Die Werte für einen Spurabstand $h_{\mathrm{s}} = 130\,\mu\mathrm{m}$ sind in der Abbildung nicht enthalten, da keine ausreichende Anzahl an Proben durch Knicken versagt haben und die geringe Anzahl die Darstellung verzerren würde.

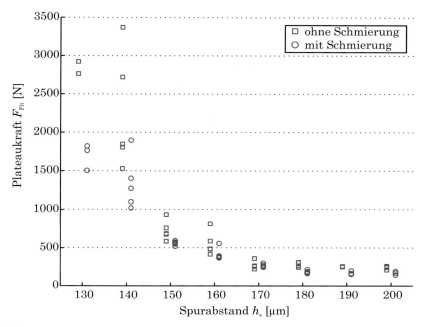

Abbildung 6.22.: Plateaukräfte F_{Plt} bei 5 mm großen Schachbrettfeldern in fettfreiem und geschmiertem Zustand (hergestellt mit den Parametern in Tab. 4.2)

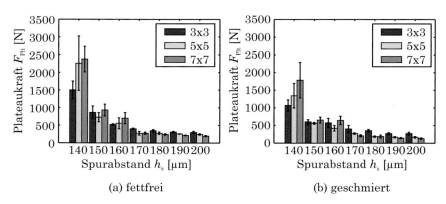

(a) fettfrei
(b) geschmiert

Abbildung 6.23.: Belastungsgrenzen des Materials bei fettfreiem und geschmiertem Kontakt (hergestellt mit den Parametern in Tab. 4.2)

Der Vergleich der beiden Graphen in Abbildung 6.23 zeigt, dass bei einem gefette-
ten Prüfkörper die Plateaukraft niedriger ist. Dies deckt sich mit den vorangegangenen Überlegungen zu der Belastbarkeit bei den unterschiedlichen Versagensarten. Der
Schmierfilm zwischen den Wänden der luftdurchlässigen Struktur und dem Prüfkörper
reduziert die Haftreibung und fördert so die Relativbewegung zwischen den Reibpart-
nern. Dadurch wird die Belastungssituation begünstigt, die bei den Eulerschen Knickfällen nur $1/8$ der Knicklast aufnehmen kann und die Struktur versagt früher [6, 7].

Auch wenn die Graphen in Abbildung 6.23 teilweise einen deutlichen Unterschied zwischen den mittleren Plateaukräften der unterschiedlichen Schachbrettfeldgrößen zeigen,
so ist hierbei auch die Standardabweichung zu beachten. Durch die große Streuung der
Werte ist nicht auszuschließen, dass die beobachteten Unterschiede zufällig sind. Ein
Vergleich der Standardabweichungen zeigt, dass diese bei größeren Spurabständen geringer sind. Wie bereits in Abbildung 4.7 dargestellt, nimmt mit steigendem Spurabstand die Anzahl der zufälligen Verbindungen zwischen den Wänden ab. Die Anzahl
und Stabilität dieser Verbindungen an dem Ort des Eindringversuchs beeinflusst sicherlich die Höhe der Plateaukraft und erhöht so die Streuung der Kraft, bei der die
Struktur versagt. Bei den Spurabständen, bei denen die Streuung nur gering ist, ist
auch der Unterschied zwischen den Schachbrettfeldgrößen geringer. Anders als bei der
Simulation der seitlichen Belastung einer einzelnen Wand in Abschnitt 6.3 hat die Länge der Wände bei der Belastung der Oberfläche der luftdurchlässigen Struktur nur einen
geringen Einfluss auf die Plateaukraft bei der die Struktur versagt.

Die Plateaukraft des luftdurchlässigen Materials hat einen deutlichen Unterschied zwischen fettfreiem und geschmiertem Kontakt gezeigt. Der Kraft/Weg-Verlauf der instrumentierten Eindringprüfung gibt Aufschluss darüber, ob dies auch bei dem Verhalten
vor dem Versagen der Fall ist. Abbildung 6.24 zeigt exemplarisch den Verlauf der mittleren Härten bei 5 mm großen Schachbrettfeldern. Die instrumentierte Härte ist bei den
fettfreien Proben nicht signifikant höher als bei den geschmierten.

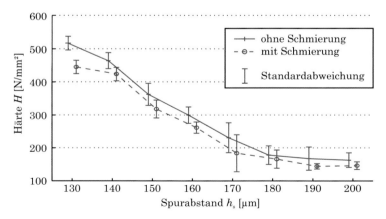

Abbildung 6.24.: Instrumentierte Härte bei 5 mm großen Schachbrettfeldern in fettfreiem und geschmiertem Zustand (hergestellt mit den Parametern in
Tab. 4.2)

Die Ergebnisse der Härtemessungen bei Proben mit unterschiedlich großen Schachbrettfeldern, mit Spurabständen von 130 μm bis 200 μm und in fettfreiem und geschmiertem Zustand sind in den beiden Graphen in Abbildung 6.25 zusammengefasst.

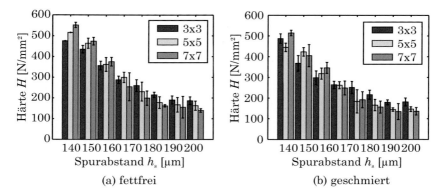

(a) fettfrei   (b) geschmiert

Abbildung 6.25.: Instrumentierte Härte des Materials bei fettfreiem und geschmiertem Kontakt (hergestellt mit den Parametern in Tab. 4.2)

Der Widerstand gegen das Eindringen eines Prüfkörpers im elastischen Bereich ist im Wesentlichen von dem Spurabstand h_s abhängig. Die gemessene Härte nimmt mit steigendem Spurabstand ab, allerdings deutet der Vergleich zwischen den Plateaukräften in Abbildung 6.23 und der Härte in Abbildung 6.25 auf unterschiedliche Ursachen hin. Der Verlauf der Plateaukräfte über dem Spurabstand in Abbildung 6.23 korreliert mit dem Verlauf der Verbindungen zwischen den Schmelzspuren in Abbildung 4.7. Diese Querverbindungen zwischen den Wänden scheinen die Stabilität der Struktur zu erhöhen und sie versagt erst bei höheren Belastungen durch Knicken. Der Verlauf der Härte in Abbildung 6.25 zeigt diesen deutlichen Abfall der Werte nicht, sondern die Härte sinkt kontinuierlich mit steigendem Spurabstand. Daraus kann geschlossen werden, dass die Verbindungen für den elastischen Widerstand von geringer Bedeutung sind. Ein weiterer Unterschied zwischen der Plateaukraft und der Härte ist, dass der Schmierzustand keinen signifikanten Einfluss auf die Härte hat. Das fettfreie und geschmierte Material scheint sich bis zum Versagen ähnlich zu verhalten und nur die Belastung, bei der dies geschieht, wird durch den Schmierzustand der Kontaktfläche mitbestimmt.

6.5. Zusammenfassung der mechanischen Robustheit und ihre industrielle Relevanz

Die Beurteilung der Eignung für den industriellen Einsatz erfolgt auf Basis der Untersuchung der Mikrohärte des Materials, der Simulationen der seitlichen Belastung einzelner Wände und der instrumentierten Eindringprüfung auf einem Feld der luftdurchlässigen Struktur in fettfreiem und geschmiertem Zustand. Hierzu werden kurz die Ergebnisse der vorangegangenen Abschnitte zusammengefasst und hieraus Empfehlungen für die Gestaltung von luftdurchlässigen Strukturen für eine konkrete Anwendung abgeleitet.

Die Untersuchung der Mikrohärte hat gezeigt, dass das laseradditiv gefertigte Material in den Wänden der luftdurchlässigen Struktur die gleichen Eigenschaften besitzt, wie laseradditiv gefertigtes Vollmaterial. Unterschiede in der Reaktion des Materials auf mechanische Belastungen ergeben sich daher nicht aus den Eigenschaften des Werkstoffs, sondern aus der gewählten Struktur, mit der das luftdurchlässige Material aufgebaut wird, und der Belastungsart.

Eine seitliche Kraft auf die Wände der luftdurchlässigen Struktur führt in der Simulation zu Spannungen an der Verbindung mit der im rechten Winkel verlaufenden Wand des benachbarten Feldes und zum Kontakt der Wand mit den benachbarten Wänden. Dieses Zusammendrücken der Wände erhöht die Steifigkeit der Struktur und reduziert sowohl die Spannungen an den Enden als auch die Auslenkung der belasteten Wand. Ein geringer Spurabstand und eine kleine Länge der Wände wirken sich positiv auf die Auslenkung der Wände aus.

Bei der experimentellen Untersuchung der Robustheit der Struktur gegen eine Druckbelastung der Oberfläche wurden zwei Kennwerte ermittelt. Dies ist zum einen der Widerstand gegen das Eindringen eines Prüfkörpers, welcher durch den Härtewert beschrieben wird. Dieser wird mit einer instrumentierten Eindringprüfung im quasi-elastischen Bereich gewonnenen und nur der Spurabstand hat einen signifikanten Einfluss auf die Härte. Zum anderen ist dies die Plateaukraft, die das Versagen der Struktur markiert. Dieses Versagen zeigt sich im Kraft/Weg-Verlauf als Plateau, bei dem der Prüfkörper ohne wesentliche Änderung der Kraft weiter in die Probe eindringt. Auch hier hat der Spurabstand den größten Einfluss und insbesondere Proben mit einem Spurabstand $h_s \leq 140\,\mu m$ erreichen hohe Plateaukräfte. Neben dem Spurabstand hat auch der Zustand der Kontaktfläche zwischen der luftdurchlässigen Struktur und dem Eindringkörper einen Einfluss auf die Plateaukraft. Die Experimente haben ergeben, dass bei einer geschmierten Kontaktfläche die Plateaukraft geringer ist. Für die industrielle Anwendung bedeutet dies, dass die Belastbarkeit in trockenem Zustand und bei rauen Kontaktflächen höher ist als bei glatten und geschmierten Kontaktflächen. Erfolgt die Belastung durch eine viskose Flüssigkeit oder Paste, so kann sich das Ende der Wände der Struktur ebenfalls frei bewegen und es ist eine geringere Belastbarkeit zu erwarten. Dieser Fall liegt beispielsweise bei dem Druck vor, den die Kunststoffschmelze im Spritzgießprozess auf die Wände von Spritzgießwerkzeugen ausübt. Insgesamt weist die Plateaukraft eine deutliche Streuung auf, was mit einem entsprechend hohen Sicherheitsbeiwert für die Druckbelastung der Struktur berücksichtigt werden sollte.

Bei der Entwicklung eines industriellen Systems mit luftdurchlässigen Strukturen ist es die Aufgabe des Konstrukteurs, ausgehend von den möglichen Belastungssituationen der jeweiligen Anwendung ein geeignetes luftdurchlässiges Material auszuwählen, dieses zu platzieren und auszurichten. In diesem Prozess steht zunächst die Auswahl der Bereiche des Bauteils an, in denen das luftdurchlässige Material eingesetzt werden soll. Allgemein ist dieses Material schwächer als Vollmaterial, daher sollten Zonen mit hohen Belastungen und mit seitlich angreifenden Kräften auf die Wände gemieden werden. Ist der Einsatz in diesen Bereichen erforderlich, sollte das luftdurchlässige Material mit einer Deckschicht versehen oder gezielt mit Stegen aus Vollmaterial verstärkt werden. Um die Belastbarkeit der Mesostruktur zu erhöhen, kann die Belichtungsstrategie so verändert werden, dass sich beispielsweise durch einzelne kreuzende Schmelzspuren die

Anzahl an Verbindungen über die Spalte erhöht.

Aus den Ergebnissen ergibt sich der Raum für die Gestaltung einer geeigneten Struktur, der in Abbildung 6.26 skizziert ist. Die Simulationen und Experimente haben gezeigt, dass sowohl Länge der Wände als auch der Abstand zwischen den Wänden einen Einfluss auf die Robustheit der Struktur haben. Ein geringer Spurabstand wirkt sich positiv auf die Stabilität der Wände aus. Besonders die geringen Spurabstände von 130 μm und 140 μm haben in der Simulation eine geringe Auslenkung und Spannung gezeigt und in den Experimenten eine hohe Plateaukraft und Härte. Dies deckt sich mit Erkenntnissen aus Abschnitt 4.2.2 über die Anzahl der Verbindungen zwischen den Wänden bei unterschiedlichen Spurabständen. Durch diese Verbindungen stabilisieren sich die Wände gegenseitig und neigen weniger zum Beulen und seitlichen Deformationen. Für den Konstrukteur ergibt sich hieraus die Empfehlung, für eine robuste Struktur den kleinsten Spurabstand zu wählen, der unter Berücksichtigung der anderen Anforderungen an die Struktur möglich ist. Für die Länge der Wände haben die Experimente, bei denen die Struktur auf Druck belastet wurde, keinen signifikanten Einfluss gezeigt. Allerdings haben die Simulationen der seitlichen Belastung einer einzelnen Wand ergeben, dass lange Wände deutlich stärker ausgelenkt werden, während bei kurzen Wänden die zulässige Spannung früher überschritten wird. Bei Anwendungen, in denen ein lokales Überschreiten der zulässigen Spaltbreite zum Versagen des Bauteils führt, wie bei dem Werkzeugeinsatz in Abbildung 6.6 demonstriert, sind daher kürzere Wände zu bevorzugen. Haben vereinzelte größere Spalte keinen Einfluss oder erfolgt die Verformung einheitlich in eine Richtung, so können längere Wände gewählt werden, um die Spannungen in der Struktur zu reduzieren.

Zusammenfassend lassen sich aus Sicht der mechanischen Belastbarkeit folgende Konstruktionshinweise ableiten: Für laseradditiv gefertigte, luftdurchlässige Mesostrukturen, die mechanisch belastet werden, sollte ein möglichst kleiner Spurabstand gewählt werden. Wenn seitliche Belastungen auf die Wände auftreten können und die Spaltbreite für die Funktion des Bauteils von Bedeutung ist, dann sollte zusätzlich eine kurze Wandlänge verwendet werden. Entsprechend sind Mesostrukturen mit großen Spurabständen und Wandlängen wenig geeignet für Einsatzgebiete mit mechanischen Belastungen.

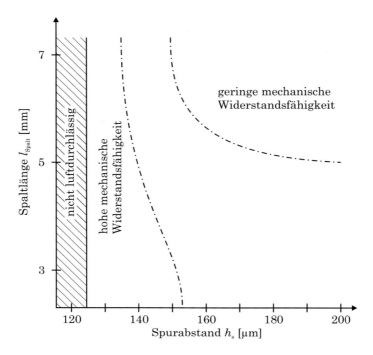

Abbildung 6.26.: Eignung der laseradditiv gefertigten, luftdurchlässigen Mesostrukturen in Hinblick auf die mechanische Widerstandsfähigkeit

Literaturverzeichnis

[1] PAHL, G. ; BEITZ, W. ; FELDHUSEN, J. ; GROTE, K.-H.: *Konstruktionslehre - Grundlagen erfolgreicher Produktentwicklung Methoden und Anwendung.* 7. Auflage. Berlin : Springer, 2007. – ISBN 978–3–540–34060–7

[2] WEISSBACH, W.: *Werkstoffkunde - Strukturen, Eigenschaften, Prüfungen.* 17. Auflage. Wiesbaden : Vieweg + Teubner, 2010. – ISBN 978–3–8348–0739–7

[3] CASAVOLA, C. ; CAMPANELLI, S.L. ; PAPPALETTERE, C.: Experimental Analysis of Residual Stresses in the Selective Laser Melting Process. In: *SEM XI International Congress & Exposition on Experimental & Applied Mechanics.* Orlando, FL : Society for Experimental Mechanics, Juni 2008

[4] MUNSCH, M.: *Reduzierung von Eigenspannungen und Verzug in der laseradditiven Fertigung.* 1. Auflage. Göttingen : Cuvillier, 2013 (Schriftenreihe Lasertechnik Bd. 6). – ISBN 978–3–95404–501–3. – zgl. Diss. TU Hamburg-Harburg

[5] CONCEPT LASER GMBH (Hrsg.): *Prozessrichtlinien LaserCUSING.* Lichtenfels, August 2007. – Firmenschrift

[6] MAGNUS, K. ; MÜLLER, H.: *Grundlagen der Technischen Mechanik.* 6. Auflage. Stuttgart : B. G. Teubner, 1990 (Leitfäden der angewandten Mathematik und Mechanik Bd. 22). – ISBN 3–519–02371–7

[7] SCHNELL, W. ; GROSS, D. ; HAUGER, W.: *Technische Mechanik, 2 Elastostatik.* 6. Auflage. Berlin : Springer, 1998. – ISBN 3–540–64147–5

[8] BEITZ, W. (Hrsg.) ; GROTE, K.-H. (Hrsg.): *Dubbel - Taschenbuch für den Maschinenbau.* 20. Auflage. Berlin : Springer, 2001. – ISBN 3–540–67777–1

[9] KLAHN, C. ; BECHMANN, F. ; HOFMANN, S. ; DINKEL, M. ; EMMELMANN, C.: Laser Additive Manufacturing of Gas Permeable Structures. In: *Physics Procedia* 41 (2013), S. 866–873. – ISSN 1875–3892

[10] KLEIN, B.: *FEM: Grundlagen und Anwendungen der Finite-Element-Methode im Maschinen- und Fahrzeugbau.* 8. Auflage. Wiesbaden : Teubner+Vieweg, 2010. – ISBN 978–3–8348–0844–8

[11] WESTERMANN, T.: *Modellbildung und Simulation.* 1. Auflage. Heidelberg : Springer, 2010. – ISBN 978–3–642–05460–0

[12] VAJNA, S. ; WEBER, C. ; BLEY, H. ; ZEMAN, K. ; HEHENBERGER, P.: *CAx für Ingenieure - Eine praxisbezogene Einführung.* 2. Auflage. Berlin : Springer, 2009. – ISBN 978–3–540–36038–4

[13] Norm DIN 50134:2008-10 Oktober 2008. *Prüfung von metallischen Werkstoffen - Druckversuch an metallischen zellularen Werkstoffen*

[14] Norm DIN EN ISO 4498:2010-11 November 2010. *Sintermetalle, ausgenommen Hartmetalle - Bestimmung der Sinterhärte und der Mikrohärte*

[15] Norm DIN EN ISO 6507-1:2006-03 März 2006. *Metallische Werkstoffe - Härteprüfung nach Vickers - Teil 1: Prüfverfahren*

[16] Norm DIN EN ISO 6506-1:2006-03 März 2006. *Metallische Werkstoffe - Härteprüfung nach Brinell - Teil 1: Prüfverfahren*

[17] Norm DIN EN ISO 6508-1:2006-03 März 2006. *Metallische Werkstoffe - Härteprüfung nach Rockwell - Teil 1: Prüfverfahren (Skalen A, B, C, D, E, F, G, H, K, N, T)*

[18] HERRMANN, K. ; POLZIN, T. ; KOMPATSCHER, M. ; ULLNER, C. ; WEHRSTEDT, A.: *Härteprüfung an Metallen und Kunststoffen : Grundlagen und Überblick zu modernen Verfahren*. 1. Auflage. Renningen : Expert, 2007. – ISBN 978–3–8169–2550–7

[19] Norm-Entwurf DIN EN ISO 7500-1:2014 Mai 2014. *Metallische Werkstoffe - Prüfung von statischen einachsigen Prüfmaschinen - Teil 1: Zug- und Druckprüfmaschinen - Prüfung und Kalibrierung der Kraftmesseinrichtung*

7. Wärmetransport durch die luftdurchlässige Struktur

In vielen technischen Anwendungen ist, neben der Luftdurchlässigkeit und der mechanischen Belastbarkeit, auch der Wärmetransport durch das Material von Bedeutung für die Leistungsfähigkeit des Gesamtsystems. Ein Beispiel für solche Anwendungen ist die Verwendung der luftdurchlässigen Strukturen in Spritzgießwerkzeugen. Wie bereits in Abschnitt 2.3.2.1 beschrieben, bestimmen die Geschwindigkeit und die Gleichmäßigkeit des Wärmetransports die Wirtschaftlichkeit des Prozesses und die Qualität der hergestellten Produkte. In diesem Kapitel wird der Einfluss der Abmessungen der laseradditiv gefertigten, luftdurchlässigen Mesostrukturen auf die thermischen Eigenschaften untersucht und wie sich diese auf die Temperaturverteilung in einem Referenzmodell auswirken.

7.1. Wärmetransportmechanismen

Der Darstellung in der DIN 1341 folgend, kann Energie als Wärme auf verschiedene Arten in einem System und über Systemgrenzen hinweg übertragen werden [1]. Der Transport erfolgt immer irreversibel von einem System höherer Temperatur in ein System mit niedrigerer Temperatur. Auf Teilchenebene betrachtet ist die Temperatur ein Maß für die mittlere kinetische Energie der Moleküle in einem System. Je höher die Temperatur in einem System ist, desto schneller schwingen die Moleküle. Die Weitergabe der kinetischen Energie wird als Wärmetransport bezeichnet. Mit Wärmeleitung, Konvektion und Strahlung existieren drei verschiedene Übertragungsmechanismen. Diese sind in Abbildung 7.1 dargestellt. [1, 2]

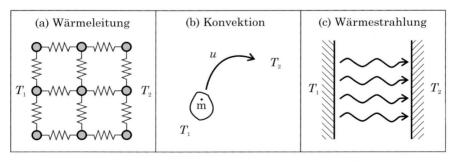

Abbildung 7.1.: Wärmeübertragungsmechanismen [2]

Wärmeleitung findet innerhalb und zwischen Festkörpern, Flüssigkeiten und Gasen statt. Die Teilchen regen benachbarte Teilchen direkt an und geben so die Energie weiter. Nach dem Fourierschen Gesetz für die Wärmeleitung

$$\dot{Q}_{\mathrm{L}} = -\lambda \cdot A \frac{\partial T}{\partial s} \tag{7.1}$$

ist in einem isotropen Körper der Wärmestrom $\dot{Q}_{\mathrm{L}}$ durch eine isotherme Fläche A in Richtung der Flächennormalen s proportional zum Temperaturgradienten [3]. Der Proportionalitätsfaktor der Gleichung ist die Wärmeleitfähigkeit λ des Materials bei der Temperatur T. [2, 4]

Für den eindimensionalen Fall der Wärmeleitung durch einen Körper mit der Querschnittfläche A von einem Punkt mit der Temperatur T_1 über die Länge l zu einem Punkt mit einer niedrigeren Temperatur T_2 gilt für den Wärmestrom

$$\dot{Q}_{\mathrm{L},12} = \lambda \cdot \frac{A}{l}(T_1 - T_2). \tag{7.2}$$

Die in dem Temperaturbereich konstanten Faktoren können zu einem Wärmeleitungskoeffizienten k zusammengefasst werden. Damit wird Gleichung 7.2 zu [5]

$$\dot{Q}_{\mathrm{L},12} = k(T_1 - T_2) \tag{7.3}$$

$$\text{mit } k = \lambda \cdot \frac{A}{l}. \tag{7.4}$$

Erfolgt der Wärmetransport nicht durch Anregung von benachbarten Teilchen, sondern wie in Abbildung 7.1(b) durch die Bewegung von angeregten Teilchen in einem fluiden Medium aus einem Bereich mit der Temperatur T_1 in eine kühlere Region mit der Temperatur T_2, so wird dies als Konvektion bezeichnet. Bei der freien Konvektion erfolgt der Transport durch die Brownsche Bewegung und Dichteunterschiede auf Grund von unterschiedlichen Temperaturen. Die Konvektion kann aber auch z.B. mit Lüftern oder Pumpen erzwungen werden. Der Wärmestrom durch Konvektion $\dot{Q}_{\mathrm{K}}$ von einer Wand mit der Fläche A und der Wandtemperatur T_{Wand} in ein kühleres, fluides Medium mit der Temperatur T_{Fluid} berechnet sich mit

$$\dot{Q}_{\mathrm{K}} = \alpha_{\mathrm{K}} \cdot A(T_{\mathrm{Wand}} - T_{\mathrm{Fluid}}). \tag{7.5}$$

Der Wärmeübergangskoeffizient α_{K} ist von einer Vielzahl von Faktoren abhängig und wird im Allgemeinen experimentell bestimmt. Neben der Wärmeleitfähigkeit und Viskosität des Fluids bestimmen Strömungsform, Geschwindigkeit, Wandgeometrie und Temperatur den Wärmeübergangskoeffizienten. [5, 6]

Die Wärmeübergangskoeffizienten α_{K} unterscheiden sich erheblich zwischen freier und erzwungener Konvektion. Beispielsweise beträgt der Übergangkoeffizient bei freier Konvektion von Luft an einer senkrechten Metallwand $\alpha_{\mathrm{K}} = 3{,}5 \frac{\mathrm{W}}{\mathrm{m^2\,K}}$ bis $35 \frac{\mathrm{W}}{\mathrm{m^2\,K}}$, bei erzwungener Konvektion erhöht sich der Übergangskoeffizient durch die schnellere Strömung auf $\alpha_{\mathrm{K}} = 59 \frac{\mathrm{W}}{\mathrm{m^2\,K}}$ bis $290 \frac{\mathrm{W}}{\mathrm{m^2\,K}}$ [5]. Dieses Beispiel zeigt deutlich den dominierenden Einfluss der Strömung auf die Konvektion. [5, 7]

Durch die Adhäsionskräfte zwischen dem Fluid und der Wand bildet sich in Wandnähe eine unbewegte Grenzschicht aus. Der Wärmetransport durch diese Schicht geschieht durch Wärmeleitung [2]. Die in Abbildung 7.2 dargestellte Dicke der Grenzschicht δ_T lässt sich mit

$$\delta_T \approx \frac{\lambda}{\alpha_{\mathrm{K}}} \tag{7.6}$$

abschätzen [8]. Die Wärmeleitfähigkeit von Luft beträgt $\lambda = 0{,}031\,62\,\frac{\mathrm{W}}{\mathrm{m\,K}}$. Für eine freie Konvektion, mit dem Wärmeübergangskoeffizienten $\alpha_{\mathrm{K}} = 35\,\frac{\mathrm{W}}{\mathrm{m^2\,K}}$ als worst-case-Abschätzung, beträgt die Dicke der Grenzschicht an einer Wand $\delta_T \approx 900\,\mu\mathrm{m}$ und liegt damit deutlich über der Spaltbreite von $b_{\mathrm{Spalt}} = 89{,}1\,\mu\mathrm{m}$ bei dem maximalen Spurabstand $h_{\mathrm{s}} = 200\,\mu\mathrm{m}$. Dies deckt sich mit den Aussagen von Häußler und Schlegel, dass in nicht durchströmten Dämmstoffen bis zu einem Porendurchmesser von 5 mm die freie Konvektion in dem Material vernachlässigbar ist [9, 10]. Aus diesen Gründen ist die Konvektion nur zu beachten, wenn Luft durch das Material strömt und damit eine erzwungene Konvektion vorliegt.

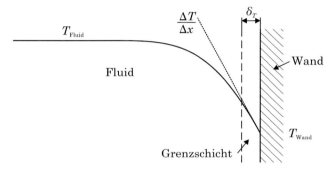

Abbildung 7.2.: Temperaturverlauf des konvektiven Wärmeübergangs mit Grenzschicht [2]

Die dritte Art des Wärmetransports ist die in Abbildung 7.1(c) dargestellte Energie-übertragung durch Wärmestrahlung. Von jedem Körper mit einer Temperatur oberhalb des absoluten Nullpunkts von 0 K werden elektromagnetische Wellen emittiert, die von einem zweiten Körper absorbiert werden können. Im Gegensatz zu Wärmeleitung und Konvektion ist hierbei keine Materie zwischen den Körpern erforderlich. Das Emissions- und Absorptionsverhalten wird durch drei idealisierte Körper beschrieben, bei denen Absorption bzw. Reflexion unabhängig von der Wellenlänge der Strahlung sind. Soge-nannte schwarze Körper absorbieren einfallende Strahlung vollständig. Weiße Körper reflektieren die Strahlung an ihrer Oberfläche vollständig in die Umgebung. Graue Kör-per absorbieren nur einen Teil der Strahlung und reflektieren den Rest. Der Absorp-tionskoeffizient α beschreibt das Verhältnis der absorbierten Strahlungsleistung eines Körpers zu der absorbierten Strahlungsleistung eines schwarzen Körpers. Der Emissi-onskoeffizient ϵ ist das Verhältnis der emittierten Leistung bezogen auf die Emission eines schwarzen Körpers. Mit einem Körper, dessen Absorptionskoeffizient α sich von seinem Emissionskoeffizient ϵ unterscheidet, kann ein Perpetuum Mobile zweiter Art konstruiert werden, welches dem zweiten Hauptsatz der Thermodynamik widerspricht [11]. In einem adiabaten System würde dieser Körper ein thermisches Gleichgewicht mit einem anderen Körper verlassen, da er eine andere Strahlungsleistung aufnimmt als er abgibt. Nach dem Kirchhoff'schen Strahlungsgesetz ist daher der Absorptionskoeffizient eines Körpers gleich seinem Emissionskoeffizient und es gilt [2, 5]

$$\epsilon = \alpha. \tag{7.7}$$

Im Folgenden wird daher nur noch der Emissionskoeffizient ϵ für die Energieübertragung durch Strahlung verwendet, unabhängig davon ob die Wärme von einem Körper aufgenommen oder abgegeben wird.

Der Emissionskoeffizient ist von dem Material und der Oberflächenbeschaffenheit abhängig. So hat beispielsweise ein hochglanzpolierter Stahl bei 450 K einen Emissionskoeffizienten $\epsilon = 0{,}052$. In oxidiertem Zustand steigt der Emissionskoeffizienten auf $\epsilon = 0{,}79$. [8]

Für die Berechnung der Wärmeübertragung durch Strahlung $\dot{Q}_S$ zwischen zwei Körpern werden die Emissionskoeffizienten ϵ der beiden Körper, die Ausrichtung der Oberflächen zueinander und die Stefan-Boltzmann-Konstante $\sigma = 5{,}67 \cdot 10^{-8} \frac{\mathrm{W\,K^4}}{\mathrm{m^3}}$ zu einer Strahlungsaustauschkonstanten C_{12} zusammengefasst. Für parallele Flächen in geringem Abstand, wie sie im luftdurchlässigen Material vorliegen, lautet die Strahlungsaustauschkonstante [1, 2]

$$C_{12} = \frac{\sigma}{\frac{1}{\epsilon_1} + \frac{1}{\epsilon_2} - 1}. \tag{7.8}$$

Mit der Strahlungsaustauschkonstanten C_{12} berechnet sich der Wärmestrom $\dot{Q}_S$ zwischen zwei gleich großen Flächen A mit

$$\dot{Q}_S = A \cdot C_{12} \cdot \left(T_1^4 - T_2^4 \right). \tag{7.9}$$

Da die Temperaturen der beiden Körper mit der vierten Potenz in Gleichung 7.9 eingehen, ist hier nicht nur, wie bei Wärmeleitung und Konvektion die Temperaturdifferenz, sondern auch die Höhe der Temperaturen zu beachten. Diese wird, wie im Formelverzeichnis angegeben, in Gleichung 7.9 in Kelvin eingesetzt. Die Strahlung dominiert daher vor allem bei hohen Temperaturen die Wärmeübertragung. Bei geringen Temperaturen wird Wärme zum Großteil durch Leitung und Konvektion übertragen [10]. Für die Abbildung der Strahlung in einem Finite Elemente Modell ist ein linearer Zusammenhang zwischen Wärmestrom und Temperaturdifferenz erforderlich. Die Linearisierung der Gleichung 7.9 erfolgt für einen Arbeitspunkt mit den Temperaturen $T_{1,\mathrm{AP}}$ und $T_{2,\mathrm{AP}}$. Durch Anwendung der binomischen Formeln auf den Temperaturterm wird der Wärmeübergangskoeffizient für die Strahlung α_S gebildet [2]:

$$\dot{Q}_S = A \cdot \alpha_S \cdot (T_1 - T_2) \tag{7.10}$$

$$\text{mit } \alpha_S = C_{12}(T_{1,\mathrm{AP}}^2 + T_{2,\mathrm{AP}}^2)(T_{1,\mathrm{AP}} + T_{2,\mathrm{AP}}) \tag{7.11}$$

Die drei beschriebenen Wärmetransportmechanismen können in einem System auftreten. Im Falle einer parallelen Anordnung addieren sich die Wärmeströme zu dem Gesamtwärmestrom

$$\dot{Q}_{\mathrm{Gesamt}} = \sum \dot{Q}_i = \dot{Q}_L + \dot{Q}_K + \dot{Q}_S. \tag{7.12}$$

Ein Beispiel für solch eine Anordnung ist der Wärmetransport von einem Festkörper in ein Fluid, bei dem alle drei Mechanismen auftreten.

Besteht das System aus mehreren Elementen mit unterschiedlichen thermischen Eigenschaften und Transportmechanismen, die in einer Reihe angeordnet sind, so ist der Wärmestrom $\dot{Q}_i$ durch jedes einzelne dieser Elemente gleich dem Gesamtwärmestrom

$$\dot{Q}_{\text{Gesamt}} = \dot{Q}_i. \tag{7.13}$$

Ein Beispiel für solch eine Reihenanordnung von verschiedenen Elementen ist der in Abbildung 7.3 dargestellte Wandaufbau aus drei Schichten mit unterschiedlichen Dicken l und Wärmeleitfähigkeiten λ. Ein ähnlicher schichtweiser Aufbau findet sich auch in den laseradditiv gefertigten, luftdurchlässigen Strukturen mit ihren parallelen Wänden und den dazwischenliegenden Luftspalten.

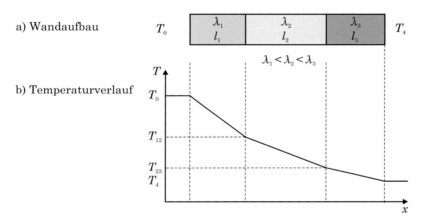

Abbildung 7.3.: Temperaturverlauf in einer aus drei Schichten bestehenden Wand [5]

Bei einer Reihenanordnung können die Wärmeleitungskoeffizienten der einzelnen Elemente k_i mit Gleichung 7.15 zu einem effektiven Wärmeleitungskoeffizienten für den gesamten Schichtaufbau k_{eff} zusammengefasst werden und es gilt

$$\dot{Q}_{\text{Gesamt}} = k_{\text{eff}}(T_0 - T_4) \tag{7.14}$$

$$\text{mit } \frac{1}{k_{\text{eff}}} = \sum \frac{1}{k_i}. \tag{7.15}$$

Die bisherige Beschreibung der Wärmeströme als Folge einer Temperaturdifferenz zwischen zwei Punkten reicht für stationäre thermische Systeme aus. Bei diesen ist die Bilanz der Wärmeströme über die Systemgrenzen ausgeglichen und die Temperaturen der Materialien im System ändern sich nicht mit der Zeit. In instabilen Zuständen verlässt mehr Wärme das System als eingebracht wird oder umgekehrt. Diese Wärme führt zu einer Änderung der Temperatur des Systems, bis sich wieder ein stabiler thermischer Zustand eingestellt hat, bei dem die Summe der Wärmeströme über die Systemgrenzen ausgeglichen ist. Der Zusammenhang zwischen der Wärmemenge Q, die über die

Systemgrenzen transportiert wird, und der Temperaturänderung ΔT wird durch die Wärmekapazität des Materials bestimmt. Die spezifische, isobare Wärmekapazität c_p in Gleichung 7.16 ist die auf die Masse m bezogene Wärmekapazität für Temperaturänderungen ohne Veränderung des Drucks [5].

$$Q = c_\mathrm{p} \cdot m \cdot \Delta T \qquad (7.16)$$

Im Weiteren wird zunächst die effektive Wärmeleitfähigkeit des Materials und anschließend die Wärmekapazität analytisch bestimmt. Im Anschluss werden die so ermittelten Werte genutzt, um in Abschnitt 7.3 die Auswirkungen auf ein System zu untersuchen.

7.2. Analytische Herleitung des Wärmetransportes vom Einzelspalt zur luftdurchlässigen Schicht

Die Mesostruktur des luftdurchlässigen, laseradditiv gefertigten Materials besteht aus zwei Materialien mit sehr unterschiedlichen Eigenschaften. In der metallischen Phase wird Wärme ausschließlich durch Wärmeleitung übertragen, während die Luft als transparentes Fluid auch einen Wärmetransport durch Konvektion und Strahlung zulässt. Auch in ihren Eigenschaften und Anwendungen unterscheiden sich die Werkstoffe. Metalle gelten allgemein als gute Wärmeleiter und werden hierfür auch in Kühlern und Wärmetauschern eingesetzt [12, 13]. Demgegenüber ist Luft ein schlechter Wärmeleiter mit einer niedrigen Wärmeleitfähigkeit λ und Wärmekapazität c_p. Viele Wärmedämmungen enthalten luftgefüllte Hohlräume, um hierdurch eine bessere Isolation zu erreichen [9, 10, 14]. Die Tabelle 7.1 stellt die thermischen Eigenschaften des Werkzeugstahls aus Tabelle 2.2 denen der Luft gegenüber. Der Emissionskoeffizient ϵ für die unbearbeitete Oberfläche des laseradditiv gefertigten Werkzeugstahls wurde auf Basis des Wertes für sehr raues Gusseisen mit starker Oxidschicht abgeschätzt [8].

	Werkzeugstahl	Luft
Dichte ρ [g/cm^3]	8,042 [15]	$0{,}9333 \cdot 10^{-3}$ [8]
Wärmeleitfähigkeit λ [W/(m K)]	14,2 [16]	0,031 62 [8]
Emissionskoeffizient ϵ [-]	0,95	-
spez. Wärmekapazität c_p [kJ/(kg K)]	450 [17]	1,0115 [8]

Tabelle 7.1.: Vergleich der thermischen Eigenschaften von laseradditiv gefertigtem Werkzeugstahl (1.2709) [15, 16, 17] und Luft bei 100°C [8]

Die Mesostruktur des laseradditiv gefertigten, luftdurchlässigen Materials besteht aus diesen zwei Werkstoffen. Im Folgenden werden die makroskopischen Eigenschaften des luftdurchlässigen Materials aus den Abmessungen der Struktur analytisch abgeleitet. Das luftdurchlässige Material hat eine regelmäßige Struktur, bei der sich die Anordnung der einzelnen Spalte wiederholt. Die Mesostruktur lässt sich durch Rotation und Translation einer Einheitszelle, bestehend aus einem Luftspalt und dem umgebenden

Metall bis zur Mitte der Wand, aufbauen. Diese Regelmäßigkeit wird für den Aufbau des analytischen Modells genutzt. Die Abbildung 7.4 zeigt dieses Vorgehen am Beispiel des Schachbrettmusters. Für das thermische Modell der luftdurchlässigen Struktur wird zuerst der Wärmetransport in den drei Raumrichtungen durch die Einheitszelle eines Spalts entsprechend Abbildung 7.4(a) beschrieben. Aus mehreren Spalten wird eine quadratische Einheit zusammengesetzt, welche in Abbildung 7.4(b) dargestellt ist. Diese wird wiederum in Abbildung 7.4(c) zu einem 2×2-Block von jeweils gegeneinander gedrehten Quadraten kombiniert. Dieser Block besitzt in der xy-Ebene die kleinste isotrope Grundeinheit und kann zu einer effektiven Wärmeleitfähigkeit $\lambda_{\mathrm{eff},xy}$ homogenisiert werden. Die Wärmeleitfähigkeit in z-Richtung $\lambda_{\mathrm{eff},z}$ wird ebenfalls aus dem Modell des Einzelspalts abgeleitet. Da sich die Einheitszelle in z-Richtung nicht verändert, sondern nur in der xy-Ebene verschoben und rotiert wird, ist $\lambda_{\mathrm{eff},z}$ unabhängig von der Anordnung und Orientierung der Einheitszellen.

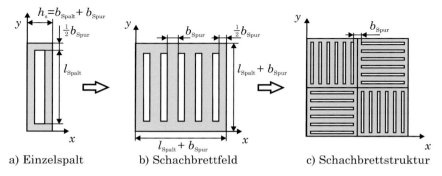

a) Einzelspalt   b) Schachbrettfeld   c) Schachbrettstruktur

Abbildung 7.4.: Aufbau des analytischen, thermischen Modells

Diese Modellierung entspricht einer idealisierten Form der Mesostruktur und berücksichtigt nicht die Variationen der Schmelzspuren im Fertigungsprozess. Diese führen, wie in Abschnitt 4.2 beschrieben, zu rauen Oberflächen in den Spalten mit zufälligen Verbindungen zwischen den Wänden. Grade für diese Verbindungen über den Spalt konnte in den vorangegangen Kapiteln ein deutlicher Effekt auf die Eigenschaften gezeigt werden. Es ist daher davon auszugehen, dass vor allem in x-Richtung des Einzelspalts, also quer zu der Ausdehnung des Spalts, die analytische Herleitung zu einer eher konservativen Abschätzung des Wärmetransports führt. Dieser Modellierungsfehler setzt sich bei der Zusammensetzung einer größeren Struktur aus Einzelspalten fort und führt dazu, dass die Simulationen mit dem Modell die Auswirkungen der Mesostruktur überhöht darstellt. Hierdurch werden die Einflussmöglichkeiten für den Konstrukteur qualitativ hervorgehoben. Für die Quantifizierung der Effekte sind allerdings Experimente an realen Bauteilen erforderlich, welche am Ende dieses Kapitels an einem einzelnen Bauteil und in Kapitel 8 an einem System in der Referenzanwendung erfolgen. Für die Erstellung des Simulationsmodells wird im Folgenden zunächst der Wärmetransport durch den Einzelspalt aus Abbildung 7.4(a) betrachtet.

7.2.1. Wärmetransport im Einzelspalt

Das Modell des Einzelspalts besteht aus einem rechteckigen Luftspalt, der von einer Wand aus Werkzeugstahl mit der Dicke von $\frac{1}{2}b_{\text{Spur}}$ umgeben ist. Durch die spätere Kombination von mehreren Einheitszellen zu einer größeren Struktur addieren sich die Wände der Einheitszellen zu der real vorhandenen Wandstärke von einer Schmelzspurbreite. Für die analytische Beschreibung des Wärmetransports wird die Zelle, wie in Abbildung 7.5 exemplarisch für den Transport in x-Richtung dargestellt, aufgeteilt.

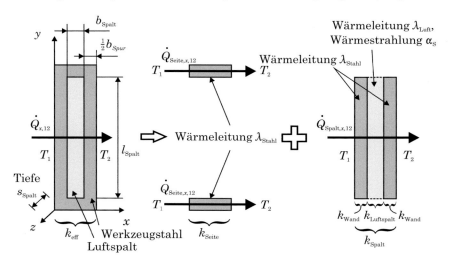

Abbildung 7.5.: Aufteilung des Einzelspalts in Teilbereiche

Der Wärmestrom durch eine Einheitszelle teilt sich in zwei Anteile auf. In den Seiten findet ausschließlich Wärmeleitung durch die Wände aus Werkzeugstahl statt. Daher gilt, nach Gleichung 7.3 für den Wärmestrom durch eine der Seitenwände

$$\dot{Q}_{\text{Seite},x,12} = k_{\text{Seite}}(T_1 - T_2) \tag{7.17}$$

$$\text{mit } k_{\text{Seite}} = \lambda_{\text{Stahl}} \cdot \frac{\frac{1}{2}b_{\text{Spur}} \cdot s_{\text{Spalt}}}{b_{\text{Spalt}} + b_{\text{Spur}}}. \tag{7.18}$$

Für den mittleren Bereich der Einheitszelle verläuft der Wärmestrom durch die beiden Wände und den dazwischenliegenden Luftspalt. In den Wänden aus Metall findet der Wärmetransport, wie zuvor in den Seiten, nur durch Wärmeleitung statt. Hier gilt analog zu Gleichung 7.18

$$k_{\text{Wand}} = \lambda_{\text{Stahl}} \cdot \frac{l_{\text{Spalt}} \cdot s_{\text{Spalt}}}{\frac{1}{2}b_{\text{Spur}}}. \tag{7.19}$$

Im Luftspalt erfolgt der Transport durch Leitung und Strahlung. Aus Gleichung 7.3 für die Wärmeleitung $\dot{Q}_{\text{L},12}$ im Luftspalt und Gleichung 7.10 für die Strahlung $\dot{Q}_{\text{S},12}$ von einer Wand zur gegenüberliegenden Wand ergibt sich der Wärmeübertragungskoeffizient

$$k_{\text{Luftspalt}} = \lambda_{\text{Luft}} \cdot \frac{l_{\text{Spalt}} \cdot s_{\text{Spalt}}}{b_{\text{Spalt}}} + \alpha_{\text{S}} \cdot (l_{\text{Spalt}} \cdot s_{\text{Spalt}}) \tag{7.20}$$

für den Wärmetransport $\dot{Q}_{\text{Spalt},x,12}$ über den Luftspalt. Als Arbeitspunkte für die, nach Gleichung 7.11 in dem Wärmeübertragungskoeffizienten der Strahlung α_{S} enthaltene Linearisierung, werden die Temperaturen $T_{1,\text{AP}} = 200\,^{\circ}\text{C}$ und $T_{2,\text{AP}} = 120\,^{\circ}\text{C}$ verwendet, da dies, entsprechend Tabelle 2.4, sinnvolle Annahmen für die Temperaturen in einem Spritzgießwerkzeug sind.

Für die Herleitung der makroskopischen thermischen Eigenschaften wird, wie in Abbildung 7.5 skizziert, die Wärmeleitung durch eine Zelle bestehend aus dem Luftspalt und den umgebenden Metallwänden mit der Dicke einer halben Schmelzspurbreite berechnet. Die einzelnen Anteile werden durch Parallel- und Reihenanordnung der Wärmeleitungskoeffizienten k_i zu einem effektiven Koeffizienten k_{eff} kombiniert. In x- und y-Richtung besteht die Einheitszelle aus einer Reihenanordnung von zwei Wänden mit k_{Wand} und dazwischen liegendem Luftspalt mit $k_{\text{Luftspalt}}$ und zwei Seitenwänden mit den Koeffizienten k_{Seite}. Somit gilt für den effektiven Wärmeleitungskoeffizienten

$$k_{\text{eff}} = 2 \cdot k_{\text{Seite}} + k_{\text{Spalt}} \tag{7.21}$$

$$\text{mit } \frac{1}{k_{\text{Spalt}}} = \frac{1}{k_{\text{Wand}}} + \frac{1}{k_{\text{Luftspalt}}} + \frac{1}{k_{\text{Wand}}} \tag{7.22}$$

Die Wärmeleitkoeffizienten in den Gleichungen 7.21 und 7.22 enthalten entsprechend der Gleichung 7.4 auch die geometrischen Abmessungen der einzelnen Zelle. Für eine geometrieunabhängige, effektive Wärmeleitfähigkeit λ_{eff} wird der effektive Wärmeleitungskoeffizient k_{eff} für eine Richtung der Zelle auf die jeweilige Länge l und Querschnittfläche A bezogen. Für den hier exemplarisch vorgestellten Wärmetransport in x-Richtung gilt entsprechend den Abmessungen in Abbildung 7.5

$$\lambda_{\text{eff},x} = k_{\text{eff},x} \frac{l_x}{A_x} \tag{7.23}$$

$$= k_{\text{eff},x} \frac{b_{\text{Spalt}} + b_{\text{Spur}}}{(l_{\text{Spalt}} + b_{\text{Spur}}) \cdot s_{\text{Spalt}}}. \tag{7.24}$$

Die Abbildungen 7.6, 7.7 und 7.8 zeigen die effektiven Wärmeleitfähigkeiten λ_{eff} einer Einheitszelle in den drei Raumrichtungen. Die Leitfähigkeiten wurden mit den Stoffwerten aus Tabelle 7.1 für die Spurabstände $h_{\text{s}} = 130\,\mu\text{m}$ bis $200\,\mu\text{m}$ und quadratischen Feldern mit den Spaltlängen $l_{\text{Spalt}} = 3\,\text{mm}$, $5\,\text{mm}$ und $7\,\text{mm}$ berechnet. Für die Wände wurde die Schmelzspurbreite $b_{\text{Spalt}} = 110{,}9\,\mu\text{m}$ entsprechend Tabelle 4.5 angenommen. Da sich die Mesostruktur in z-Richtung nicht verändert ist die effektive Wärmeleitfähigkeit unabhängig von der Dicke der luftdurchlässigen Schicht s_{Spalt}. Die Darstellung der Leitfähigkeit in x-Richtung zeigt auf Grund der unterschiedlichen Skalierung den Einfluss des Spurabstands und der Größe des Schachbrettfelds, obwohl die absoluten Unterschiede denen in den Abbildungen 7.7 und 7.8 entsprechen.

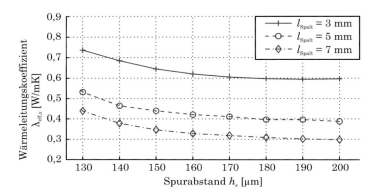

Abbildung 7.6.: Effektive Wärmeleitfähigkeit $\lambda_{\mathrm{eff},x}$ einer Zelle in x-Richtung (Wand $b_{\mathrm{Spalt}} = 110{,}9\,\mu\mathrm{m}$, Stoffwerte vgl. Tab. 7.1)

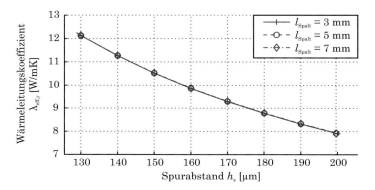

Abbildung 7.7.: Effektive Wärmeleitfähigkeit $\lambda_{\mathrm{eff},y}$ einer Zelle in y-Richtung (Wand $b_{\mathrm{Spalt}} = 110{,}9\,\mu\mathrm{m}$, Stoffwerte vgl. Tab. 7.1)

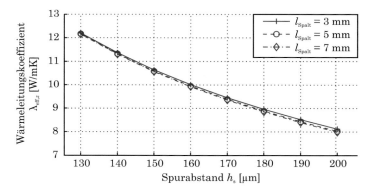

Abbildung 7.8.: Effektive Wärmeleitfähigkeit $\lambda_{\mathrm{eff},z}$ einer Zelle in z-Richtung (Wand $b_{\mathrm{Spalt}} = 110{,}9\,\mu\mathrm{m}$, Stoffwerte vgl. Tab. 7.1)

In Richtung der y- und z-Achse ist die effektive Wärmeleitfähigkeit deutlich höher als in x-Richtung. Der Vergleich der Leitfähigkeiten λ_{eff} in den Abbildungen 7.6, 7.7 und 7.8 ergibt, dass die laseradditiv gefertigte, luftdurchlässige Struktur eine deutliche Anisotropie aufweist. Diese ist besonders in x-Richtung deutlich ausgeprägt während die effektiven Leitfähigkeiten in y- und z-Richtung ähnliche Werte annehmen. Bei den Geometrieparametern der Mesostruktur wirkt sich der Spurabstand h_{s} deutlich auf die effektive Wärmeleitfähigkeit in y- und z-Richtung aus, während die Spaltlänge l_{Spalt} keine Auswirkungen auf die effektive Wärmeleitfähigkeit der Einheitszelle hat.

7.2.2. Wärmetransport im luftdurchlässigen Material

Für die Bestimmung der Eigenschaften der luftdurchlässigen Mesostruktur wird diese, wie bereits in Abbildung 7.4 skizziert, schrittweise aus Einheitszellen zusammengesetzt. Innerhalb eines Schachbrettfeldes haben alle Spalte die gleiche Ausrichtung. Die effektive Wärmeleitfähigkeit entlang der Spalte in y- oder z-Richtung entspricht einer Parallelanordnung von n Elementen mit λ_{eff}. Dies demonstriert die Umformung des Gesamtwärmestroms entsprechend Gleichung 7.12 am Beispiel des Wärmestroms in y-Richtung

$$\dot{Q}_{\mathrm{Gesamt},y} = \sum_{i=1}^{n} \dot{Q}_i \tag{7.25}$$

$$\lambda_{\mathrm{eff,Gesamt},y} \cdot \frac{A_{\mathrm{Gesamt}}}{l}(T_1 - T_2) = \sum_{i=1}^{n} \left(\lambda_{\mathrm{eff},y} \cdot \frac{A_i}{l}(T_1 - T_2) \right) \tag{7.26}$$

$$\lambda_{\mathrm{eff,Gesamt},y} \cdot \frac{\sum_{i=1}^{n} A_i}{l}(T_1 - T_2) = \lambda_{\mathrm{eff},y} \cdot \frac{\sum_{i=1}^{n} A_i}{l}(T_1 - T_2) \tag{7.27}$$

$$\lambda_{\mathrm{eff,Gesamt},y} = \lambda_{\mathrm{eff},y}. \tag{7.28}$$

Dies zeigt, dass sich die effektive Wärmeleitfähigkeit λ_{eff} bei einer Parallelanordnung von identischen Elementen nicht verändert. Quer zu den Spalten liegt in x-Richtung eine Reihenanordnung, entsprechend Gleichung 7.14 und 7.15, von identischen Elementen vor. Da die n Einheitszellen die gleichen Abmessungen und effektiven Wärmeleitfähigkeiten $\lambda_{\mathrm{eff},x}$ besitzen, haben sie die gleichen Wärmeleitungskoeffizienten k_{eff}. Für den Wärmeleitungskoeffizienten des gesamten Schachbrettfeldes gilt

$$\frac{1}{k_{\mathrm{eff,Gesamt}}} = \sum_{i=1}^{n} \frac{1}{k_{\mathrm{eff}}} = \frac{n}{k_{\mathrm{eff}}} \tag{7.29}$$

$$\frac{1}{\frac{\lambda_{\mathrm{eff,Gesamt},x} \cdot A}{n \cdot l}} = \frac{n}{\frac{\lambda_{\mathrm{eff},x} \cdot A}{l}} \tag{7.30}$$

$$\frac{n \cdot l}{\lambda_{\mathrm{eff,Gesamt},x} \cdot A} = \frac{n \cdot l}{\lambda_{\mathrm{eff},x} \cdot A} \tag{7.31}$$

$$\lambda_{\mathrm{eff,Gesamt},x} = \lambda_{\mathrm{eff},x}. \tag{7.32}$$

Die beiden Herleitungen zeigen, dass sich die Wärmeleitfähigkeit durch das Aneinanderfügen von gleichartigen Materialien nicht verändert. Daher entspricht die Wärmeleitfähigkeit einer einzelnen Zelle auch der Wärmeleitfähigkeit eines Schachbrettfelds.

Die effektiven Wärmeleitfähigkeiten λ_{eff} für ein einzelnes Feld können für Simulationen des thermischen Verhaltens von größeren Bauteilen mit luftdurchlässigen Strukturen genutzt werden. Die dreidimensionalen Steine der Parkettierung werden hierbei als homogene Körper mit anisotropen Eigenschaften betrachtet und die luftdurchlässigen Bereiche aus einzelnen Blöcken mit unterschiedlicher Ausrichtung zusammengesetzt. Da jedes Feld der luftdurchlässigen Struktur mit seiner räumlichen Ausrichtung einzeln modelliert wird, kann mit den Simulationen die lokale Temperaturverteilung mit einer Auflösung von wenigen Millimetern berechnet werden. Der Nachteil dieses Ansatzes ist, dass beispielsweise bei FEM-Simulationen die maximale Größe der Elemente durch die Abmessungen eines Blocks beschränkt ist und für eine bessere Genauigkeit jeder Block in mehrere Elemente diskretisiert werden sollte [18, 19]. Die Folge ist ein FEM-Modell mit vielen Elementen und entsprechend hohem Speicherbedarf und langen Rechenzeiten.

Bei Fragestellungen, die keinen hohen Detaillierungsgrad erfordern, bietet es sich an, das laseradditiv gefertigte Material als Ganzes zu einem homogenen, anisotropen Material zu vereinfachen und dadurch größere finite Elemente zu ermöglichen. Hierfür wird eine ähnliche Strategie verwendet wie bereits bei der Berechnung der effektiven Werte des Einzelspalts. Die Wärmeleitkoeffizienten k in x- und y-Richtung von mehreren Schachbrettfelder werden, entsprechend der Parkettierung und der Ausrichtung ihrer Spalte, als Reihen- bzw. Parallelanordnung von nicht identischen Blöcken kombiniert. Die resultierenden, effektiven Wärmeleitkoeffizienten werden wieder auf die Abmessungen des betrachteten Ausschnitts bezogen und so die effektiven Wärmeleitfähigkeiten berechnet. Abbildung 7.9 zeigt die effektiven Wärmeleitfähigkeiten in Richtung der Luftdurchlässigkeit $\lambda_{\text{eff},z}$ und normal dazu $\lambda_{\text{eff},xy}$.

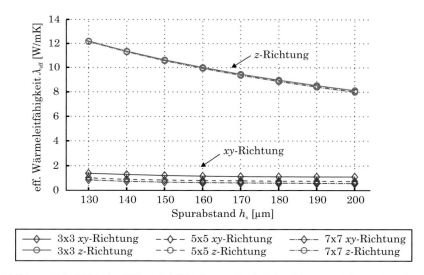

Abbildung 7.9.: Effektive Wärmeleitfähigkeiten des luftdurchlässigen Materials in Richtung der Luftdurchlässigkeit $\lambda_{\text{eff},z}$ und normal dazu $\lambda_{\text{eff},xy}$ (Stoffwerte vgl. Tab. 7.1)

Neben der Wärmeleitfähigkeit λ ist auch die Wärmekapazität des Materials von Bedeutung für das thermische Verhalten des laseradditiv gefertigten, luftdurchlässigen Materials. Wie in Gleichung 7.16 formuliert, beschreibt die Wärmekapazität den Zusammenhang zwischen einer Temperaturänderung ΔT und der hiermit verbundenen Wärmemenge Q. Bezogen auf die Einheitszelle der Struktur rund um einen einzelnen Luftspalt bedeutet dies, dass im Ausgangszustand und im Endzustand zwischen der Luft in dem Spalt und den umgebenden Stahlwänden ein thermodynamisches Gleichgewicht herrscht und beide jeweils die gleiche Temperatur haben. Durch die Wärme Q ändert sich die Temperatur von beiden Phasen um ΔT. Wird die Gleichung 7.33, die diesen Prozess beschreibt, um die Gesamtmasse der Einheitszelle zu Gleichung 7.34 erweitert, so kann die effektive Wärmekapazität $c_{\text{p,eff}}$ mit Gleichung 7.35 berechnet werden.

$$Q = (c_{\text{p,Luft}} \cdot m_{\text{Luft}} + c_{\text{p,Stahl}} \cdot m_{\text{Stahl}}) \cdot \Delta T \tag{7.33}$$

$$Q = \left(\frac{c_{\text{p,Luft}} \cdot m_{\text{Luft}} + c_{\text{p,Stahl}} \cdot m_{\text{Stahl}}}{m_{\text{Luft}} + m_{\text{Stahl}}} \right) \cdot (m_{\text{Luft}} + m_{\text{Stahl}}) \cdot \Delta T \tag{7.34}$$

$$c_{\text{p, eff}} = \frac{c_{\text{p,Luft}} \cdot m_{\text{Luft}} + c_{\text{p,Stahl}} \cdot m_{\text{Stahl}}}{m_{\text{Luft}} + m_{\text{Stahl}}} \tag{7.35}$$

Da sowohl die Dichte als auch die Wärmekapazität der Luft deutlich geringer ist als die des Stahls, wird die Kapazität im Wesentlichen durch den Stahl bestimmt. Bei Verwendung der Stoffkennwerte in Tabelle 7.1 ergibt sich für ein laseradditiv gefertigtes Material mit dem Spurabstand $h_{\text{s}} = 130\,\mu\text{m}$ und der Spaltlänge $l_{\text{Spalt}} = 3\,\text{mm}$ eine Wärmekapazität $c_{\text{p,eff}} = 450{,}01\,\text{kJ}\,\text{kg}^{-1}\,\text{K}^{-1}$. Mit einem Spurabstand $h_{\text{s}} = 200\,\mu\text{m}$ und der Spaltlänge $l_{\text{Spalt}} = 7\,\text{mm}$ steigt die Wärmekapazität der Struktur auf $c_{\text{p,eff}} = 450{,}05\,\text{kJ}\,\text{kg}^{-1}\,\text{K}^{-1}$. Diese Beispielrechnung verdeutlicht den geringen Einfluss der Mesostruktur auf die Wärmekapazität. Der Vergleich mit dem in Tabelle 7.1 angegebenen Wert für die Wärmekapazität des Stahls $c_{\text{p,Stahl}} = 450\,\text{kJ}\,\text{kg}^{-1}\,\text{K}^{-1}$ zeigt, dass für die Wärmekapazität die Mesostruktur insgesamt vernachlässigt werden kann.

7.3. Auswirkungen des luftdurchlässigen Materials auf ein technisches System

Nachdem im vorangegangenen Abschnitt die makroskopischen thermischen Eigenschaften analytisch hergeleitet wurden, erfolgt nun die Untersuchung, wie sich die luftdurchlässige Schicht auf ein technisches System auswirkt. Als repräsentative Geometrie hierfür wird der Aufbau in Abbildung 7.10 gewählt. Dieses System entspricht einem Ausschnitt aus einem Spritzgießwerkzeug und ist hinreichend generisch, um die gewonnenen Erkenntnisse auf andere industrielle Anwendungen zu übertragen. Der Ausschnitt besteht aus einer luftdurchlässigen Schicht, einem rechtwinkligen Netz aus Luftkanälen für den Lufttransport innerhalb des Bauteils und einem Temperiersystem. Mit diesem Aufbau kann Luft oder ein anderes Gas an die Oberfläche des Bauteils transportiert werden, beziehungsweise von dieser abgeführt werden, während das Temperiersystem die Oberfläche des Bauteils heizt oder kühlt.

An der Oberfläche der in Abbildung 7.10 dargestellten Referenzgeometrie befindet sich eine 5 mm dicke luftdurchlässige Schicht mit einem Schachbrettmuster mit 5 mm großen Feldern. Die Ausrichtung der anisotropen, thermischen Eigenschaften der Felder wechselt jeweils mit der Orientierung der Spalte. Das darunter liegende Netz aus sich rechtwinklig kreuzenden Luftkanälen ist so angeordnet, dass jedes der Felder der luftdurchlässigen Schicht mit einem Kanal verbunden ist. Um die Vernetzung mit finiten Elementen zu erleichtern, werden die Luftkanäle mit einem quadratischen Querschnitt modelliert. Die beiden Kühlkanäle mit einem Durchmesser von 10 mm haben einen Abstand von 20 mm zur Oberfläche und untereinander einen Abstand von 50 mm. Für die Simulation wird die Situation in einem Spritzgießwerkzeug zu Beginn der Abkühlphase angenommen, da diese, wie in Abschnitt 2.3.2.1 beschrieben, den größten Zeitanteil des Spritzgießzyklus einnimmt und in dieser Phase ein Großteil der Wärme aus dem Kunststoff transportiert wird. Durch die Temperierkanäle strömt Wasser mit einer Temperatur von 20 °C. Der Wärmeübergangskoeffizient zwischen Kanal und Wand beträgt $\alpha_K = 4000\,\mathrm{W\,m^{-2}\,K^{-1}}$ und liegt damit in dem von Hahn angegebenen Bereich von $\alpha_K = 2300$ bis $4700\,\mathrm{W\,m^{-2}\,K^{-1}}$ für ein mit Wasser durchströmtes Rohr [5]. Für den Wärmeübergang zwischen dem Kunststoff und der Oberfläche des Bauteils wird eine Kunststofftemperatur von 200 °C und ein Übergangskoeffizient $\alpha_K = 550\,\mathrm{W\,m^{-2}\,K^{-1}}$ angenommen, wie ihn Brunotte bei Polypropylen gemessen hat [20].

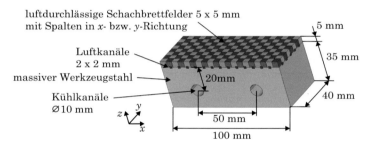

Abbildung 7.10.: Referenzgeometrie für die Simulation des Wärmetransports in einem technischen System

Der vorangegangene Abschnitt 7.2.2 hat gezeigt, dass die Wärmeleitung des luftdurchlässigen Materials durch den Luftanteil in der Mesostruktur geringer ist. Daher wird erwartet, dass die luftdurchlässige Schicht den Wärmestrom von der Oberfläche zu den Kühlkanälen behindert. Die Abbildung 7.11 stellt die Temperaturverteilung in der Referenzgeometrie mit einer luftdurchlässigen Schicht mit einem Spurabstand $h_s = 170\,\mu\mathrm{m}$ einer Geometrie ohne luftdurchlässige Schicht und Luftkanalnetz gegenüber. Der Vergleich der Simulationen zeigt, dass die Temperatur des massiven Bereichs unter der luftdurchlässigen Schicht niedriger ist, als es bei dem System ohne diese Schicht der Fall ist. Beide Systeme haben gemeinsam, dass die Temperaturverteilung im massiven Stahl durch den Abstand zu den Kühlkanälen bestimmt wird. Hieraus ergibt sich eine wellenförmige Temperaturverteilung, die sich bei dem System ohne luftdurchlässige Schicht in Abbildung 7.11(a) bis zur Oberfläche fortsetzt. Die luftdurchlässige Schicht stört durch ihre geringere Wärmeleitfähigkeit den Wärmetransport von der Oberfläche in das Bauteil und die maximale Temperatur an der Oberfläche der luftdurchlässigen Schicht ist um $\Delta T_{\mathrm{max}} = 13\,\mathrm{K}$ höher als bei der Geometrie ohne diese Schicht. Dieses

Simulationsergebnis zeigt, dass das System aus luftdurchlässigem Material und Luft-kanälen tatsächlich die thermischen Verhältnisse in technischen Bauteilen verändern kann und sich ein deutliches Temperaturgefälle über dem Luftsystem ausbildet.

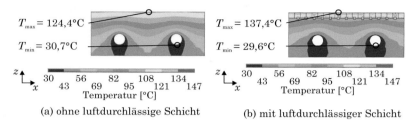

(a) ohne luftdurchlässige Schicht

(b) mit luftdurchlässiger Schicht

Abbildung 7.11.: Vergleich der Temperaturverteilung in einem System mit und ohne luftdurchlässiger Schicht in der Simulation (Stoffwerte vgl. Tab. 7.1)

Für die Beurteilung der Auswirkungen des luftdurchlässigen Materials auf die thermi-schen Verhältnisse in einem technischen System genügt es nicht, nur die Temperatur-differenz zwischen der Oberseite und dem Inneren des Bauteils zu betrachten. Auch die Temperaturverteilung an der Oberfläche ist von Bedeutung. Die Abbildung 7.12 zeigt die Temperaturverteilung auf der Oberseite der Körper aus Abbildung 7.11. Bei dem Vergleich der Abbildungen 7.12(a) und (b) ist zu beachten, dass für die beiden Dar-stellungen aufgrund der verschiedenen Temperaturniveaus eine unterschiedliche Skala gewählt wurde. An der Temperaturverteilung auf dem Bauteil ohne luftdurchlässige Schicht in der Abbildung 7.12(a) ist der Verlauf der beiden Kühlkanäle erkennbar. Die Oberflächentemperatur variiert quer zu dem Verlauf der Kühlkanäle um weniger als 5 K und ist entlang der Kanäle nahezu konstant. In Abbildung 7.12(b) ist die Tempe-ratur über den Kühlkanälen immer noch tendenziell niedriger, allerdings wird dieser Effekt durch die Auswirkungen des Netzes der rechtwinklig angeordneten Luftkanäle überlagert. Die Luft in den Kanälen hat eine sehr geringe Wärmeleitfähigkeit und iso-liert dadurch die luftdurchlässige Schicht gegen den Grundkörper aus Stahl. Durch die Anisotropie der Wärmeleitfähigkeit in der luftdurchlässigen Schicht kann die Wärme nicht gleichmäßig von der Oberfläche um die Luftkanäle herum in den massiven Be-reich transportiert werden, sondern es bilden sich an der Bauteiloberfläche kleinflächige Bereiche mit unterschiedlichen Temperaturen aus.

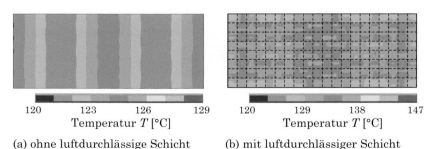

(a) ohne luftdurchlässige Schicht

(b) mit luftdurchlässiger Schicht

Abbildung 7.12.: Vergleich der Temperaturverteilung an der Oberfläche mit und ohne luftdurchlässige Schicht in der Simulation (Stoffwerte vgl. Tab. 7.1)

Zur Verdeutlichung dieses Zusammenhangs zwischen der Anisotropie und den Luftkanälen ist in Abbildung 7.13 ein Ausschnitt der Abbildung 7.12(b) dargestellt. Sind
die Lamellen in dem Schachbrettfeld über dem Luftkanal quer zu diesem ausgerichtet,
so wird die Wärme in den Wänden um den Luftkanal herum geleitet. Bei einer Ausrichtung entlang der Luftkanäle sind die Wände über den Kanälen nur an den Enden
mit den Nachbarfeldern verbunden und haben keine direkte Verbindung zu dem massiven Teil. Dies behindert die Ableitung der Wärme aus der Wand und ihre Temperatur
erhöht sich. Durch die Kombination des Luftkanalnetzes mit der wechselnden Ausrichtung der anisotropen Felder ergibt sich eine sehr unregelmäßige Temperaturverteilung
mit deutlichen Temperaturunterschieden auf kleinem Raum.

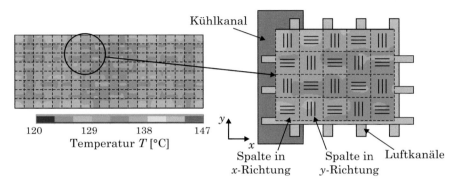

Abbildung 7.13.: Ausschnitt aus Abbildung 7.12(b) mit den Positionen von Luft- und
Kühlkanälen sowie der Ausrichtung der Spalte in der luftdurchlässigen
Schicht (Stoffwerte vgl. Tab. 7.1)

Die unterschiedliche Temperaturverteilung an der Oberfläche kann sich negativ auf
die industriellen Prozesse auswirken, in denen die Komponenten mit luftdurchlässigen
Strukturen eingesetzt werden. Es stellt sich daher die Frage, ob durch eine geeignete Wahl des Spurabstandes eine homogenere Oberflächentemperatur erreicht werden
kann. Abbildung 7.14 zeigt die Temperaturverteilung an der Oberfläche für die Spurabstände $h_s = 140\,\mu m$, $170\,\mu m$ und $200\,\mu m$. Zwischen den Temperaturverteilungen ist
kein qualitativer Unterschied erkennbar. Die Verteilung ist bei allen drei Spurabständen
sehr inhomogen. Lediglich die Temperatur der Oberfläche steigt mit wachsendem Spurabstand. Dieses Ergebnis ist konsistent mit den analytisch hergeleiteten Wärmeleitfähigkeiten λ_{eff} entlang der drei Raumrichtungen der Spalte in Abschnitt 7.2. Hier erhöht
sich die effektive Wärmeleitfähigkeit $\lambda_{eff,x}$ quer zum Spalt bei geringeren Spurabständen
nur geringfügig, während der Einfluss auf die effektive Wärmeleitfähigkeit entlang der
Wände deutlich ausgeprägter ist. Dies hat zur Folge, dass ein geringerer Spurabstand
zwar die Wärmeleitung durch das Material verstärkt, aber nicht die Anisotropie durch
die schlechte Wärmeleitung quer zu den Spalten verringert.

Die experimentelle Bestätigung dieser Ergebnisse erfolgt an einem Spritzgießwerkzeugeinsatz, dessen Systemaufbau der simulierten Referenzgeometrie ähnelt. Unter einer
5 mm starken luftdurchlässigen Schicht mit Schachbrettmuster und einem Spurabstand
von $h_s = 170\,\mu m$ befindet sich ein Netz aus Luftkanälen und darunter ein Kühlkanal.
Der Einsatz wird über mehrere Stunden auf 72 °C aufgeheizt und dann aus dem Ofen

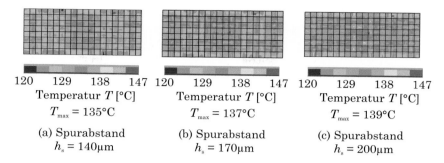

<table>
<tr><td>120</td><td>129</td><td>138</td><td>147</td></tr>
</table>
Temperatur T [°C]

$T_{\max} = 135°C$

(a) Spurabstand
$h_\mathrm{s} = 140\mu\mathrm{m}$

120 129 138 147
Temperatur T [°C]

$T_{\max} = 137°C$

(b) Spurabstand
$h_\mathrm{s} = 170\mu\mathrm{m}$

120 129 138 147
Temperatur T [°C]

$T_{\max} = 139°C$

(c) Spurabstand
$h_\mathrm{s} = 200\mu\mathrm{m}$

Abbildung 7.14.: Vergleich der Temperaturverteilung an der Oberfläche bei verschiedenen Spurabständen (Stoffwerte vgl. Tab. 7.1)

genommen. Die Abbildung 7.15 zeigt die Aufnahme mit einer Infrarotkamera nachdem $t_{\text{Kühl}} = 20\,\mathrm{s}$ lang Wasser mit einer Temperatur von $26\,°\mathrm{C}$ durch den Kühlkanal geströmt ist. Der Vergleich der Temperaturverteilung der Simulation in Abbildung 7.14(b) und der Infrarotkameraaufnahme in Abbildung 7.15 bestätigt qualitativ die Simulationen. Auf der Aufnahme von dem Einsatz sind die Positionen der Schachbrettfelder und der gewundene Verlauf des Kühlkanals zu erkennen. Die Temperaturunterschiede sind geringer in der Simulation, da in dem FEM-Modell nicht die zufälligen Verbindungen zwischen den Wänden modelliert sind, die bei der Herstellung in Abschnitt 4.2.2 beschrieben wurden.

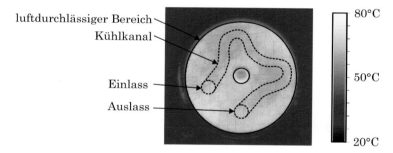

luftdurchlässiger Bereich

Kühlkanal

Einlass

Auslass

80°C

50°C

20°C

Abbildung 7.15.: Temperaturverteilung an einem Werkzeugeinsatz mit Schachbrettmuster und einem Spurabstand von $h_\mathrm{s} = 170\,\mu\mathrm{m}$ während das Kühlsystem mit Wasser durchströmt wird

Das luftdurchlässige Material kann noch, wie in Abschnitt 4.4 beschrieben, mit einer zusätzlichen Deckschicht versehen werden, die in einem weiteren Schritt mittels Laserbohren perforiert wird. Um festzustellen, welchen Einfluss diese dünne, massive Schicht hat, wird die Referenzgeometrie aus Abbildung 7.10 mit einer zusätzlichen 0,5 mm dicken Deckschicht simuliert und die Temperaturverteilung mit den Ergebnissen ohne Deckschicht verglichen. Die Abbildung 7.16(a) wiederholt die Abbildung 7.12(b) und stellt sie einer Geometrie mit einer zusätzlichen 0,5 mm dicken Deckschicht gegenüber. Die Verläufe der Grenzen zwischen den Schachbrettfeldern unter der Deckschicht sind in Abbildung 7.16(b) zur besseren Orientierung mit gestrichelten Linien eingezeichnet.

Durch die Deckschicht wird die Temperaturverteilung etwas gleichmäßiger, ohne dass eine signifikante Veränderung erreicht wird.

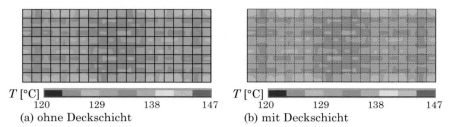

T [°C] ▮▮▮▮▮▮▮▮▮▮▮▮▮▮▮▮▮▮▮▮
    120   129   138   147
    (a) ohne Deckschicht

T [°C] ▮▮▮▮▮▮▮▮▮▮▮▮▮▮▮▮▮▮▮▮
    120   129   138   147
    (b) mit Deckschicht

Abbildung 7.16.: Vergleich der Temperaturverteilung in der Simulation an der Oberfläche mit und ohne Deckschicht

Die Ergebnisse der Simulationen zeigen, dass die Deckschicht die thermischen Eigenschaften des Systems nur geringfügig verändern. Dies gibt dem Konstrukteur aus thermischen Gesichtspunkten die Möglichkeit, frei zwischen einem luftdurchlässigen Material mit und ohne Deckschicht wählen.

7.4. Zusammenfassung der Wärmeleitung und Relevanz für die Anwendung

In diesem Kapitel wurden die thermischen Eigenschaften des laseradditiv gefertigten, luftdurchlässigen Materials analytisch hergeleitet. Grundlage dieser Herleitung war eine Einheitszelle mit einem schmalen Quader mit glatten Wänden als Luftspalt und den Wänden aus Stahl, die den Quader an vier Seiten begrenzen. Durch diese idealisierte Form treten die Effekte aus der Spaltgeometrie deutlicher hervor und lassen sich einfacher den einzelnen Geometrieparametern zuordnen.

Für diesen Einzelspalt wurden die effektiven Wärmeleitfähigkeiten λ_{eff} für die drei Richtungen des Spalts bestimmt. Da Luft mit $\lambda_{\mathrm{Luft}} = 0{,}031\,62\,\mathrm{W\,m^{-1}\,K^{-1}}$ eine erheblich geringere Wärmeleitfähigkeit besitzt als der umgebende Werkzeugstahl mit $\lambda_{\mathrm{Stahl}} = 14{,}2\,\mathrm{W\,m^{-1}\,K^{-1}}$, ergibt sich eine deutliche Anisotropie der effektiven Wärmeleitfähigkeit in Abhängigkeit von der Ausrichtung des Spalts. Diese ist entlang des Einzelspalts in y- und z-Richtung ähnlich und zeigt mit steigendem Spurabstand den gleichen Verlauf. Bei einem Abstand $h_{\mathrm{s}} = 130\,\mathrm{\mu m}$ beträgt die effektive Wärmeleitfähigkeit $\lambda_{\mathrm{eff}} = 12\,\mathrm{W\,m^{-1}\,K^{-1}}$ und nimmt stetig bis auf $\lambda_{\mathrm{eff}} = 8\,\mathrm{W\,m^{-1}\,K^{-1}}$ bei $h_{\mathrm{s}} = 200\,\mathrm{\mu m}$ ab. Die Spaltlänge hat nur einen geringen Einfluss auf die effektive Wärmeleitfähigkeit. In x-Richtung, quer zum Einzelspalt, ist die effektive Wärmeleitfähigkeit deutlich geringer und beträgt je nach Spurabstand h_{s} und Spaltlänge l_{Spalt} zwischen $\lambda_{\mathrm{eff}} = 0{,}7\,\mathrm{W\,m^{-1}\,K^{-1}}$ und $0{,}3\,\mathrm{W\,m^{-1}\,K^{-1}}$.

Für die Bestimmung der effektiven Wärmeleitfähigkeit λ_{eff} der luftdurchlässigen Struktur wurden mehrere dieser Einzelspalte zusammengesetzt. Für ein Schachbrettfeld aus parallelen Spalten wurde gezeigt, dass sich die effektiven Wärmeleitfähigkeiten λ_{eff} des

Pakets aus mehreren Spalten nicht von denen des Einzelspalts unterscheiden. Werden mehrere dieser Blöcke zu einem Schachbrettmuster kombiniert, so ändert sich die effektive Wärmeleitung in Richtung der Luftdurchlässigkeit nicht, da die Blöcke lediglich um die z-Achse gedreht werden. Innerhalb der luftdurchlässigen Schicht wechseln sich Felder mit unterschiedlicher Ausrichtung ab und die effektive Wärmeleitfähigkeit in der Ebene beträgt $\lambda_{\text{eff},xy} < 2\,\mathrm{W\,m^{-1}\,K^{-1}}$. Die Wärmekapazität der luftdurchlässigen Struktur ist unabhängig von den Abmessungen der Spalte und entspricht ungefähr der Kapazität des Stahls $c_{\text{p,Stahl}} = 450\,\mathrm{kJ\,kg^{-1}\,K^{-1}}$.

Die so gewonnenen effektiven Wärmeleitfähigkeiten wurden in der statischen thermischen FEM-Simulation einer Referenzgeometrie verwendet. Diese bildet mit Temperierkanälen, Luftkanälen, einer luftdurchlässigen Schicht und einer optionalen Deckschicht einen Ausschnitt aus einem Spritzgießwerkzeug ab. Dieses Modell ist allerdings hinreichend generisch, um die daraus gewonnenen Ergebnisse auch auf andere technische Systeme übertragen zu können. Die Simulationen zeigen, dass die Versorgungskanäle gemeinsam mit der Anisotropie der Wärmeleitfähigkeit des luftdurchlässigen Materials zu einer inhomogenen Temperaturverteilung an der Oberfläche führen. Experimente bestätigen dies qualitativ, allerdings ist die Inhomogenität im realen Bauteil aufgrund der Verbindungen zwischen den Wänden gegenüber der Simulation geringer ausgeprägt.

Für den Konstrukteur bedeuten diese Erkenntnisse, dass er bei der Auswahl einer laseradditiv gefertigten, luftdurchlässigen Mesostruktur für eine konkrete Anwendung sowohl die Wärmeleitfähigkeit beachten muss als auch die Anisotropie des Materials. Für eine gute Wärmeleitfähigkeit, wie sie beispielsweise in Spritzgießwerkzeugen gefordert wird, ist ein geringer Spurabstand vorteilhaft. Die Anisotropie durch die isolierend wirkenden Luftspalte bleibt hierbei bestehen. Damit die daraus resultierende inhomogene Temperaturverteilung an der Oberfläche reduziert wird, sollte zusätzlich zu einem geringen Spurabstand eine kurze Spaltlänge gewählt werden, da diese die Größe der Parkettsteine bestimmt. Der Einsatz einer Deckschicht verbessert die Inhomogenität der Temperaturverteilung weiter ohne sie zu beseitigen. Diese Empfehlungen für die Auswahl der luftdurchlässigen Struktur sind in Abbildung 7.17 zusammengefasst.

Zusätzlich zu der Festlegung einer geeigneten Mesostruktur für die Anwendung sollten diese Eigenschaften auch bei der Integration von luftdurchlässigen Bereichen in ein technisches System beachtet werden. Da bereits die Luftkanäle, die unter der luftdurchlässigen Schicht verlaufen, den Wärmetransport erheblich beeinflussen, sollte ein möglichst geringer Durchmesser und ein großer Abstand der Kanäle gewählt werden. Bei der Platzierung der Kanäle ist zu beachten, dass jedes Schachbrettfeld von einem Kanal erreicht wird, weil sonst keine durchgängige Verbindung besteht und das luftdurchlässige Material seine Funktion nicht erfüllen kann.

Das System aus luftdurchlässigem Material und Luftkanälen stellt einen Eingriff in die thermischen Verhältnisse des technischen Systems dar. Welche Auswirkung dies auf die Prozesse und die produzierten Produkte hat, ist von der jeweiligen Applikation abhängig und kann in den meisten Fällen nur durch die Erprobung in einem realistischen Kontext bestimmt werden. Daher wird im folgenden Kapitel 8 das laseradditiv gefertigte, luftdurchlässige Material in einem Spritzgießwerkzeug erprobt und hierbei auch auf Veränderungen an den produzierten Kunststoffartikeln geachtet.

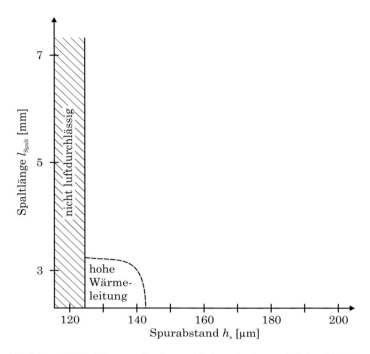

Abbildung 7.17.: Eignung der laseradditiv gefertigten, luftdurchlässigen Mesostruktur in Hinblick auf die thermischen Eigenschaften

Literaturverzeichnis

[1] Norm DIN 1341:1986-10 Oktober 1986. *Wärmeübertragung - Begriffe, Kenngrößen*

[2] HERING, E. ; MARTIN, R. ; STOHRER, M.: *Physik für Ingenieure*. 10. Auflage. Berlin : Springer, 2007. – ISBN 978–3–540–71855–0

[3] FOURIER, J.B.J.: *Théorie Analytique de la Chaleur*. Paris : Firmin Didot, 1822

[4] CZARNETZKI, W.T.: *Meßverfahren mit Temperaturschwingungen für Wärme- und Temperaturleitfähigkeit*. Hamburg, Universität der Bundeswehr, Diss., 1997

[5] HAHN, U.: *Physik für Ingenieure*. München : Oldenbourg, 2007. – ISBN 978–3–486–59490–4

[6] AMESÖDER, S.: *Wärmeleitende Kunststoffe für das Spritzgießen*. 1. Auflage. Erlangen : Lehrstuhl für Kunststofftechnik, 2010. – ISBN 978–3–931864–46–0. – zgl. Diss. Univ. Erlangen-Nürnberg

[7] KANDLIKAR, S.G. ; GRANDE, W.J.: Evolution of Microchannel Flow Passages - Thermohydraulic Performance and Fabrication Technology. In: *Heat Tranfer Engineering* 24 (2003), Nr. 1, S. 3 – 17. – ISSN 0145–7632

[8] VEREIN DEUTSCHER INGENIEURE, VDI-GESELLSCHAFT VERFAHRENSTECHNIK UND CHEMIEINGENIEURWESEN (GCV) (Hrsg.): *VDI-Wärmeatlas*. 11. Auflage. Springer, 2013. – ISBN 978–3–642–19980–6

[9] HÄUSSLER, K. ; SCHLEGEL, E. (Hrsg.): *Calciumsilicat-Wärmedämmstoffe*. 1. Auflage. Freiberg : Technische Universität Bergakademie Freiberg, 1995 (Freiberger Forschungsheft A 834). – ISBN 3–86012–014–X

[10] WULF, R.: *Wärmeleitfähigkeit von hitzebeständigen und feuerfesten Dämmstoffen - Untersuchungen zu Ursachen für unterschiedliche Messergebnisse bei Verwendung verschiedener Messverfahren*. Freiberg, Technischen Universität Bergakademie Freiberg, Diss., 2009

[11] PERTIGEN, E.: *Der Teufel in der Physik: eine Kulturgeschichte des Perpetuum mobile*. 2. Auflage. Berlin : Verlag Information für Technik und Wissenschaft, 2000. – ISBN 3–934378–50–1

[12] SHAH, R.K. ; DUSAN, P.S.: *Fundamentals of heat exchanger design*. 1. Auflage. Hoboken : J. Wiley, 2003. – ISBN 978–0–471–32171–2

[13] WAGNER, W.: *Wärmeaustauscher : Grundlagen, Aufbau und Funktion thermischer Apparate Verknüpfte Titel: Serie: Vogel-Fachbuch Kamprath-Reihe*. 4. Auflage. Würzburg : Vogel, 2009. – ISBN 978–3–8343–3161–8

[14] STARK, C: *Wärmetransport in Faserisolationen: Kopplung zwischen Festkörper-und Gaswärmeleitung.* Würzburg, Bayrische Julius-Maximilians-Universität, Diss., 1991

[15] KEMPEN, K. ; YASA, E. ; THIJS, L. ; KRUTH, J.-P. ; VAN HUMBEECK, J.: Microstructure and Mechanical Properties of Selective Laser Melted 18Ni-300 Steel. In: *Physics Procedia* 12 (2011), S. 255 – 263. – ISSN 1875–3892

[16] LBC ENGINEERING (Hrsg.): *Materialdatenblatt 1.2709 - Werkstoffkenndaten.* `http://www.lasergenerieren.de/upload/lbc-engineering-materialdatenblatt-1-2709.pdf`. Version: Mai 2013, Abruf: 09.11.2013. – Firmenschrift

[17] CITIM GMBH (Hrsg.): *Datenblatt Werkzeugstahl 1.2709.* `http://www.citim.de/de/download/DB-SLM-1-2709-citim-de-2013-01.pdf`. Version: September 2012, Abruf: 10. August 2014

[18] WESTERMANN, T.: *Modellbildung und Simulation.* 1. Auflage. Heidelberg : Springer, 2010. – ISBN 978–3–642–05460–0

[19] VAJNA, S. ; WEBER, C. ; BLEY, H. ; ZEMAN, K. ; HEHENBERGER, P.: *CAx für Ingenieure - Eine praxisbezogene Einführung.* 2. Auflage. Berlin : Springer, 2009. – ISBN 978–3–540–36038–4

[20] BRUNOTTE, R.: *Die thermodynamischen und verfahrenstechnischen Abläufe der in-situ-Oberflächenmodifizierung beim Spritzgießen.* 1. Auflage. Chemnitz : Fördergemeinschaft Kunststofftechnik, 2005 (Schriftenreihe Kunststoffe Bd. 2). – ISBN 3–939382–01–9. – zgl. Diss. TU Chemnitz

8. Einsatzmöglichkeiten in technischen Anwendungen

Die laseradditiv gefertigte, luftdurchlässige Struktur nutzt die große Freiheit aus, die die laseradditive Fertigung für die Gestaltung von Bauteilen bietet. Form, Größe und Mesostruktur eines luftdurchlässigen Bereichs können an die jeweiligen Anforderungen angepasst werden und ermöglichen so einen vielseitigen Einsatz in industriellen Anwendungen. Das Potential, mit dem hier entwickelten Material neue Produkte und Funktionen zu realisieren, wird im Folgenden an Beispielen aus dem Werkzeugbau für den Kunststoffspritzgießprozess demonstriert. Komponenten für Spritzgießwerkzeuge wurden als Referenzanwendung gewählt, da diese sowohl mechanische als auch thermische Anforderungen erfüllen. Die Eigenschaften des Werkzeugs haben einen Einfluss auf die Produktivität und Qualität des Spritzgießprozesses und demonstrieren so die Eignung des luftdurchlässigen Materials für einen industriellen Prozess und die Grenzen die hierbei bestehen.

8.1. Einsatz in Spritzgießwerkzeugen

Die Mesostruktur der luftdurchlässigen Strukturen soll für den Einsatz in Spritzgießwerkzeugen so gestaltet sein, dass sie durchlässig für Luft aber undurchlässig für die Kunststoffschmelze ist, die im Spritzgießprozess in die Kavität eingespritzt wird. Sie kann dort generell in zwei Funktionen eingesetzt werden. Zum einen kann die Struktur Luft aus der Kavität entweichen lassen. Dies ermöglicht die Verwendung zur Entlüftung der Kavität während der Einspritzphase. Wie bereits in Abschnitt 2.3.2.2 beschrieben, führt eine schlechte Entlüftung des Spritzgießwerkzeugs zu Qualitätsmängeln an den produzierten Kunststoffteilen. Als Gegenmaßnahme platziert der Werkzeugbauer Entlüftungsstrukturen lokal in den Bereichen, in denen sich Luft staut. Trenke hat laseradditiv gefertigte Einsätze entwickelt, die an kritischen Stellen in das Werkzeug eingebaut werden können und in ihrer Formgebung flexibler sind als die bisher eingesetzten Sinterstopfen [1]. Die Mesostruktur des hier entwickelten luftdurchlässigen Materials kann als Verbesserung des Materials von Trenke beeinflusst werden und bietet so mehr Kontrolle über die Entlüftung. Zum anderen kann das Material als zweite Funktion Luft in die Kavität leiten. Dies verhindert bei der Entformung die Bildung eines Unterdrucks zwischen dem Kunststoffartikel und dem Werkzeug. [2]

Die beiden beschriebenen Anwendungen sind passiv und verwenden das luftdurchlässige Material lediglich, um eine permanente Verbindung von der Kavität zur Umgebung herzustellen. Die luftdurchlässige Struktur kann auch Teil eines aktiven Systems sein.

Im Folgenden wird ein Druckluftauswerfersystem vorgestellt, welches erst durch die additiv gefertigten, luftdurchlässigen Strukturen umgesetzt werden konnte.

8.1.1. Realisierung von Druckluftauswerfern mit laseradditiv gefertigten, luftdurchlässigen Strukturen

Ziel der Entwicklung dieses Druckluftauswerfersystems ist es, das mechanische Auswerfersystem vollständig zu ersetzen. Das System soll in der Lage sein, die Kunststoffartikel ohne weitere Hilfsmittel zuverlässig aus dem Spritzgießwerkzeug zu entfernen [3]. Die Abbildung 8.1 zeigt das Funktionsprinzip dieses Systems. Dieses ist zusammen mit dem Kühlsystem in einen laseradditiv gefertigten Werkzeugeinsatz integriert. Durch eine Zuleitung im Werkzeug gelangt Druckluft in den Werkzeugeinsatz und verteilt diese über ein System aus Luftkanälen unter einer luftdurchlässigen Schicht. Die Aufgabe der laseradditiv gefertigten, luftdurchlässigen Strukturen in dem Druckluftauswerfersystem ist es, Druckluft von den Versorgungskanälen im Inneren des Werkzeugeinsatzes zur Oberfläche zu leiten. Hier trifft die Druckluft auf den Kunststoffartikel und übt auf diesen eine Kraft aus, um ihn aus der Werkzeugform zu entfernen. Zunächst liegt der Kunststoffartikel direkt auf dem Stahl der Werkzeugform auf und der Luftdruck wirkt nur auf eine kleine Kunststofffläche an den Öffnungen der Spalte. Ausgehend von diesen kleinen Bereichen löst sich der Artikel von der Oberfläche. In dieser Phase ist nur ein geringer Volumenstrom erforderlich. Je größer die Fläche wird, auf die der Druck wirkt, desto größer wird die Kraft, die die Druckluft auf den Artikel ausübt. Die Ablösung beschleunigt sich und an die Stelle einer lokalen elastischen Verformung des Kunststoffs tritt die Bewegung des Kunststoffartikels. Zwischen Kunststoffartikel und Werkzeug hat sich ein Hohlraum gebildet, der vergleichbar mit einer Kammer in einem Pneumatikzylinder ist und den Artikel bewegt. Mit wachsender Geschwindigkeit des Artikels steigt das Volumen des Hohlraumes und es muss immer mehr Luft durch die Spalte des Auswerfersystems in den Hohlraum strömen, um den Druck aufrecht zu erhalten. In Abhängigkeit von der Werkzeugform und der zurück gelegten Strecke des Kunststoffartikels öffnet sich eine Verbindung zwischen dem Hohlraum und der Umgebung. Die Luft strömt an dem Artikel vorbei und der Druck in dem Hohlraum fällt auf den Umgebungsdruck ab. Das Druckluftauswerfersystem kann keine Kraft mehr auf den Artikel aufbringen, um diesen weiter zu beschleunigen. Reicht die bis zu diesem Punkt gewonnene Geschwindigkeit aus, dann fällt das Kunststoffteil an eventuellen Hindernissen vorbei nach unten aus der Spritzgießmaschine heraus. [4]

Im Gegensatz zu einem Entlüftungssystem ist für das Druckluftauswerfersystem eine große luftdurchlässige Fläche in der Oberfläche des Werkzeugs erforderlich, damit eine ausreichende Kraft auf den Kunststoffartikel ausgeübt wird. Die luftdurchlässigen Strukturen nehmen daher einen sehr viel größeren Raum im Werkzeug ein. Neben einer ausreichenden Durchlässigkeit für Luft bei gleichzeitiger Undurchlässigkeit für Kunststoffschmelze kommen weitere Anforderungen hinzu. Der Druck der Kunststoffschmelze in der Einspritzphase stellt eine mechanische Belastung dar. Wie bereits in Abschnitt 6.2.2 gezeigt, kann diese zum Versagen des Systems durch Aufweitung der Spalte in Folge einer seitlichen Belastung auf einzelne Wände führen. Durch die Schmelze wird das Ende der Wände nicht fixiert und sie können der Kraft seitlich ausweichen. Diese Belastungsart wurde in Abschnitt 6.4.3 als die mit dem geringsten Widerstand ge-

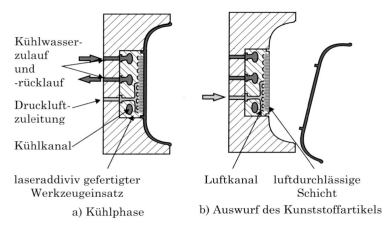

Kühlwasser-
zulauf
und
-rücklauf

Druckluft-
zuleitung

Kühlkanal

laseraddiviv gefertigter
Werkzeugeinsatz

Luftkanal   luftdurchlässige
Schicht

a) Kühlphase

b) Auswurf des Kunststoffartikels

Abbildung 8.1.: Aufbau und Funktionsprinzip des Druckluftauswerfersystems

gen mechanische Belastungen identifiziert. Eine möglichst robuste Struktur ist daher erforderlich. Die Anforderungen an die Luftdurchlässigkeit und die mechanische Belastbarkeit bestimmen die Funktion des Auswerfersystems. Für die Temperierung des Spritzgießwerkzeugs, welche, wie in Abschnitt 2.3 beschrieben, die Wirtschaftlichkeit des Spritzgießprozesses und die Qualität der Kunststoffartikel bestimmt, ist auch die Wärmeleitung von Bedeutung.

Die Erkenntnisse über den Einfluss der Mesostruktur auf die Luftdurchlässigkeit, die mechanische Widerstandsfähigkeit und die thermischen Eigenschaften werden genutzt, um geeignete Strukturen für das Druckluftauswerfersystem auszuwählen. Die Undurchlässigkeit für Kunststoffe beschränkt die Spaltbreite auf $b_{Spalt,max} = 25\,\mu m$ für teilkristalline Kunststoffe und $b_{Spalt,max} = 38\,\mu m$ für amorphe Kunststoffe [1]. Die gemessenen Spaltbreiten an der Oberseite der Proben in Tabelle 4.3 zeigen, dass der Spurabstand unter $h_s = 140\,\mu m$ liegen sollte. Die Untersuchung der Luftdurchlässigkeit in Kapitel 5 haben gezeigt, dass die Proben mit einem Spurabstand von $h_s = 130\,\mu m$ und $h_s = 140\,\mu m$ luftdurchlässig sind. Die Simulationen und Eindringversuche in Kapitel 6 haben gezeigt, dass die Begrenzung auf kleine Spurabstände auch die Robustheit der Struktur steigert. Auf Grundlage dieser Untersuchungen wird die Länge der Spalte auf $l_{Spalt,max} = 5\,mm$ beschränkt, da längere Spalte zu einer größeren Aufweitung der Spalte führen. Der Unterschied der thermischen Eigenschaften zwischen massivem Material und luftdurchlässigem Material ist geringer bei der Wahl eines kleineren Spurabstands. Daher empfiehlt sich für den Einsatz in Spritzgießwerkzeugen auch aus thermischen Gesichtspunkten ein kleiner Spurabstand.

Diese theoretischen Überlegungen sind alleine nicht ausreichend, um über die Eignung der luftdurchlässigen Strukturen für den Einsatz in Spritzgießwerkzeugen zu entscheiden. Die Komplexität der Vorgänge in dem Spritzgießprozess erfordert eine experimentelle Verifizierung, da sich die dynamischen, thermischen und mechanischen Vorgänge im Spritzgießprozess und die Wechselwirkungen mit der luftdurchlässigen Mesostruktur nicht theoretisch erschließen lassen. Die Werkzeuge für die Versuche wurden durch den

Werkzeugbau Siegfried Hofmann gefertigt und dort wurden auch die Bemusterungen durchgeführt.

8.1.2. Verifizierung der laseradditiv gefertigten luftdurchlässigen Strukturen in Spritzgießwerkzeugen

Die Bestätigung, dass die Annahmen über die Eignung der ausgewählten luftdurchlässigen Mesostrukturen für den Einsatz in Spritzgießwerkzeugen richtig sind, erfolgt durch Spritzgießversuche. Ziel der Versuche ist es, mit mehreren Werkzeugen und Strukturen zu zeigen, dass das luftdurchlässige Material die erwartete Funktion in einem Druckluftauswerfersystem erfüllt. Dies umfasst mehrere Aspekte: die Möglichkeit, ein technisches System mit dem luftdurchlässigen Material herzustellen, die Funktion des Auswerfersystems, die Langzeitstabilität der Luftdurchlässigkeit in der Serienfertigung und die Auswirkungen auf die produzierten Kunststoffartikel.

Kunststoffspritzgießen ist ein Fertigungsverfahren, mit dem sich Kunststoffbauteile für die unterschiedlichsten Anwendungen herstellen lassen. Mit der Bandbreite an spritzgegossenen Produkten variieren sowohl die Formen der Artikel als auch die Anforderungen, die an diese gestellt werden [2, 5]. Um die Anwendung der luftdurchlässigen Strukturen in diesem breit aufgestellten Umfeld abzubilden, werden zwei sehr unterschiedliche Versuchswerkzeuge mit Druckluftauswerfersystemen hergestellt. Abschnitt 8.1.2.1 beschreibt die Anwendung eines Druckluftauswerfersystems in einem Spritzgießwerkzeug für technische Funktionsteile. Ein Druckluftauswerfersystem in einem Werkzeug für einen Verpackungsteil wird in Abschnitt 8.1.2.2 beschrieben. Die Auswerfersysteme sind jeweils in einen laseradditiv gefertigten Einsatz integriert. Die Einsätze sind austauschbar, damit unterschiedliche luftdurchlässige Strukturen in einem Werkzeug getestet werden können. Vor Beginn und während der Spritzgießversuche wird regelmäßig die Luftdurchlässigkeit der Werkzeugeinsätze gemessen. Dies ermöglicht es, Veränderungen in der luftdurchlässigen Struktur zu erkennen. Abschnitt 8.1.4 fasst die Erfahrungen mit den unterschiedlichen Strukturen in Druckluftauswerfern zusammen.

8.1.2.1. Druckluftauswerfer in Werkzeugen für technische Funktionsteile

Technische Funktionsteile sind Kunststoffteile, die primär eine technische Funktion erfüllen. Beispiele sind Halteelemente, Behälter und Gehäuse. Diese haben eine größere Wandstärke, um eventuell auftretende mechanische Belastungen aufnehmen zu können, und flächige Bereiche mit geringer Komplexität. Sind die Bauteile im Inneren von Systemen verbaut, und dadurch außerhalb des Sichtbereichs des Nutzers, dann werden häufig geringere Anforderungen an die Struktur der Oberfläche gestellt.

Als Referenzbauteil für ein technisches Produkt wird die Kartschüssel in Abbildung 8.2 gewählt. Das Bauteil hat eine geringe Komplexität und eine Form, die sich auf andere Bauteile mit großen Flächen, wie beispielsweise Verschalungen und Deckel, übertragen lässt. Der Anspritzpunkt befindet sich auf der Oberseite der Schüssel mit einem

Durchmesser von 122 mm. Auf der gegenüberliegenden Seite liegt der Bereich mit dem luftdurchlässigen Material des Druckluftauswerfersystems. Direkt gegenüber vom Anspritzpunkt hat die Schmelze im Spritzgießprozess die höchste Temperatur und es wirkt der volle Einspritzdruck. Um das Risiko eines Bauteilversagens zu minimieren, befindet sich an dieser Stelle ein kleiner Bereich aus massivem Material. Die Auswerferfläche wird von einem 1 mm hohen, durchgehenden Rand umschlossen. Auf der Innenseite hat dieser Ring eine Ausformschräge von 3°. Der Rand dient in der Benutzung als Standfläche. Im Spritzgießprozess schrumpft der Rand auf die Auswerferseite auf und hält den Artikel beim Öffnen des Werkzeugs fest. Dies ist erforderlich, um den Artikel vom Anguss abzureißen. Bei der Entformung dichtet der Rand den Raum zwischen dem Auswerfersystem und dem Kunststoffartikel ab und hält so den Luftdruck länger aufrecht. Der Artikel wird durch den Druck länger beschleunigt und löst sich mit einer höheren Geschwindigkeit vom Werkzeug.

Abbildung 8.2.: Referenzartikel für technische Kunststoffteile

Das Druckluftauswerfersystem ist in einem Werkzeugeinsatz integriert. Abbildung 8.3 zeigt diesen als transparentes CAD-Modell in zwei Ansichten. Neben dem luftdurchlässigen Material und den Kanälen, die die Druckluft unter dieser luftdurchlässigen Schicht verteilen, enthält der Einsatz auch einen Kühlkanal. Dieser ist in einer einzigen, mehrfach gebogenen Schleife durch den Einsatz gelegt.

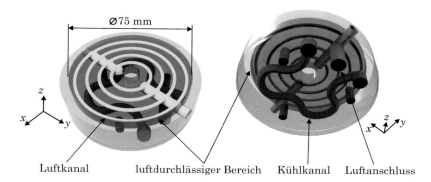

Abbildung 8.3.: Transparentes CAD-Modell des Werkzeugeinsatzes mit Druckluftauswerfersystem

Für das Werkzeug wurden drei verschiedene Einsätze für das Druckluftauswerfersystem gefertigt. Bei dem ersten Einsatz erfolgte die Belichtung der luftdurchlässigen Struktur in einem Streifenmuster mit $l_{\mathrm{Spalt}} = 10\,\mathrm{mm}$ breiten Streifen und einem Spurabstand $h_{\mathrm{s}} = 200\,\mu\mathrm{m}$. Die Mesostruktur liegt somit außerhalb des untersuchten Bereichs und repräsentiert somit eine Extremposition, mit der die vermutete Einsatzgrenze der Mesostruktur im Spritzgießprozess bestätigt werden soll. Der zweite Werkzeugeinsatz verfügt über eine Schachbrettstruktur mit $l_{\mathrm{Spalt}} = 5\,\mathrm{mm}$ großen Feldern und einem Spurabstand $h_{\mathrm{s}} = 170\,\mu\mathrm{m}$. Mit diesen Abmessungen liegt die Mesostruktur in der Mitte des in dieser Arbeit untersuchten Wertebereichs von $h_{\mathrm{s}} = 130\,\mu\mathrm{m}$ bis $200\,\mu\mathrm{m}$ und $l_{\mathrm{Spalt}} = 3\,\mathrm{mm}$ bis $7\,\mathrm{mm}$. Die Oberfläche der beiden Einsätze wurde durch Drehen spanend nachbearbeitet. Durch die Kräfte, die bei dieser Nachbearbeitung auf die Wände der Struktur wirken, werden diese verformt. Die resultierende Spaltbreite an der Oberfläche des Werkzeugs liegt durch diese Verformung unterhalb der empfohlenen maximalen Spaltbreite aus Abschnitt 2.3.2.2. Dies zeigt die Abbildung 8.4 mit einem Schnitt durch eine Probe, bei der die Oberseite durch Fräsen bearbeitet wurde. Die obersten $0{,}1\,\mathrm{mm}$ bis $0{,}2\,\mathrm{mm}$ sind durch die Schnittkräfte beim Fräsen nach links verformt. Der Schnitt selbst wurde mit Drahterodieren durchgeführt, um die Wände nicht durch die Präparation der Probe zu deformieren.

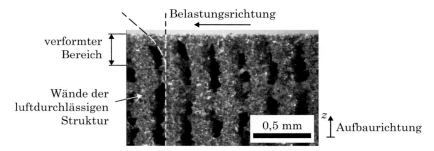

Abbildung 8.4.: Schnitt durch eine luftdurchlässige Probe nach der spanenden Bearbeitung der Oberfläche (hergestellt mit den Parametern in Tab. 4.2)

Die luftdurchlässige Struktur im dritten Werkzeugeinsatz entspricht dem ersten Einsatz mit einer Spaltlänge $l_{\mathrm{Spalt}} = 10\,\mathrm{mm}$ und einem Spurabstand $h_{\mathrm{s}} = 200\,\mu\mathrm{m}$. Über dieser luftdurchlässigen Schicht befindet sich eine zusätzliche, massive Deckschicht. Nach der spanenden Bearbeitung des Einsatzes erfolgte als letzter Schritt der Nachbearbeitung die Perforation der Deckschicht mit einem Laser. Der Abschnitt 4.4.2 beschreibt diesen Schritt und zeigt in Abbildung 4.12 einen Ausschnitt der Oberfläche des Werkzeugs. Dieser dritte Einsatz soll das Konzept einer perforierten Deckschicht über der laseradditiv gefertigten, luftdurchlässigen Mesostruktur bestätigen.

Die drei unterschiedlichen Werkzeugeinsätze werden nacheinander in dem Werkzeug für das technische Referenzteil erprobt. Für die Spritzgießversuche wird mit Bayblend, einer Mischung aus 45 % Polycarbonat und 55 % Acrylnitril-Butadien-Styrol (PC+ABS), ein typischer Werkstoff für technische Funktionsteile gewählt [6]. Der erste Einsatz für das Druckluftauswerfersystem mit seinen $l_{\mathrm{Spalt}} = 10\,\mathrm{mm}$ langen Spalten und dem großen Spurabstand von $h_{\mathrm{s}} = 200\,\mu\mathrm{m}$ ist, entsprechend den in dieser Arbeit entwickelten Eignungsprofilen nicht für Spritzgießanwendungen zu empfehlen. Die Spritzgießversuche bestätigen dies. Das Druckluftauswerfersystem ist mit diesem Einsatz nicht in der Lage die Kunststoffartikel zuverlässig aus dem Werkzeug zu entfernen. Es bleiben etwa 50 % der Teile in der Form zurück. Hinzu kommt, dass die Luftdurchlässigkeit mit der Zeit abnimmt. Abbildung 8.5 zeigt dies durch den Vergleich der gemessenen Volumenströme vor den Spritzgießversuchen, nach 18 Formfüllungen, 100 Formfüllungen und 200 Formfüllungen.

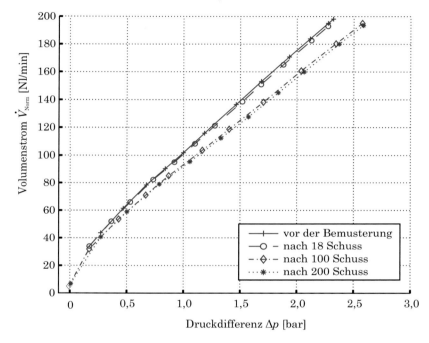

Abbildung 8.5.: Durchfluss durch den Werkzeugeinsatz mit Streifenstruktur ($l_\text{Spalt} = 10\,\text{mm}$, $h_\text{s} = 200\,\mu\text{m}$, hergestellt mit den Parametern in Tab. 4.2)

Die deutliche Verschlechterung der Durchlässigkeit bereits während der ersten 200 Artikel ist für ein technisches System, dessen Aufgabe die Massenproduktion von Kunststoffteilen ist, nicht akzeptabel. Wie die Abbildung 8.6(a) zeigt, ist die Kunststoffschmelze in die Spalten eingedrungen und hat diese verformt. Dies ist sowohl an den Kunststoffresten in den Spalten des Werkzeugeinsatzes zu erkennen, als auch an den rauen Oberflächen des Kunststoffartikels in Abbildung 8.6(b). Die Verformung und die Kunststoffreste haben die gemessene Verschlechterung der Luftdurchlässigkeit verursacht. Die PC+ABS-Schmelze scheint in den Spalten erstarrt zu sein und ist nicht tiefer in das System eingedrungen, da die Luftdurchlässigkeit in den übrigen Bereichen erhalten geblieben ist. Das Ergebnis der Bemusterung eines identischen Werkzeugeinsatzes mit Polypropylen (PP) wurde bereits in Abschnitt 6.2.2 vorgestellt. Dort ist das Polypropylen nicht in den Spalten erstarrt, sondern ist bis in die Druckluftversorgung des Werkzeugs eingedrungen. Die Schmelze hat die Versorgungskanäle vollständig verschlossen und dadurch während der ersten sechs Einspritzvorgänge zu einem Totalausfall des Auswerfersystems geführt.

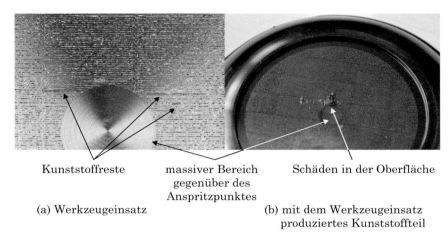

Kunststoffreste   massiver Bereich   Schäden in der Oberfläche
gegenüber des
Anspritzpunktes

(a) Werkzeugeinsatz   (b) mit dem Werkzeugeinsatz
produziertes Kunststoffteil

Abbildung 8.6.: Oberfläche des Werkzeugeinsatzes mit Streifenstruktur nach der Bemusterung ($l_{\text{Spalt}} = 10\,\text{mm}$, $h_{\text{s}} = 200\,\mu\text{m}$, hergestellt mit den Parametern in Tab. 4.2) und ein damit produzierter Kunststoffartikel

Der zweite Werkzeugeinsatz mit dem 5 mm Schachbrettmuster zeigte in den Spritzgießversuchen eine zuverlässigere Entformung. Über eine Produktion von 100 Artikeln wurde ein stabiler Prozess erreicht, bei dem nur vereinzelt Artikel nicht entformt wurden. Die Untersuchung der Oberfläche der Kunststoffartikel zeigt, dass Schmelze lokal in einzelne Spalte eingedrungen ist. Abbildung 8.7 zeigt solch ein Oberflächenartefakt am Artikel durch das Eindringen der Schmelze in den Werkzeugeinsatz. Ebenfalls erkennbar sind die Riefen, die die spanende Bearbeitung hinterlassen hat. Auch wenn ein stabiler Prozess erreicht wurde, so zeigt die eingedrungene Schmelze, dass die gewählten Parameter nicht für die Fertigung von luftdurchlässigen Strukturen für Spritzgießwerkzeuge geeignet sind. Dies wiederum bestätigt die Eignungsprofile aus den vorangegangenen Kapiteln, welche kleinere Spurabstände als geeignet für mechanisch und thermisch belastete Bauteile identifizierten.

Abbildung 8.7.: Oberfläche eines Kunststoffartikels aus dem Werkzeug mit Schachbrettmuster ($l_{\text{Spalt}} = 5\,\text{mm}$, $h_{\text{s}} = 170\,\mu\text{m}$)

Die besten Ergebnisse in Hinblick auf die Funktion des Druckluftauswerfersystems und
die Qualität der produzierten Kunststoffteile liefert der Einsatz mit einer Deckschicht.
Über eine Produktionsmenge von 468 Teilen wurde ein stabiler Prozess mit der zuverlässigen Entformung aller Artikel erreicht. Die Luftdurchlässigkeit des Systems aus
luftdurchlässigem Material und perforierter Deckschicht hat sich, wie in Abbildung 8.8
gezeigt, nicht verändert.

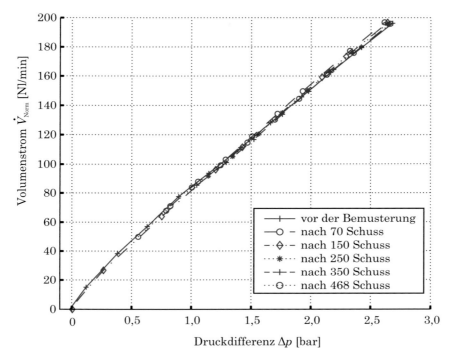

Abbildung 8.8.: Durchfluss durch den Werkzeugeinsatz mit perforierter Deckschicht
über dem luftdurchlässigen Material ($l_{\mathrm{Spalt}} = 10\,\mathrm{mm}$, $h_{\mathrm{s}} = 200\,\mathrm{\mu m}$,
hergestellt mit den Parametern in Tab. 4.2 und Tab. 4.7)

Die produzierten Artikel haben eine ansprechende Oberfläche mit einem regelmäßigen Punktmuster, welches der Auswerferfläche eine gleichmäßige Strukturierung gibt.
Abbildung 8.9 zeigt die dreidimensionale Darstellung der Oberfläche des Kunststoffartikels. Diese wurde mit einem konfokalen Lasermikroskop aufgenommen. Die Aufnahme
zeigt, dass sich die aufgeworfene Schmelze rund um die Laserbohrungen auf dem Artikel
als Vertiefungen abgeformt haben.

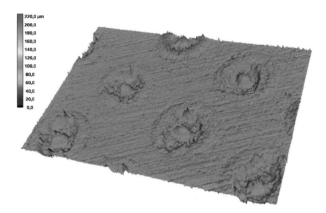

Abbildung 8.9.: Oberfläche des Kunststoffartikels aus dem Werkzeug mit perforierter Deckschicht über dem luftdurchlässigen Material ($l_{\mathrm{Spalt}} = 10\,\mathrm{mm}$, $h_{\mathrm{s}} = 200\,\mathrm{\mu m}$, hergestellt mit den Parametern in Tab. 4.2 und Tab. 4.7)

8.1.2.2. Druckluftauswerfer in Werkzeugen für Verpackungsteile

Für die Verpackungsindustrie sind Kunststoffe ein wichtiger Werkstoff. Im Jahr 2009 entfiel 28 % des Branchenumsatzes von 21,8 Milliarden € auf Kunststoffverpackungen. Damit sind Kunststoffe nach der Gruppe von Papier- und Kartonverpackungen an zweiter Stelle im Umsatzranking der Verpackungsindustrie [7]. In der kunststoffverarbeitenden Industrie machten 2013 die Verpackungen mit 4,3 Millionen Tonnen den größten Anteil an der verarbeiteten Kunststoffmenge aus. Der damit gemachte Umsatz von 13,6 Milliarden € entspricht ungefähr dem von technischen Teilen [8]. Kunststoffverpackungen sind sowohl aus Sicht der Verpackungsindustrie als auch der kunststoffverarbeitenden Industrie ein wichtiges Erzeugnis.

Für den Endkunden sind Verpackungsteile nicht das eigentliche Produkt, sondern die Verpackungen nehmen dieses nur auf und bestimmen durch ihre Gestaltung das Erscheinungsbild des Produktes. Sie sind daher Teil des Produktdesigns und die Anforderungen an die sichtbaren Oberflächen sind entsprechend hoch [9, 10]. Aus Gestaltungs- oder Kostengründen sind in Verpackungskomponenten häufig Funktionselemente wie beispielsweise Schraubgewinde, Filmscharniere oder Schnappverschlüsse integriert. Die Kunststoffartikel werden meistens in großen Stückzahlen produziert und entsprechend wichtig ist daher Wirtschaftlichkeit und Geschwindigkeit der Fertigung. Wie bereits in Abschnitt 2.3 erläutert, macht die Kühlzeit einen signifikanten Anteil der Zykluszeit aus. Verpackungsteile sind daher auf eine möglichst geringe Wandstärke optimiert, um ein schnelles Abkühlen und Erstarren der Bauteile zu gewährleisten. [5, 11]

Bei dem Referenzartikel für den Einsatz von Druckluftauswerfern in Werkzeugen für Verpackungsartikel handelt es sich um den vereinfachten Verschluss in Abbildung 8.10. Derartige Verschlüsse finden sich beispielsweise auf Tuben von Kosmetikartikeln. Das Bauteil besteht aus einem Tubenaufsatz der durch ein Filmscharnier mit einem Deckel verbunden ist. Dieser kann mit dem Scharnier um 180° schwenken und schnappt dann auf die Kante des Tubenaufsatzes auf und verschließt so die Öffnung der Tube. Bei dem Artikel wurde aus Kostengründen auf die Gestaltung der Verbindung zu der Tube verzichtet. Diese hätte die Komplexität des Werkzeugs durch Gewinde und Hinterschnitte erhöht ohne zusätzliche Erkenntnisse über die Eignung des luftdurchlässigen Materials zu liefern. Mit Polypropylen wurde ein für Verpackungsteile üblicher Kunststoff gewählt. Der Anspritzpunkt befindet sich zwischen der Tubenöffnung und dem Filmscharnier auf der Seite, die bei geöffnetem Deckel für den Benutzer sichtbar ist. Die Kunststoffschmelze wird bei der Formfüllung durch das Filmscharnier in den Deckel gedrückt. Dies führt zu einem hohen Einspritzdruck auf der Seite des Tubenaufsatzes.

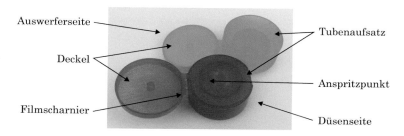

Abbildung 8.10.: Referenzartikel für Verpackungsteile

In das Werkzeug sind die in Abbildung 8.11 eingezeichneten Auswerferflächen integriert, diese werden als Beispiel für die Gestaltungsmöglichkeiten der luftdurchlässigen Struktur unterschiedlich realisiert. Der Tubenaufsatz hat auf der Auswerferseite zwei kreisringförmige Flächen, die mit Druckluft beaufschlagt werden können. Im Werkzeug sind an diesen Stellen die Wände des luftdurchlässigen Materials radial angeordnet. Da hierdurch die Breite eines Spalts nicht konstant ist, sondern sich dieser zum Rand hin verbreitert, wird der Abstand an der Außenseite des jeweiligen Rings als Spurabstand h_s definiert. Die Wand zwischen den beiden Ringen nimmt bei einem realen Tubenverschluss das Gewinde oder die Hinterschnitte auf, mit denen sich der Verschluss auf der Verpackung festhält. Derartige Rippen sind üblicherweise Bereiche, in denen die Schmelze bei der Formfüllung Luft einschließt. Um die Entlüftung zu verbessern, wurde das Werkzeug an der Oberkante der Wand mit luftdurchlässigem Material versehen. Dieses ist nicht mit dem Druckluftauswerfersystem verbunden, sondern lässt die eingeschlossene Luft in die Umgebung entweichen.

Bei dem Deckel sind sowohl die Düsenseite als auch die Auswerferseite mit luftdurchlässigen Bereichen versehen. Die große Fläche auf der Düsenseite des Deckels ist mit einem Schachbrettmuster mit 5 mm großen Feldern gefüllt. Als zusätzliches Gestaltungselement ist in das Muster ein Schriftzug integriert. Die Buchstaben sind aus massivem Material und heben sich durch die fehlende Schachbrettstruktur von der umgebenden Fläche ab. In der Mitte der Fläche ragt eine kreisförmige Rippe aus der Fläche. Dieser hohle Stift verschließt die Tubenöffnung, wenn der Deckel auf den Tubenaufsatz geklappt wird. Für die Entlüftung dieser Rippe ist das Werkzeug an der Spitze des Stifts luftdurchlässig gestaltet. Auch der Boden des hohlen Stifts ist luftdurchlässig. Durch das Aufschrumpfen der kreisförmigen Rippe auf den Metallkern ist dieser Bereich bei der Entformung gegenüber der Umgebung abgedichtet und ohne die zusätzliche Verbindung zur Umgebung bildet sich ein Unterdruck, der die Auswerferkräfte erhöht. Die Vielfalt in der Ausführung der Druckluftauswerfer in diesem Werkzeug zeigt die Flexibilität, die die laseradditive Fertigung von luftdurchlässigen Strukturen bietet. Das luftdurchlässige Material kann dadurch nicht nur als funktionaler Werkstoff eingesetzt werden, sondern es ist auch eine Nutzung als Gestaltungsmerkmal möglich.

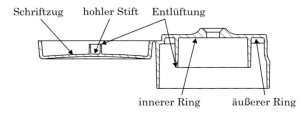

Abbildung 8.11.: Auswerferflächen auf dem Verpackungsteil

Innerhalb des Werkzeugs sind in der Druckluftversorgung entsprechend der Skizze in Abbildung 8.12 mehrere Flächen zusammengefasst worden. Die Auswerferseite mit dem inneren und dem äußeren Auswerferring des Tubenaufsatzes hat einen Druckluftanschluss und die Düsenseite besitzt einen zweiten für die Versorgung der beiden Flächen im Deckel. Da die Spritzgießmaschine nur über ein Schaltventil für Druckluft verfügt, sind die Kreise außerhalb des Werkzeugs zusammengeschlossen und werden nur für die Messung der Luftdurchlässigkeit getrennt und einzeln getestet. Im Spritzgießprozess wird das Ventil zweimal geöffnet. Das erste Mal für einen kurzen Moment vor dem Öffnen des Werkzeugs, damit sich der Deckel von der Düsenseite löst. Das zweite Mal nach dem Öffnen für mehrere Sekunden, um den Artikel aus dem Werkzeug auszuwerfen.

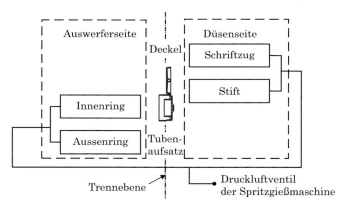

Abbildung 8.12.: Druckluftversorgung des Versuchswerkzeugs

Wie bereits bei dem Werkzeug für den technischen Artikel in Abschnitt 8.1.2.1 sind die luftdurchlässigen Flächen des Werkzeugs für den Tubenverschluss in auswechselbaren Einsätzen integriert. Dies ermöglicht es wieder, Versuche mit unterschiedlichen Mesostrukturen durchzuführen. In Tabelle 8.1 sind die einzelnen Strukturen der Werkzeugeinsätze aufgeführt.

Tabelle 8.1.: Luftdurchlässige Strukturen im Werkzeug für Verpackungsteile (hergestellt mit den Parametern in Tab. 4.2)

Werkzeugseite	Artikelseite	Fläche	Struktur	Parameter
Düsenseite	Tubenaufsatz	keine	-	-
Düsenseite	Deckel	Schriftzug	Schachbrett	$h_\mathrm{s} = 140\,\mu\mathrm{m}$
Düsenseite	Deckel	Schriftzug	Schachbrett	$h_\mathrm{s} = 170\,\mu\mathrm{m}$
Düsenseite	Deckel	Stift	radial	$h_\mathrm{s} = 170\,\mu\mathrm{m}$
Düsenseite	Deckel	Entlüftung	radial	$h_\mathrm{s} = 170\,\mu\mathrm{m}$
Auswerferseite	Tubenaufsatz	Innen- und Außenring	radial	$h_\mathrm{s} = 140\,\mu\mathrm{m}$
Auswerferseite	Tubenaufsatz	Innen- und Außenring	radial	$h_\mathrm{s} = 150\,\mu\mathrm{m}$
Auswerferseite	Tubenaufsatz	Entlüftung	radial	$h_\mathrm{s} = 170\,\mu\mathrm{m}$
Auswerferseite	Deckel	keine	-	-

Die Spritzgießversuche mit dem Werkzeug für den Tubenverschluss erfolgen mit amorphem Polypropylen (PP), einem üblichen Werkstoff für Verpackungsteile. Mit diesem Kunststoff wird jeweils eine ausreichende Anzahl von Teilen gefertigt, um die Eignung der Struktur für den Prozess zu beurteilen. Wie bereits bei dem technischen Referenzartikel wird die Produktion hierzu immer wieder angehalten und die Luftdurchlässigkeit gemessen. Jeder der Einsätze in Tabelle 8.1 dient hierbei der Untersuchung eines anderen Aspektes der Mesostruktur und der industriellen Anwendung.

Der Werkzeugeinsatz mit dem Schriftzug im Deckel soll die Unterschiede der Nachbearbeitungsverfahren zeigen. Dies geschieht auch durch den Vergleich mit den spanend nachbearbeiteten Werkzeugeinsätzen für das technische Bauteil im vorangegangenen Abschnitt. Die Oberflächen der Auswerfer des Verpackungsteils wurden mit Senkerodieren hergestellt. Dieses funkenerosive Fertigungsverfahren ist im Werkzeugbau ein etabliertes Verfahren und wird für die Herstellung von komplexen Formen eingesetzt [2]. Im Gegensatz zur spanenden Bearbeitung werden die Wände der luftdurchlässigen Struktur bei diesem Verfahren nicht verformt. Der technische Artikel aus PC+ABS Kunststoff konnte im vorangegangenen Abschnitt mit dem spanend nachbearbeiteten Werkzeugeinsatz mit $h_\mathrm{s} = 170\,\mu\mathrm{m}$ Spurabstand gefertigt werden. Mit diesem Spurabstand und der folgenden Nachbearbeitung konnte ein stabiler Prozess erreicht werden und die Oberfläche der technischen Kunststoffartikel zeigte nur kleine Artefakte durch eingedrungenen Kunststoff. Demgegenüber ist bei den Versuchen mit einem erodierten Werkzeugeinsatz mit diesem Spurabstand, wie in Abbildung 8.13 gezeigt, Kunststoffschmelze in einen Spalt eingedrungen und dort erstarrt. Dies zeigt, dass sowohl die aus der Nachbearbeitung resultierende Spaltbreite an der Oberfläche als auch der verwendete Kunststoff einen Einfluss auf die Funktion der luftdurchlässigen Struktur haben.

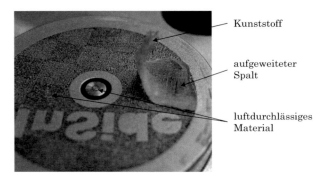

Abbildung 8.13.: Eingedrungener Kunststoff bei einem Werkzeugeinsatz mit Schachbrettmuster und $h_\mathrm{s} = 170\,\mu$m Spurabstand ($l_\mathrm{Spalt} = 5\,$mm, hergestellt
mit den Parametern in Tab. 4.2)

Mit einem zweiten Werkzeugeinsatz mit einem kleineren Spurabstand von $h_\mathrm{s} = 140\,\mu$m
ist ein stabiler Spritzgießprozess mit einem zuverlässigen Auswurf der Artikel möglich. Dies ist an der Veränderung der Luftdurchlässigkeit in Abbildung 8.14 abzulesen.
Gegenüber der Durchlässigkeit vor der Bemusterung verringert sich der Volumenstrom
während der Fertigung der ersten 20 Artikel. Im weiteren Verlauf ändert sich die Durch-
flusscharakteristik bis zum Ende der Versuche nach 100 Teilen nicht mehr und ein
stabiler Zustand ist erreicht.

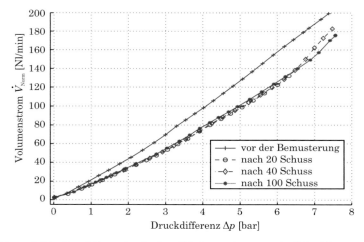

Abbildung 8.14.: Durchfluss durch den Werkzeugeinsatz mit Schachbrettmuster und
140 μm Spurabstand ($l_\mathrm{Spalt} = 5\,$mm, hergestellt mit den Parametern
in Tab. 4.2)

Die Spritzgießversuche zeigen bei den beiden Ringen auf der Auswerferseite des Tubenaufsatzes ein ähnliches Verhalten. In diesen sind die Wände radial angeordnet. Der Vergleich der Volumenströme in Abbildung 8.15 zeigt, dass sich bei einem Spurabstand am äußeren Umfang von $h_s = 150\,\mu m$ der Volumenstrom während der Produktion verschlechtert und auch nach 190 Teilen kein stabiler Zustand erreicht ist. Dem gegenüber ist bei einem Spurabstand von $h_s = 140\,\mu m$ während der ersten 40 Artikel eine Vergrößerung zu beobachten. Der Vergleich der Luftdurchlässigkeit nach 100 und nach 200 produzierten Teilen zeigt keinen Unterschied mehr.

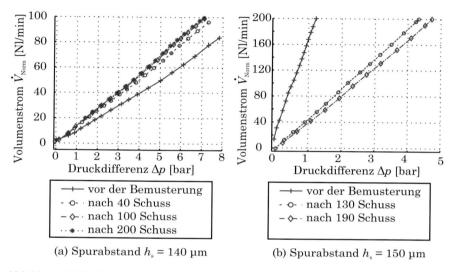

(a) Spurabstand $h_s = 140\,\mu m$ (b) Spurabstand $h_s = 150\,\mu m$

Abbildung 8.15.: Durchfluss durch Werkzeugeinsätze mit radialer Struktur und unterschiedlichen Spurabständen (hergestellt mit den Parametern in Tab. 4.2)

Die Versuche mit unterschiedlichen Werkzeugeinsätzen in dem Spritzgießwerkzeug für Verpackungsteile haben gezeigt, dass die Grenze für den Spurabstand bei $h_s = 140\,\mu m$ liegt und die Spaltlänge unter $l_{Spalt} = 5\,mm$ liegen sollte. Dies deckt sich mit den Erkenntnissen aus den vorangegangenen Kapiteln, die gezeigt haben, dass bis zu diesen Abmessungen die Struktur, im Vergleich zu anderen Abmessungen robuster ist und eine höhere Wärmeleitung bietet. Dabei sind die luftdurchlässigen Spalte schmal genug, um ein Eindringen des Kunststoffs zu verhindern.

8.1.3. Strukturierung von Oberflächen

Im Kapiteln 4.3 wurde die Flexibilität der Gestaltung der luftdurchlässigen Strukturen beschrieben. Um die Strukturierung als Gestaltungselement zu nutzen, sind nicht nur die Möglichkeiten in der Anordnung der Spalte von Bedeutung, sondern auch wie die so gebildete Oberfläche von einem menschlichen Betrachter wahrgenommen wird. Die beiden Aufnahmen von der Oberfläche des technischen Kunststoffartikels und des

Verpackungsteils in Abbildung 8.16 zeigen, dass sich die Struktur des luftdurchlässigen Materials auf die Oberfläche der Kunststoffteile überträgt. Die Struktur ist in der Vergrößerung klar erkennbar.

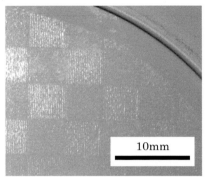

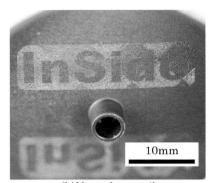

(a) technischer Kunststoffartikel   (b)Verpackungsteil

Abbildung 8.16.: Abformung des luftdurchlässigen Materials auf die Kunststoffartikel

Dass sich die Oberflächenstrukturen wie in Abbildung 8.16 mit technischen Hilfsmitteln wie beispielsweise Lupen oder Mikroskopen darstellen lassen, bedeutet nicht, dass sie in dieser Form auch von Menschen wahrgenommen werden. Gerade bei den kleinen Details der Strukturierung ist die Wahrnehmung eng mit der individuellen Sehschärfe verbunden und wird durch diese begrenzt. Die Sehschärfe ist das Maß für die Fähigkeit des Auges, Einzelheiten räumlich getrennt voneinander wahrzunehmen. Sie wird für ein Individuum von mehreren Faktoren bestimmt, unter anderem von Form und Größe des Objekts, Kontrast, Leuchtdichte und Farbe [12]. Für die hier betrachtete Strukturierung von Oberflächen ist vor allem die statische Sehschärfe von Bedeutung, also die Fähigkeit eines statischen Beobachters unbewegte Objekte wahrzunehmen [12]. Die Sehschärfe wird noch weiter unterteilt in die Punktsehschärfe, für das Erkennen eines Punktes, die Auflösungssehschärfe, für die Unterscheidung von zwei Punkten oder Linien, die Lokalisationssehschärfe, für räumliche Beziehungen zwischen zwei Objekten, und die Erkennungssehschärfe, für das Erkennen von Formen und Eigenschaften von Zeichen [13].

Für die Bewertung der Oberflächenstrukturen des luftdurchlässigen Materials und den Abdrücken, die Druckluftauswerfer auf Kunststoffartikeln zurücklassen, sind zwei Arten der Sehschärfe relevant. Die Punktsehschärfe bestimmt, ob die Laserbohrungen und ihre Abdrücke gesehen werden. Von der Auflösungssehschärfe ist abhängig, ob die Struktur der Flächen als Anordnung von Punkten bzw. parallelen Spalten oder als homogene Fläche wahrgenommen wird. Die durchschnittliche Auflösungssehschärfe eines Menschen liegt bei 1 Winkelminute [12, 14]. Das bedeutet, das bei optimalen Bedingungen aus einer Entfernung von 1 m Details mit einer Größe von 290 μm erkannt werden können.

Neben der Größe des Objektes ist auch der Leuchtdichtenkontrast C und die räumliche Frequenz zwischen dem Objekt für das Erkennen und Unterscheiden von Objekten relevant. Der Kontrast nach Michelson, auch Modulation genannt, beschreibt den Kontrast

$$C = \frac{L_{\max} - L_{\min}}{L_{\max} + L_{\min}} \tag{8.1}$$

als Funktion der maximalen und minimalen Leuchtdichte L [13]. Der Kontrast kann hierbei einen Wert zwischen 0 und 1 annehmen. [12, 14]

Der Zusammenhang zwischen dem Kontrast, der räumlichen Frequenz und der Wahrnehmung der unterschiedlichen Objekte lässt sich am einfachsten mit einem Experiment verdeutlichen. Ausgangspunkt ist ein Streifenmuster, bei dem zwischen den gleich breiten Streifen kein Kontrast besteht. Die räumliche Frequenz ist die Anzahl der Zyklen bezogen auf den Winkel des Gesichtsfeldes, in diesem Fall eine Funktion der Streifenbreite und des Abstands zum Betrachter. Ohne Kontrast erscheint die Fläche grau und der Betrachter kann keine Streifen erkennen. Nun erhöht sich der Kontrast langsam in Richtung einer Abfolge von schwarzen und weißen Streifen. Ab einem bestimmten Kontrast, der Kontrastschwelle, kann der Betrachter die Streifen voneinander unterscheiden. In Abbildung 8.17 ist Kontrastsensitivität, der Kehrwert der Kontrastschwelle, in Abhängigkeit von der räumlichen Frequenz angegeben.

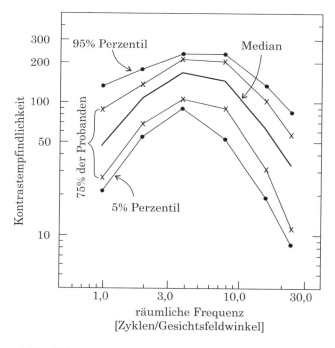

Abbildung 8.17.: Abhängigkeit der Kontrastsensitivität von der räumlichen Frequenz [14]

Für die räumliche Frequenz des luftdurchlässigen Materials und seiner Abdrücke auf dem Kunststoffartikel wird ein Abstand zwischen dem Betrachter und der Oberfläche von 30 cm angenommen. Die Länge eines Zyklus entspricht dem Spurabstand h_s. Bei den

Verpackungsteilen, bei denen die luftdurchlässigen Strukturen einen Spurabstand von $h_s = 140\,\mu\text{m}$ hatten, beträgt die räumliche Frequenz 37,4 $^{\text{Zyklen}}/_{\text{Grad}}$. Dieser Wert liegt deutlich außerhalb des untersuchten Bereichs in Abbildung 8.17 und auch der größere Spurabstand von $h_s = 170\,\mu\text{m}$ in dem Werkzeugeinsatz für die technischen Bauteile liegt mit 30,8 $^{\text{Zyklen}}/_{\text{Grad}}$ in einem Bereich mit sehr niedriger Kontrastempfindlichkeit. Es ist daher davon auszugehen, dass die Abdrücke der luftdurchlässigen Strukturen nur bei guten Lichtverhältnissen und einem geringen Abstand zum Betrachter als einzelne Spalte erkennbar sind.

Dass die einzelnen Wände des luftdurchlässigen Materials nicht erkennbar sind, bedeutet nicht, dass sie keinen Einfluss auf den optischen Eindruck der Oberfläche haben. Durch die parallel angeordneten Erhebungen und Senken innerhalb der einzelnen Felder des Schachbrettmusters wird das Licht unterschiedlich reflektiert. Abbildung 8.19 zeigt zwei benachbarte Felder eines Schachbrettmusters, die in 10°-Schritten um insgesamt 90° gedreht werden. Zur Orientierung ist zusätzlich die Ausrichtung der Abdrücke in den Feldern jeweils in der Anfangs- und Endposition eingezeichnet. Die Position der Lichtquelle und der Kamera bleiben bei der Drehung des Musters konstant. Lichtquelle, Kamera und betrachtetes Schachbrettfeld sind dabei so positioniert, dass der Beleuchtungsvektor und der Betrachtungsvektor in einer Ebene liegen und die Winkel zur Oberfläche gleich groß sind. In Abbildung 8.18 sind diese beiden Winkel als α und β eingezeichnet.

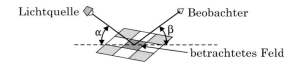

Abbildung 8.18.: Anordnung von Lichtquelle, Betrachter und Schachbrettfeld

Der Vergleich der einzelnen Aufnahmen in Abbildung 8.19 zeigt, wie sich im Verlauf der Drehung die Helligkeit der Felder verändert. Durch die unterschiedliche Reflexion ist das Schachbrettmuster gut zu erkennen. Dies ist besonders dann der Fall, wenn der Benutzer die Ausrichtung der Oberfläche relativ zu seiner Position und zur Lichtquelle kontrollieren kann. Dies deckt sich mit den Ergebnissen von Schneider et al., welche die Erkennbarkeit von Defekten unter unterschiedlichen Beleuchtungssituationen und Ausrichtungen untersucht haben [15].

$$0° \quad 10° \quad 20° \quad 30° \quad 40° \quad 50° \quad 60° \quad 70° \quad 80° \quad 90°$$

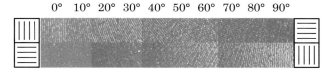

Abbildung 8.19.: Veränderung der Reflexion von zwei benachbarten Schachbrettfeldern bei der schrittweisen Drehung um jeweils 10° von 0° bis 90°

Für die Verwendung von dem laseradditiv gefertigten, luftdurchlässigen Material in Spritzgießwerkzeugen bedeutet dies, dass sich die Struktur zwar auf die Oberflächen überträgt, allerdings durch den geringen Abstand der Schmelzspuren der Abdruck von parallelen Spuren als einheitliche Fläche wahrgenommen wird. Dadurch kann die Struktur von einem industriellen Anwender als Gestaltungsmerkmal eingesetzt werden. Dies wiederum ermöglicht beispielsweise bei den Druckluftauswerfern die Platzierung der Auswerferflächen in Bereichen, die später für Kunden und Nutzern auf dem Kunststoffartikel sichtbar sind. Mit diesen Untersuchungen konnte daher das Einsatzgebiet für die laseradditiv gefertigten, luftdurchlässigen Mesostrukturen erweitert werden.

8.1.4. Erfahrungen mit laseradditiv gefertigten, luftdurchlässigen Strukturen in einem Druckluftauswerfersystem

Die Spritzgießversuche mit den beiden unterschiedlichen Werkzeugen und Kunststoffen haben gezeigt, dass sich die laseradditiv gefertigten, luftdurchlässigen Mesostrukturen gut für die Verwendung in Werkzeugformen eignen. Durch die Verwendung dieses Materials konnte eine neuartige Form von Auswerfern erfolgreich realisiert und seine Funktion und Zuverlässigkeit experimentell bestätigt werden. Durch das luftdurchlässige Material gelangt Druckluft an die Oberfläche des Werkzeuges und verteilt sich zwischen der Metalloberfläche und dem Kunststoffartikel. Ist die druckbeaufschlagte Fläche ausreichend groß, dann übersteigt die Kraft, die die Luft auf den Kunststoff ausübt, die Losbrechkraft. Der Artikel wird beschleunigt. Vergleichbar mit einem Pneumatikzylinder vergrößert die Bewegung den Raum zwischen Artikel und Werkzeug. Damit in dem Volumen ein hoher Druck erhalten bleibt, muss Druckluft durch das luftdurchlässige Material nachströmen. Je länger ein hoher Druck aufrechterhalten wird, desto höher ist die Geschwindigkeit des Artikels und desto weiter entfernt er sich von der beweglichen Werkzeughälfte. Das Risiko an Vorsprüngen und Kernen hängen zu bleiben sinkt und die Zuverlässigkeit des Gesamtsystems steigt.

Die Versuche dienten nicht nur der Bestätigung des Auswerfersystems, sondern auch dazu, die Ergebnisse der vorangegangenen Untersuchungen zur Luftdurchlässigkeit, den mechanischen und thermischen Eigenschaften zu validieren. Hierzu wurden auch Werkzeugeinsätze gefertigt und bemustert, die jenseits der vermuteten Grenze der Eignung für den Spritzgießprozess liegen. Am deutlichsten sind die Ergebnisse hinsichtlich der Widerstandsfähigkeit gegen mechanische Belastungen. Die Aufnahmen der Oberfläche des technischen Bauteils mit dem konfokalen Mikroskop in Abbildung 8.7 und Abbildung 8.9 zeigen, dass auch bei einem stabilen Spritzgießprozess geringe Mengen Kunststoffschmelze in die Spalte und Laserbohrungen eindringen. Ein beobachtetes Anzeichen für zu breite Spalte ist eine unzuverlässige Entformung und eine raue Oberfläche der Kunststoffartikel. In diesem Fall dringt Schmelze in den Spalt ein und geht dort mit der Wandrauigkeit eine formschlüssige Verbindung ein. Für die Entfernung des Kunststoffartikels sind dann höhere Auswerferkräfte erforderlich, um entweder die formschlüssige Verbindung zu trennen oder den eingedrungene Kunststoff an einer Stelle zu zerreißen. Im zweiten Fall bleibt wie in Abbildung 8.6 ein Pfropfen in dem Spalt zurück. In den Versuchen mit dem Tubenverschluss konnte gezeigt werden, dass ein Spurabstand von $h_\mathrm{s} = 140\,\mu\mathrm{m}$ mit einer Spaltbreite an der Oberfläche von $b_\mathrm{Spalt} = 29{,}1\,\mu\mathrm{m}$ die Grenze des zulässigen Bereichs darstellt. Bei dem Werkzeugeinsatz mit $h_\mathrm{s} = 150\,\mu\mathrm{m}$ Spurabstand war bereits eine kontinuierliche Verschlechterung der Luftdurchlässigkeit zu beobachten.

Der Einspritzdruck der Schmelze übt eine Kraft auf die Kontaktflächen zwischen der Schmelze und der luftdurchlässigen Struktur aus. Solange die benetzte Fläche innerhalb der Struktur klein ist, weil die Spalte oder Bohrungen an der Oberfläche schmal genug sind und deswegen nur geringe Mengen Kunststoff eindringen, oder die gewählte Mesostruktur den Wänden eine ausreichende Stabilität verleiht, verformt die Schmelze die Struktur nicht dauerhaft und ein stabiler Spritzgießprozess ist möglich. Bei einer zu flexiblen Struktur weitet der Druck der Schmelze den Spalt und der Kunststoff kann tiefer eindringen. Dieser Vorgang konnte in den Versuchen mehrfach beobachtet werden, neben den Werkzeugeinsätzen mit 10 mm Streifenmuster (Abbildungen 6.6 und 8.6) auch bei der Schachbrettstruktur mit nur 5 mm langen Wänden (Abbildung 8.13). Hierbei zeigt das Versagen der Schachbrettstruktur, dass die Annahme zutrifft, dass sich die Wände, wenn sie dicht genug beieinander stehen, gegenseitig stützen.

Die Betrachtung der Kunststoffoberflächen hat keine negativen Effekte durch eine schlechte oder ungleichmäßige Wärmeleitung gezeigt. Dies bedeutet nicht, dass die Effekte, die die Simulation des Wärmetransports in Abschnitt 7.3 gezeigt haben, nicht auftreten. Vielmehr deutet es darauf hin, dass der Spritzgießprozess robust genug gegen diese Störung ist und dass die Strukturierung der Oberfläche, die das luftdurchlässige Material hinterlässt, etwaige Auswirkungen der thermischen Anisotropie überlagert. Das luftdurchlässige Material kann daher ohne weiteres im Spritzgießprozess eingesetzt werden.

8.2. Einsatz als Plagiatsschutzmerkmal

Im Jahr 2012 hat der deutsche Zoll Waren im Wert von 127 Millionen € wegen der Verletzung von gewerblichen Schutzrechten aufgegriffen [16]. Im gleichen Jahr ergab eine Befragung des Verbands deutscher Maschinen- und Anlagenbauer (VDMA) unter seinen Mitgliedern, dass 67 % der befragten Unternehmen von Produkt- und Markenpiraterie betroffen waren [17]. Der vom VDMA geschätzte Schaden liegt mit jährlich 7,9 Milliarden € deutlich über dem Wert der vom deutschen Zoll beschlagnahmten Waren. Da die meisten Plagiate im Ausland produziert und weltweit vertrieben werden [16, 17] entsteht den Unternehmen ein Schaden auf den internationalen Märkten. Die Statistik des Zolls führt nur den Teil der Plagiate auf, der auf dem Weg aus dem Ausland nach Deutschland entdeckt wurde. Trotz dieser unterschiedlichen Betrachtungsweise zeigen beide Zahlen den erheblichen wirtschaftlichen Schaden, der durch die Verletzung von Schutzrechten entsteht. Die betroffenen Firmen werden nicht nur direkt durch den entgangenen Umsatz geschädigt, sondern es kommen noch indirekt Schäden hinzu, die die Firmen langfristig gefährden können. Die nachgemachten Produkte haben oft eine geringere Qualität, wodurch das Image und die Marke des Originalherstellers leiden können. Dies ist besonders dann der Fall, wenn die Plagiate in offizielle Vertriebswege gelangen und der Käufer der Meinung ist, ein Originalteil zu kaufen. Versagt ein solches Teil, dann können an den Originalhersteller ungerechtfertigte Forderungen nach Garantieleistungen und Schadensersatz gestellt werden. Auch Plagiate hoher Qualität stellen eine Gefahr dar, da die betroffene Firma hierdurch die Technologieführerschaft verlieren kann. Aus dem illegalen Fälscher kann ein legaler Konkurrent mit eigenen Produkten entstehen [18, 19].

Von Plagiaten ist jede Branche und jedes Produkt betroffen. Das Spektrum der vom Zoll beschlagnahmten Waren beschränkt sich nicht auf Bekleidung, Schmuck und andere Luxusgegenstände, sondern zieht sich durch alle Warengruppen [16]. Im Maschinen- und Anlagenbau sind am häufigsten ganze Maschinen und Komponenten von Nachahmungen betroffen, erst danach folgen an dritter und vierter Stelle Ersatzteile und Designs [17]. Trotzdem darf die Bedeutung des Zusatz- und Ersatzteilgeschäfts nicht unterschätzt werden. Hierdurch können sich Geschäftskontakte etablieren, die von den Kunden als gleichwertig zu dem offiziellen Vertrieb gesehen werden und die dann ein Einfallstor für weitere Plagiate sind [20].

Hinter Fälschungen steht meistens ein professionell und dynamisch operierendes Netzwerk von Produzenten, Transporteuren, Zwischenhändlern und Absatzstrukturen, welches häufig mit der organisierten Kriminalität verbunden ist [18, 21, 22]. In diesem Umfeld beginnt der Kampf gegen Plagiate damit, diese zunächst einmal zu erkennen. In der oben genannten Zollstatistik wurden die Waren in 78,65 % der Fälle aufgrund von Markenrechtsverletzungen beschlagnahmt [16]. Dies liegt daran, dass es für die betroffenen Firmen schneller und einfacher ist, gegen die unrechtmäßige Verwendung ihrer Markenzeichen vorzugehen als beispielsweise gegen die Verletzung von Patenten zu klagen. Die Anbringung des Markennamens auf dem Produkt stellt somit ein einfaches, aber wirkungsvolles Mittel dar, um juristisch gegen Plagiate vorzugehen [20]. Über die Echtheit des Produkts sagt der aufgedruckte Markenname wenig aus. Um ein Produkt gerichtsfest als Original zu kennzeichnen existiert eine Reihe von Technologien, die bedingt durch den Wissensaufbau bei den Fälschern stetig weiterentwickelt werden müssen [18]. Je nach Ziel und Aufgabe des Schutzmerkmals ergeben sich auch unterschiedliche Anforderungen. Für das schnelle Erkennen von Originalteilen durch Kunden, beispielsweise auf Messen, müssen die Merkmale offensichtlich angebracht werden und die Überprüfung der Echtheit muss in kurzer Zeit und ohne Hilfsmittel möglich sein. An Zollstellen und bei der Wareneingangskontrolle von Unternehmen überprüft geschultes Fachpersonal die Echtheit. Diese Personen haben etwas mehr Zeit und können einfache Hilfsmittel verwenden, um weniger offensichtliche Merkmale zu prüfen. Für die Abwehr von Garantieansprüchen und in Gerichtsverfahren kann auf umfangreichere und teilweise nicht zerstörungsfreie Analyseverfahren zurückgegriffen werden. Diese Schutzmerkmale können auch versteckt auf dem Produkt angebracht werden und nur einem kleinen Personenkreis bekannt sein. [20]

8.2.1. Schutzwirkung der luftdurchlässigen Mesostrukturen

Ein Schutzmerkmal auf allen Kunststoffartikeln sind die Spuren, die das Spritzgießwerkzeug auf dem Artikel hinterlässt. Durch eine Analyse der Werkzeugmarken, wie beispielsweise die Lage der Trennebene, der Auswerfer und der Anspritzpunkte, und dem Vergleich mit einem Originalteil kann ein Fachmann erkennen, ob sich auf beiden Kunststoffteilen die charakteristischen Eigenheiten des Werkzeugs wiederfinden [20]. Soll ein Plagiat diese Überprüfung bestehen, dann ist der Fälscher gezwungen, das Spritzgießwerkzeug nachzubauen. Da es unwahrscheinlich ist, dass er Zugang zu den Konstruktionszeichnungen des Werkzeugs hat, muss er anhand der Hinweise auf den Originalartikel auf den Aufbau des Werkzeugs schließen. Dieser Aufwand ist aus Sicht des Fälschers nicht für jedes Plagiat wirtschaftlich sinnvoll.

Die luftdurchlässigen Strukturen lassen sich in dieses Schutzkonzept integrieren und stellen eine deutliche Verbesserung dar. Insbesondere die Druckluftauswerfer decken als Schutzmerkmal alle drei Stufen von der schnellen Überprüfung auf Messen bis zur detaillierten Untersuchung im Labor ab. Das einfachste und schwächste Schutzmerkmal ist der flächige Abdruck, den die luftdurchlässigen Strukturen auf den Kunststoffteilen hinterlassen. Wird hier eine ungewöhnliche Parkettierung gewählt, so ist diese auf dem Kunststoffartikel leicht zu identifizieren und hat vermutlich bei einem interessierten Laien einen Wiedererkennungseffekt. Dies ist ausreichend für eine schnelle Überprüfung der Echtheit, ohne dass hierfür Hilfsmittel erforderlich sind.

Das nächste Merkmal mit einem mittleren Schutzniveau sind die Werkzeugmarken, welche durch geschulte Fachleute geprüft werden können. Da sowohl die luftdurchlässigen Strukturen als auch die mechanischen Auswerfer Abdrücke auf dem Artikel hinterlassen, ist an dem Artikel erkennbar, was für ein Auswerfersystem in dem Werkzeug verwendet wurde. Ein Werkzeug mit einem funktionierenden Druckluftauswerfersystem weist nur den Abdruck der luftdurchlässigen Struktur auf. Ist hingegen der Abdruck mit einem anderen Fertigungsverfahren wie beispielsweise Laserabtragen oder Ätzen nachgemacht worden, so sind zusätzlich mechanische Auswerfer erforderlich, um den Artikel aus der Kavität zu entfernen. Soll ein Plagiat diese Überprüfung bestehen, dann erfordert dies den Aufbau eines Werkzeugs mit Druckluftauswerfern durch die Produktpiraten. Dies erfordert den Zugriff auf entsprechende Anlagentechnik, die umfangreiche Beherrschung der additiven Fertigung und ein Verständnis der Herstellung von luftdurchlässigen Strukturen. Zusätzlich zu dem Aufbau dieses Technologieverständnisses stellt auch die Datenvorbereitung eine große Hürde dar. Mit den kommerziell verfügbaren Softwarelösungen können keine Druckluftauswerfer hergestellt werden. Es ist daher erforderlich, eigene Softwarelösungen zu entwickeln, die die Belichtungsvektoren in den einzelnen Schichten platzieren. Dieser Aufwand führt dazu, dass sich die Kosten für das Plagiat erhöhen und damit der Preisvorteil einer Kopie gegenüber dem Original sinkt [18, 19].

Auch mit dem erforderlichen Technologieverständnis, der Anlagentechnik und geeigneter Software ist es immer noch nicht möglich, eine exakte Kopie der Struktur herzustellen. Die Form der Mesostruktur kann bei der laseradditiven Fertigung nur bis zu der Platzierung der Scanvektoren kontrolliert werden. Auch wenn beim laseradditiven Prozess des Fälschers, gegenüber der Fertigung des Originalwerkzeugs alle Umgebungsbedingungen und Prozessparameter identisch sind, führt die Dynamik des Schmelzpools zu Variationen in der Spaltgeometrie, wie sie beispielsweise bei den Schliffen in Abbildung 4.5 und den zufälligen Verbindungen in Tabelle 4.7 erkennbar sind. Diese zufälligen Variationen sind Teil der Werkzeugoberfläche und bilden einen werkzeugindividuellen Abdruck.

Für die Dokumentation und Auswertung dieser Werkzeugabdrücke können Parallelen zu der Beurteilung von Fingerabdrücken genutzt werden. Ähnlich der Form und Anordnung der Spalte in den laseradditiv gefertigten, luftdurchlässigen Strukturen übertragen sich bei einem Fingerabdruck die Papillarleisten auf eine Oberfläche. Die Aufgabe für einen Ermittler ist es, diesen komplexen Abdruck eindeutig einer Person zuzuordnen. Die Merkmale eines Fingerabdrucks, wie sie in Abbildung 8.20 dargestellt sind, werden in grobe Merkmale, die in Form von Bögen, Schleifen und Wirbel mit bloßem Auge zu sehen sind, und feinere Merkmale, den Minutien, welche als Enden und Verzweigungen von Papillarleisten nur in der Vergrößerung zu erkennen sind, unterschieden [23, 24, 25, 26, 27]. Beim Vergleich eines Fingerabdrucks mit dem Kontrollabdruck einer Person werden nicht die Verläufe jeder einzelnen Papillarleiste verglichen, sondern nur die Position der Minutien zueinander, da diese eindeutig lokalisierbare Artefakte sind und ihre Anordnung auch in verzerrten Abdrücken erhalten bleibt.

Abbildung 8.20.: Grobe und feine Merkmale eines Fingerabdrucks nach [25]

Die Parallelen zwischen den Abdrücken der luftdurchlässigen Strukturen und Fingerabdrücken kann zur Durchsetzung von Schutzrechten genutzt werden. Die groben Merkmale von Fingerabdrücken entsprechen bei den luftdurchlässigen Strukturen der Größe, Form und Ausrichtung der Parkettierung, welche ohne Hilfsmittel erkennbar sind. Mit einem Mikroskop können die feinen Merkmale bestimmt werden. Hierzu zählen der Spurabstand und die Spurbreite sowie deutliche Abweichungen in der Schmelzspurgeometrie. Dies können Verbindungen zwischen Schmelzspuren sein, Lücken in den Schmelzspuren oder verbreiterte Spalte in die, wie in Abbildung 8.7 gezeigt, Kunststoffschmelze eingedrungen ist.

Nach dem Stand der Technik in der Daktyloskopie und Rechtsprechung wird beim Vergleich von Fingerabdrücken eine von drei möglichen absoluten Aussagen getroffen: Zwischen den Abdrücken wird eine eindeutige Übereinstimmung unter Ausschluss aller anderen Individuen festgestellt oder diese Übereinstimmung wird genauso eindeutig verneint oder der Abdruck vom Tatort wird als nicht aussagefähig genug verworfen. Die Anforderungen von Staaten an eine eindeutige Zuordnung definieren eine Mindestanzahl an übereinstimmenden Merkmalen und keine widersprechenden Merkmale [27, 28]. Die Angabe einer Wahrscheinlichkeit für eine Übereinstimmung auf Basis eines statistischen Modells mit entsprechendem wissenschaftlichen Fundament wird aktuell diskutiert [27]. Für die Verwendung der Abdrücke von Druckluftauswerfern als Schutzmerkmal muss nachgewiesen werden, dass die Abdrücke zufällige Variationen aufweisen und sich nicht mit der Zeit verändern. Da aktuell nur die beiden hier vorgestellten Werkzeuge mit Druckluftauswerfern existieren, liegt noch keine ausreichende Population an Werkzeugen und Kunststoffartikeln für einen statistischen Nachweis vor. Der Aufbau einer entsprechenden Datenbasis ist parallel zu einer industriellen Produktion möglich. Hierzu sind die Oberflächen der luftdurchlässigen Strukturen im Spritzgießwerkzeug in regelmäßigen Abständen zu dokumentieren und aus der Produktion sind Belegexemplare zu entnehmen. Hierbei ist zu beachten, dass eine mechanische Bearbeitung der Oberfläche die luftdurchlässige Struktur verändert, daher sollte mindestens nach jeder Bearbeitung der veränderte Abdruck dokumentiert werden.

Auch ohne diesen statistischen Nachweis können die Belegexemplare aus der Produktion des Originalherstellers als Referenzproben bei der Überprüfung von verdächtigen Kunststoffartikeln dienen. Der Vergleich der Abdrücke als Ganzes oder in einzelnen Teilbereichen zeigt, ob diese übereinstimmen. Eine ausreichende Anzahl an Übereinstimmungen und keine Widersprüche zwischen den Abdrücken erlauben die eindeutige Zuordnung von einem Kunststoffteil zu einem Werkzeug. Charakteristische Merkmale auf einem Kunststoffteil, die sich nicht auf den Belegexemplaren wiederfinden, bedeuten, dass das Kunststoffteil nicht aus den Werkzeugen des Originalherstellers stammen kann und folglich eine Fälschung sein muss.

8.2.2. Einsatzmöglichkeit im Kampf gegen Bogus Parts in Flugzeugen

Der Verkaufspreis eines Produktes bestimmt sich nicht nur aus den Herstellungskosten, sondern die Firma hat über den Produktlebenszyklus von der Produktidee bis zur Einstellung der Produktion über viele Jahre weitere Kosten, die in die Preisgestaltung einfließen [29]. Dies sind beispielsweise die Kosten für die Entwicklung, die Zulassung und die Qualitätssicherungsmaßnahmen in der Produktion. Fälscher haben im Wesentlichen nur Aufwendungen für ihre Produktion und die Verteilung der Plagiate. Dieser Kostenvorteil macht solche Produkte besonders attraktiv für Fälscher, bei denen die Herstellungskosten und der Verkaufspreis weit auseinander liegen [18]. Dies ist nicht nur bei Markenbekleidung der Fall, sondern beispielsweise auch in der Luftfahrt. An die Hersteller von Luftfahrzeugkomponenten werden von den Luftfahrtbehörden hohe Anforderungen gestellt. Die Entwicklung und Zulassung von neuen Produkten ist daher ein langer und aufwändiger Prozess und auch die folgende Produktion und Wartung darf nur in engen Vorgaben erfolgen und muss vollständig dokumentiert werden [30]. Diese Kosten gibt der Hersteller an seine Kunden weiter und entsprechend hoch sind die Preise, die die Kunden für Produkte mit Luftfahrtzulassung bezahlen müssen.

Die Luftfahrtbranche ist sich bewusst, dass sie durch die Kostenstruktur der Bauteile ein attraktives Ziel für zweifelhafte Bauteile, so genannte bogus parts, ist und hat entsprechende Meldestrukturen geschaffen [30, 31]. Bei den offiziell als (suspected) unapproved parts bezeichneten Bauteilen handelt es sich nicht nur um Fälschungen, sondern nach der Definition der Federal Aviation Administration (FAA) um ein

> "Ersatzteil, Komponente eines Gerätes oder Materialien, die nach nicht genehmigten Verfahren hergestellt beziehungsweise instandgehalten wurden oder die nicht einem zugelassenen Muster oder vorgeschriebenen Normen oder Standards entsprechen."(FAA Advisory Circular 21-29C: Detecting and Reporting Suspected Unapproved Parts [31], Übersetzung [32]).

Nach dieser Definition umfasst das Spektrum der unapproved parts nicht nur gefälschte Komponenten, sondern auch Komponenten ohne Dokumentation, Schrott-Teile mit gefälschten Papieren und Teile, an denen nicht genehmigte Wartungen, Reparaturen oder Modifikationen durchgeführt wurden. Gelangen diese Teile bei Wartungen oder Reparaturen ins Flugzeug, so wird dieses als nicht mehr lufttüchtig betrachtet und darf nicht mehr fliegen [32].

Zu diesem luftrechtlichen Aspekt kommt noch ein Sicherheitsaspekt. Aufgrund der strengen Vorschriften und den hohen Ansprüchen an die Komponenten und Systeme ist das Flugzeug eines der sichersten Transportmittel [33]. Bei unapproved parts existiert keine Dokumentation über die Vorgeschichte der Teile und wichtige Faktoren für die Abschätzung der Lebensdauer, wie Alter, Abnutzung und Vorbesitzer, sind unbekannt. Bei gefälschten Teilen kommt noch hinzu, dass auch die verwendeten Materialien von geringerer Qualität sein können. Welche dramatischen Folgen dies haben kann, zeigt der Absturz einer Convair 340/580 vor der dänischen Küste im September 1989. Bei dem Flugzeug führte eine nicht zugelassene Aufhängung des Hilfstriebwerks (Auxiliary Power Unit, APU) zu ungedämpften Schwingungen im Rumpf, die zum Bruch der Bolzen des Seitenleitwerks führten. Bei der Untersuchung der Bolzen und ihrer Hülsen wurde festgestellt, dass diese nicht die vorgeschriebenen mechanischen Eigenschaften erreichten und ihre Herkunft konnte nicht geklärt werden [34]. Dies ist der einzige bekannte Absturz, der auf gefälschte Komponenten zurückgeführt werden konnte [33].

Auch ohne direkt katastrophale Ereignisse auszulösen, erhöhen gefälschte Teile das Risiko für einen Unfall und können seine Folgen verschlimmern. Ein mögliches Szenario betrifft gefälschte Kunststoffteile. Die verwendeten Materialien in Verkehrsflugzeugen müssen hohe Anforderungen an die Entflammbarkeit, das Brandverhalten und Rauchentwicklung erfüllen [35]. Gefälschte Kunststoffteile, die diese Anforderungen nicht erfüllen, können im Falle eines Feuers an Bord die Ausbreitung des Brandes ermöglichen und so zum Totalverlust des Flugzeuges beitragen.

Ohne Laboruntersuchungen kann nicht festgestellt werden, ob ein Kunststoffteil die Brandschutzanforderungen erfüllt. Daher ist es wichtig sicherzustellen, dass bei Produktion, Reparatur und Wartung nur Teile von zertifizierten Herstellern verwendet werden. Diese Hersteller verwenden zugelassene Prozesse und haben im Zulassungsverfahren nachgewiesen, dass ihre Produkte alle Anforderungen erfüllen. Um diese Bauteile als Originale zu kennzeichnen, bieten sich die Strukturierungen durch Druckluftauswerfer an. Der Abdruck, den die luftdurchlässige Oberfläche auf dem Kunststoffteil hinterlässt, ist ein Schutzmerkmal, welches für die Luftfahrtbranche mehrere Vorteile bietet. Um das Merkmal anzubringen, wird das Spritzgießwerkzeug modifiziert, aber nicht der verwendete Kunststoff oder das produzierte Bauteil. Dieses erfährt nur eine geringfügige Änderung der Oberflächenstruktur, ohne dass dies Auswirkungen auf die Bauteilzulassung hat. In den Werkzeugen mit Druckluftauswerfern können weiterhin die bekannten und zertifizierten Thermoplaste verarbeitet werden. Anders als bei nachträglich angebrachten Schutzmerkmalen, wie beispielsweise Hologrammen, haben die Abdrücke keine Auswirkungen auf den Qualifizierungsprozess des fliegenden Bauteils oder der Werkstoffe. Die Strukturierung bedeutet kein zusätzliches Gewicht und im Gegensatz zu aufgedruckten oder lasermarkierten Kennzeichnungen sind die Strukturen medienbeständig und verschleißfester. Die Nutzung von Druckluftauswerfern in Spritzgießwerkzeugen für Luftfahrtkomponenten kann einen wirksamen Beitrag zu der Identifizierung von Originalteilen und damit zur Bekämpfung von bogus parts leisten. Die Umsetzung von diesen Schutzmerkmalen ist ohne Qualifizierungsaufwand möglich und stellt so eine kostengünstige Alternative zu anderen Merkmalen dar.

Literaturverzeichnis

[1] TRENKE, D.: *Selektives Lasersintern von porösen Entlüftungsstrukturen am Beispiel des Formenbaus*. 1. Auflage. Clausthal-Zellerfeld : Papierflieger, 2006. – ISBN 3–89720–848–2. – zgl. Diss. Univ. Clausthal

[2] MENGES, G. ; MICHAELI, W. ; MOHREN, P.: *Spritzgießwerkzeuge - Auslegung, Bau, Anwendung*. 6. Auflage. München : Hanser, 2007. – ISBN 978–3–446–40601–8

[3] Schutzrecht-Anmeldung DE102009016110A1 (Oktober 2010). BECKER, U. ; EMMELMANN, C. ; VOGEL, H. (Erfinder). *Verfahren zur Herstellung eines Formeinsatzes für eine Gießform*. Offenlegungsschrift

[4] EMMELMANN, C. ; KLAHN, C.: Funktionsintegration im Werkzeugbau durch laseradditive Fertigung. In: *RTejournal* 9 (2012). – ISSN 1614–0923

[5] STEINKO, W.: *Optimierung von Spritzgießprozessen*. München : Hanser, 2008. – ISBN 978–3–446–40977–4

[6] BAYER MATERIALSCIENCE AG, BUSINESS UNIT POLYCARBONATES (Hrsg.): *Technische Thermoplaste - Produkte und Typen*. Leverkusen, August 2012. (MS00041262). – Firmenschrift

[7] RÖHRIG, R. ; MIS, K. ; WIESCHEBROCK, S. ; IG METALL VORSTAND (Hrsg.) ; IG BCE (Hrsg.): *Branchenreport Verpackungsindustrie - Die Verpackungsindustrie in Deutschland*. Version: Juli 2010. www.igmetall.de/download, Abruf: 10. August 2014

[8] GESAMTVERBAND KUNSTSTOFFVERARBEITENDE INDUSTRIE E.V. (Hrsg.): *Produktionsmenge und Umsatz der Kunststoff verarbeitenden Industrie nach Branchen 2011/2012/2013*. Version: März 2014. http://www.gkv.de/statistik.html, Abruf: 13. Juli 2014

[9] VISSER, E.: *Packaging design : a cultural sign*. 1. Auflage. Barcelona : Index Book, 2009. – ISBN 978–84–92643–06–6

[10] AHLHAUS, O.E. ; GOLDHAN, G. ; SPERBER, V.E.: *Verpackung mit Kunststoffen*. 1. Auflage. München : Hanser, 1997. – ISBN 3–446–17711–6

[11] JOHANNABER, F. ; MICHAELI, W.: *Handbuch Spritzgießen*. 2. Auflage. München : Hanser, 2004. – ISBN 3–446–15632–1

[12] ZIEFLE, M.: *Lesen am Bildschirm: Eine Analyse visueller Faktoren*. Münster : Waxmann, 2002 (Internationale Hochschulschriften Bd. 375). – ISBN 3–8309–1068–1. – zgl.: Habil.-Schr. Univ. Aachen

[13] PALIAGA, G.P.: *Die Bestimmung der Sehschärfe.* München : Quintesenz, 1993 (Ophthalmothek Bd. 16). – ISBN 3–86128–204–6

[14] SANDERS, M.S. ; MCCORMICK, E.J.: *Human Factors in Engineering and Design.* 7. Auflage. New York : Mcgraw-Hill, 1992. – ISBN 0–0705–4901

[15] SCHNEIDER, J. ; ERMERT, A. ; STRASSER, H.: Effects of Illumination and Inclination of Test Objects on the Detectability of Surface Flaws. In: *Occupational Ergonomics* 8 (2009), Nr. 4, S. 159 – 169. – ISSN 1875–9092

[16] BUNDESFINANZDIREKTION SÜDOST, ZENTRALSTELLE GEWERBLICHER RECHTSSCHUTZ (Hrsg.): *Gewerblicher Rechtsschutz - Statistik für das Jahr 2012.* Bonn : Bundesministerium der Finanzen, 2013. – Registriernummer : 90 SCK 105

[17] VERBAND DEUTSCHER MASCHINEN- UND ANLAGENBAUER (Hrsg.): *VDMA-Umfrage zur Produkt- und Markenpiraterie 2012.* Frankfurt/Main, November 2012

[18] ABELE, E. ; KUSKE, P. ; LANG, H.: *Schutz vor Produktpiraterie - Ein Handbuch für den Maschinen- und Anlagenbau.* 1. Auflage. Heidelberg : Springer, 2011. – ISBN 978–3–642–19279–1

[19] KAMMERER, J. ; MA, X. ; REHN, I.M. ; FUCHS, H.J. (Hrsg.): *Piraten, Fälscher und Kopierer - Strategien und Instrumente zum Schutz geistigen Eigentums in der Volksrepublik China.* 1. Auflage. Wiesbaden : Gabler, 2006. – ISBN 3–8349–0159–8

[20] HABIBI-NAINI, S.: Kampf den Plagiatoren. In: *Kunststoffe* (2012), Dezember, Nr. 12, S. 22–28. – ISSN 0023–5563

[21] CHAUDHRY, P.E. ; WALSH, M.G.: An Assessment of the Impact of Counterfeiting in International Markets: The Piracy Paradox Persists. In: *The Columbia Journal of World Business* 31 (1996), Herbst, Nr. 3, S. 34 – 48. – ISSN 1090–9516

[22] CHAUDHRY, P.E.: Changing Levels of Intellectual Property Rights Protection for Global Firms: A Synopsis of Recent U.S. and EU Trade Enforcement Strategies. In: *Business Horizons* 49 (2006), S. 463 – 472. – ISSN 0007–6813

[23] MAIO, D. ; MALTONI, D.: A Structural Approach to Fingerprint Classification. In: *Proceedings of the 13th International Conference on Pattern Recognition* Bd. 3. Wien : IEEE, August 1996. – ISBN 0–8186–7282–X, S. 578 – 585

[24] LEE, H.C. (Hrsg.) ; GAENSSLER, R.E. (Hrsg.): *Advances in Fingerprint Technology.* 2. Auflage. Boca Raton, FL : CRC Press, 2001. – ISBN 0–8493–0923–9

[25] MALTONI, D. ; MAIO, D. ; JAIN, A.K. ; PRABHAKAR, S.: *Handbook of Fingerprint Recognition.* 2. Auflage. London : Springer, 2009. – ISBN 978–1–84882–253–5

[26] SIR GALTON, F.: *Finger Prints.* London : Macmillan, 1892

[27] NEUMANN, C. ; EVETT, I.W. ; SKERRETT, J.: Quantifying the Weight of Evidence from a Forensic Fingerprint Comparison: a new Paradigm. In: *Journal of the Royal Statistical Society - Series A* 175 (2012), S. 371 – 415. – ISSN 0964–1998

[28] EVETT, I.W. ; WILLIAMS, R.I.: A Review of the Sixteen Point Fingerprint Standard in England and Wales. In: *Journal of Forensic Identification* 46 (1996), Januar / Februar, Nr. 1, S. 49 – 73. – ISSN 0895–173X

[29] FARR, J.V.: *Systems life cycle costing : economic analysis, estimation, and management.* 1. Auflage. Boca Raton, FL : CRC Press, 2011. – ISBN 978–1–4398–2891–5

[30] HINSCH, M.: *Industrielles Luftfahrtmanagement - Technik und Organisation Luftfahrttechnischer Betriebe.* 2. Auflage. Berlin : Springer Vieweg, 2012. – ISBN 978–3–642–30569–6

[31] U.S. DEPARTMENT OF TRANSPORTATION, FEDERAL AVIATION ADMINISTRATION (Hrsg.): *Detecting and Reporting Suspected Unapproved Parts.* August 2011. – FAA Advisory Cirular 21-29C

[32] VAN BEVEREN, T.: *Runter kommen sie immer - Die verschwiegenen Risiken des Flugverkehrs.* 1. Auflage. Frankfurt/Main : Campus, 1995. – ISBN 3–593–35254–0

[33] JONES, R.B.: *20 % Chance of Rain - Exploring the Concept of Risk.* 2. Auflage. Hoboken, NJ : Wiley, 2011. – ISBN 978–0–470–59241–0

[34] THE AIRCRAFT ACCIDENT INVESTIGATION BOARD / NORWAY (Hrsg.): *Report on Convair 340/580 LN-PAA Aircraft Accident North of Hirtshals, Denmark, on September 8, 1989.* Februar 1993. (HAV 02-93). – Bericht der Unfalluntersuchung

[35] EUROPEAN AVIATION SAFTY AGENCY (EASA) (Hrsg.): *Certification Specifications and Acceptable Means of Compliance for Large Aeroplanes CS-25.* Amendment 11. Köln : EASA, 2011

9. Zusammenfassung und Ausblick

In industriellen Prozessen und Produkten bieten sich vielfältige Anwendungsmöglichkeiten für luftdurchlässige Materialien aus Metall. Je nach Kontext des Einsatzortes und Funktion der luftdurchlässigen Komponente werden unterschiedliche Anforderungen an das Material gestellt. In der Einleitung dieser Arbeit wurden drei Bedingungen aufgestellt, die erfüllt sein sollten, damit ein Industrieunternehmen neuartige Konzepte und Materialien in seinen Produkten verwendet. Diese betreffen die Herstellung in einem stabilen Prozess, die Auswahl und Anpassung der Eigenschaften für eine Anwendung und das Vertrauen in die Technologie. Das Ziel dieser Arbeit war daher nicht nur die Entwicklung und Herstellung einer luftdurchlässigen Mesostruktur, deren Geometrie sich flexibel anpassen lässt, sondern auch die Ermittlung der Zusammenhänge zwischen den Abmessungen und den Eigenschaften. Für die zielgerichtete Anpassung des luftdurchlässigen Materials an die Anforderungen ist ein flexibles Fertigungsverfahren erforderlich. Die laseradditive Fertigung ermöglicht diese Gestaltungsfreiheit und wurde daher für die Herstellung des luftdurchlässigen Materials ausgewählt.

In Kapitel 2 wurde die laseradditive Fertigung zusammen mit der Systematik von luftdurchlässigen Strukturen vorgestellt. Neben diesen Grundlagen für die Entwicklung der Mesostrukturen hat das Kapitel, als Vorgriff auf die Referenzanwendung für den industriellen Einsatz der Struktur, eine Übersicht über die Anforderungen des Spritzgießprozesses und den Aufbau von Spritzgießwerkzeugen ergänzt. Kapitel 3 entwickelte auf dieser Basis die Struktur der vorliegenden Arbeit und legte mit der Luftdurchlässigkeit, der Widerstandsfähigkeit gegen mechanische Belastungen und den thermischen Eigenschaften die im Weiteren betrachteten Eigenschaften der laseradditiv gefertigten, luftdurchlässigen Mesostruktur fest.

Im Kapitel 4 wurde die luftdurchlässige Mesostruktur vorgestellt und ihre Herstellung beschrieben. Die laseradditive Fertigung stellt komplexe Bauteile durch schichtweises Aufschmelzen von Metallpulver mit einem Laserstrahl her. Diese Eigenschaft des Verfahrens wurde genutzt und der Prozess so modifiziert, dass er eine luftdurchlässige Mesostruktur aus dem Werkzeugstahl X3NiCrMoTi mit Wänden aus übereinanderliegenden Schmelzspuren und dazwischenliegenden Spalten aufbaut. Die in Aufbaurichtung durchgehenden Spalte sind das Kernelement der luftdurchlässigen Struktur. Die Dicke des luftdurchlässigen Materials, und damit die Tiefe der Spalte s_{Spalt}, ist häufig durch die Geometrie des umgebenen Bauteils vorgegeben. Für einen Konstrukteur bleiben somit die Spaltbreite b_{Spalt} und die Länge l_{Spalt} frei wählbar und er kann über diese Strukturparameter das Material an die geforderten Eigenschaften anpassen. Für die Füllung von größeren Bauteiloberflächen werden mehrere parallele Spalte zu Blöcken mit regelmäßigen Kanten zusammengefasst und diese dann als Parkettierung in der Prozessebene angeordnet. Hierbei dienen die Spalte nicht nur einer technischen Funktion, sondern tragen auch zum Design des Bauteils bei. Abschließend wurde in Kapitel 4 noch die Möglichkeit vorgestellt, auf die luftdurchlässige Struktur eine Deckschicht aufzubringen und diese mittels Laserbohren zu perforieren. Eine derartige Schicht erschließt weitere Anwendungen, beispielsweise wenn besondere Anforderungen an die Oberfläche gestellt werden.

In den folgenden drei Kapiteln wurden die für den Einsatz in industriellen Anwendungen relevanten Eigenschaften des Materials bestimmt und aus diesen Empfehlungen für den Konstrukteur abgeleitet, mit denen dieser geeignete Strukturparameter auswählen kann. Das Kapitel 5 untersuchte zunächst die Luftdurchlässigkeit, da diese die zentrale Funktion des Materials ist. Als quantifizierbare Größe für die Luftdurchlässigkeit wurde der aus einer Druckdifferenz resultierende Volumenstrom verwendet und hieraus die Widerstandszahlen λ bestimmt. Die Widerstandsfähigkeit der Struktur gegen mechanische Belastungen wurde in Kapitel 6 mit Simulationen und Experimenten bestimmt. Die Struktur kann sowohl direkt, durch das Überschreiten der zulässigen Spannungen, als auch indirekt, durch anwendungsspezifische Effekte, versagen. Kapitel 7 betrachtete den Wärmetransport durch das Material, welches durch seine Metallstruktur mit dazwischenliegenden Luftspalten aus zwei Materialien mit sehr unterschiedlichen thermischen Eigenschaften besteht. Die Abhängigkeiten der effektiven Wärmeleitfähigkeit λ_{eff} von den Abmessungen der Struktur wurden analytisch hergeleiteten und die Auswirkungen auf ein technisches System in Simulationen und durch Thermografie-Aufnahmen überprüft. Jedes der drei Kapitel schloss mit einer Zusammenfassung der Ergebnisse und beurteilte den Einfluss auf die betrachtete Eigenschaft in einem Bereich des Spurabstands von $h_{\text{s}} = 130\,\mu\text{m}$ bis $200\,\mu\text{m}$ und der Spaltlänge von $l_{\text{Spalt}} = 3\,\text{mm}$ bis $7\,\text{mm}$. Die auf diese Weise entwickelten Eignungsprofile in den Abbildungen 5.16, 6.26 und 7.17, werden in Abbildung 9.1 in ein Profil zusammengeführt. Die Abmessungen der Spalte sind in dem untersuchten Bereich variierbar und somit können die Eigenschaften des laseradditiv gefertigten, luftdurchlässigen Materials an die Anforderungen der jeweiligen industriellen Anwendung angepasst werden. Allgemein zeichnen sich kleine Spurabstände und kurze Spalte durch eine höhere Wärmeleitung und eine größere Robustheit aus, während breite Spurabstände und lange Spalte eine höhere Luftdurchlässigkeit bieten.

Die Anwendung dieses Eigenschaftsprofil wurde in Kapitel 8 mit der Auswahl einer geeigneten Struktur für die Verwendung in einem industriellen Bauteil überprüft. Der Spritzgießprozess deckt als Referenzanwendung das ganze untersuchte Eigenschaftsspektrum ab, da das Spritzgießwerkzeug sowohl eine mechanische als auch eine thermische Funktion erfüllt und zusätzlich zu einer ausreichenden Luftdurchlässigkeit noch eine Undurchlässigkeit gegenüber der eingespritzten Kunststoffschmelze fordert. Die so ausgewählte luftdurchlässige Mesostruktur ist das Kernelement eines neu entwickelten Druckluftauswerfersystems, welches die fertigen Kunststoffartikel aus dem Werkzeug entfernt. Das System ist erfolgreich in zwei Spritzgießwerkzeugen für unterschiedliche Anwendungen und mit verschiedenen Kunststoffen bemustert worden. Bei dieser Erprobung wurden verschiedene Abmessungen der luftdurchlässigen Struktur getestet und dabei die Ergebnisse und Schlussfolgerungen aus den vorangegangenen Kapiteln bestätigt. Die Spritzgießversuche haben gezeigt, dass das Druckluftauswerfersystem mit geeigneten luftdurchlässigen Mesostrukturen zuverlässig über eine Stückzahl von mehreren hundert Teilen funktioniert. Auf den Kunststoffartikeln bleiben dabei Abdrücke zurück, die die Form der Mesostruktur abbilden. Diese können als Designelemente in

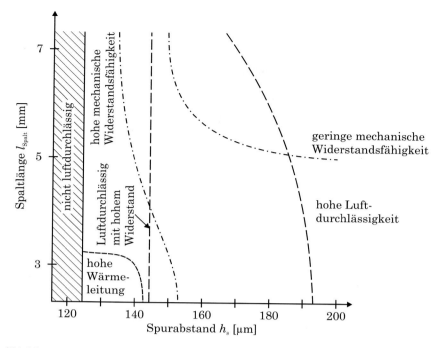

Abbildung 9.1.: Eignung der laseradditiv gefertigten, luftdurchlässigen Mesostruktur in Hinblick auf Luftdurchlässigkeit, mechanische Widerstandsfähigkeit und thermische Eigenschaften

die Gestaltung der Artikel integriert werden oder in einer zweiten, ergänzenden Anwendung als Plagiatsschutzmerkmal dienen. Der Abdruck gibt auch die kleinen, zufälligen Variationen der Schmelzspur während der laseradditiven Fertigung wieder. Diese können nicht in einem zweiten Werkzeug reproduziert werden und somit ergibt sich ein fälschungssicherer, werkzeugindivdueller Abdruck. Dieser Abdruck bildet die Grundlage für ein mehrstufiges Schutzsystem, welches von der einfachen Kennzeichnung für Laien bis zur gerichtsfesten Überprüfung im Labor reicht.

In dieser Arbeit wurde eine luftdurchlässige Mesostruktur entwickelt und produziert, welche erst durch die Nutzung der laseradditiven Fertigung möglich geworden ist. Mit den Untersuchungen an dieser Struktur wurden die strömungstechnischen, mechanischen und thermischen Eigenschaften für den industriellen Einsatz bestimmt und die Einflussmöglichkeiten aufgezeigt. Die anschließende Validierung in einem Spritzgießwerkzeug hat gezeigt, dass das Material auch in anspruchsvollen, technischen Systemen eingesetzt werden kann. Mit diesen Erkenntnissen können nun durch Unternehmen weitere Systeme entwickelt und neue Anwendungsfelder erschlossen werden. Für die optionale Deckschicht wurde hier der Funktionsnachweis erbracht. Das Bearbeitungsergebnis des Perforationsprozesses kann sicherlich noch durch eine Optimierung der Parameter verbessert werden. Weitere Gestaltungsmöglichkeiten können mit der Entwicklung eines Laserabtragprozesses erschlossen werden, da hiermit einzelne Bereiche der luftdurchlässigen Struktur gezielt freigelegt werden können. Für die Nutzung des Druckluftauswerfersystems als Plagiatsschutzmerkmal kann die statistische Datenbasis für den Nachweis der Eindeutigkeit eines individuellen Abdrucks aufgebaut werden. Dies kann parallel zum industriellen Einsatz geschehen. Für die Strömungslehre bietet sich die Möglichkeit der grundlegenden Erforschung von den Strömungsverhältnissen in Mikrokanälen mit sehr rauen Wänden. Die Ergebnisse in Kapitel 5 weisen darauf hin, dass sich die laseradditiv gefertigten, luftdurchlässigen Mesostrukturen außerhalb des Gültigkeitsbereichs der vorhandenen Theorien befinden.

A. Nomenklatur

A.1. Formelzeichen

Lateinische Formelzeichen

Bezeichnung	phys. Größe	Einheit
A	Fläche	m^2
A	Bruchdehnung	%
b	Breite	m
b_{Spur}	Schmelzspurbreite	m
b_{Spalt}	Spaltbreite	m
c_p	spezifische, isobare Wärmekapazität	$kJ/(kg\,K)$
C_{12}	Strahlungsaustauschkonstante	$W\,K^4/m^3$
C	Leuchtdichtenkontrast, Modulation	-
d	Durchmesser	m
d_h	hydraulischer Durchmesser	m
e	Stauchung	%
E	Elastizitätsmodul	N/mm^2
E_S	Streckenenergie	J/m^2
E_V	Volumenenergie	J/m^3
f	Brennweite	m
f_P	Pulsfolgefrequenz	Hz
F	Kraft	N
$F_{HB5/125}$	Prüfkraft für Brinell-Härte HB5/125	N
F_{Plt}	Plateaukraft	N
F_S	Kraft am Ende des Plateau-Bereichs	N
h	Höhe	m
H	Härte	N/m^2
h_s	Spurabstand	µm
k	Wärmeleitungskoeffizient	W/K
k	technische Rauigkeit	m
$\frac{k}{d_h}$	relativen Rauheitshöhe	-
Kn	Knudsen-Zahl	-
k_s	Sandrauheit	m
l	Länge	m
l_{Spalt}	Spaltlänge	m
m	Masse	g
m	Steigung	N/m

n	Anzahl	-
p	Druck	N/m^2
P	Leistung	W
Q	Wärme	J
$\dot{Q}$	Wärmestrom	W
R_a	arithmetischen Mittenrauhwert	µm
R_d	Druckspannung	N/mm^2
R_m	Zugfestigkeit	N/mm^2
$R_\mathrm{p0,2}$	Streckgrenze	N/mm^2
R_z	gemittelte Rauhtiefe	µm
Re	Reynolds-Zahl	-
s	Schichtdicke	m
s_Spalt	Spalttiefe	m
s_Wand	Auslenkung der Wand	m
T	Temperatur	K
t	Zeit	s
U	Umfang	m
u, v, w	Geschwindigkeit	m/s
v_s	Scangeschwindigkeit	m/s
$\dot{V}$	Volumenstrom	m^3/s
$\dot{V}_\mathrm{Norm}$	Volumenstrom unter Norm-Bedingungen	NL/min
x, y, z	Position	m

Griechische Formelzeichen

Bezeichnung	**phys. Größe**	**Einheit**
α	Wärmeausdehnungskoeffizient	m K/m
α	Wärmeübergangskoeffizienten	W/(m^2 K)
δ_T	Dicke der Grenzschicht	-
Δ	Differenz	-
ϵ	Emmisionskoeffizient	-
ϵ	Porosität	-
φ	Beiwert für Querschnittsform	-
Φ	Kontaktwinkel	°
η	dynamische Viskosität	Pa s
λ	Wärmeleitfähigkeit	W/(m K)
λ	mittlere freie Weglänge von Molekülen	m
λ	Wellenlänge	m
λ	Widerstandszahl	-
ν	kinematische Viskosität	m^2/s
ρ	Dichte	g/cm^3
σ	Stefan-Boltzmann-Konstante	W K^4/m^3
σ_V	Vergleichsspannung (Hyp. d. Gestaltänderungsenergie)	N/mm^2
τ	Schubspannung	N/mm^2

Indizes

Bezeichnung	Erläuterung
1, 2	Zustand, Ort
AP	Arbeitspunkt
char	charakteristisch
eff	effektiv
Eindruck	Geometrie eines Eindrucks
Fluid	Fluid
Gesamt	Gesamt
h	hydraulisch
H	Heizung
ist	Ist-Wert
k	kritisch
K	Konvektion
Kugel	Kugelgeometrie
L	Wärmeleitung
L	Laser
laminar	laminare Strömung
Luft	Luft
turbulent	turbulente Strömung
Lücke	Unterbrechung
m	gemittelter Wert
max	Maximum
min	Minimum
Norm	Normbedingungen
Probe	Probe
Ref	Referenzwert
rel	relativ
S	Strahlung
Sensor	Sensor
soll	Soll-Wert
Seite	Seitenwand
Spalt	Spaltgeometrie
Spur	Spurgeometrie
Stahl	Stahl
sys	System
TM	Temperiermedium
U	Umgebung
v	Verlust
V	Verbindung
Wand	Wand
x, y, z	Raumrichtungen
zul	zulässig

A.2. Abkürzungen

Abkürzung	Erläuterung
3D	dreidimensional
ABS	Acrylnitril-Butadien-Styrol
APU	Hilfstriebwerk, Auxiliary Power Unit
CAD	Computer Aided Design
FEM	Finite-Elemente-Methode
PC	Polycarbonat
PP	Polypropylen
STL	CAD-Dateiformat, welches die Bauteilgeometrie durch Dreiecks-approximation der Oberfläche beschreibt

B. Weitere Messwerte und Ergebnisse

B.1. Messwerte der Durchströmungsmessung

Tabelle B.1.: Arithmetische Mittelwerte und Standardabweichungen der Messwerte bei der Durchströmung der Probe mit dem Spurabstand $h_s = 130\,\mu\mathrm{m}$ und der Dicke $s_{\mathrm{Spalt,soll}} = 5\,\mathrm{mm}$ (hergestellt mit den Parametern in Tab. 4.2)

Druck p_1 [bar]		Druckdifferenz Δp [bar]		Volumenstrom $\dot{V}_{\mathrm{Norm}}$ [NL/min]		Temperatur T_1 [°C]	
$\overline{p}_1$	s_{p_1}	$\overline{\Delta p}$	$s_{\Delta p}$	$\overline{\dot{V}}_{\mathrm{Norm}}$	$s_{\dot{V}_{\mathrm{Norm}}}$	$\overline{T}_1$	s_{T_1}
1,290	$1{,}1 \cdot 10^{-3}$	0,278	$1{,}1 \cdot 10^{-3}$	7,81	0,09	22,8	0,01
1,698	$0{,}9 \cdot 10^{-3}$	0,683	$1{,}0 \cdot 10^{-3}$	19,82	0,06	22,9	0,01
2,126	$0{,}3 \cdot 10^{-3}$	1,107	$0{,}4 \cdot 10^{-3}$	31,51	0,06	22,9	0,01
2,551	$0{,}4 \cdot 10^{-3}$	1,528	$0{,}5 \cdot 10^{-3}$	42,51	0,07	22,9	0,01
2,991	$0{,}5 \cdot 10^{-3}$	1,962	$0{,}7 \cdot 10^{-3}$	52,92	0,08	22,9	0,02
3,425	$0{,}5 \cdot 10^{-3}$	2,390	$0{,}6 \cdot 10^{-3}$	62,39	0,08	22,9	0,02
3,875	$0{,}4 \cdot 10^{-3}$	2,833	$0{,}7 \cdot 10^{-3}$	71,85	0,12	22,8	0,03
4,338	$0{,}5 \cdot 10^{-3}$	3,288	$0{,}7 \cdot 10^{-3}$	82,40	0,18	22,6	0,03
4,833	$0{,}4 \cdot 10^{-3}$	3,773	$0{,}6 \cdot 10^{-3}$	93,08	0,24	22,4	0,03
5,317	$0{,}5 \cdot 10^{-3}$	4,249	$0{,}6 \cdot 10^{-3}$	103,97	0,28	22,3	0,04
5,786	$0{,}5 \cdot 10^{-3}$	4,708	$0{,}6 \cdot 10^{-3}$	115,28	0,29	22,1	0,04
6,119	$0{,}5 \cdot 10^{-3}$	5,034	$0{,}6 \cdot 10^{-3}$	123,00	0,29	22,0	0,04
6,508	$0{,}5 \cdot 10^{-3}$	5,413	$0{,}6 \cdot 10^{-3}$	132,12	0,32	21,9	0,03
6,846	$0{,}6 \cdot 10^{-3}$	5,742	$0{,}7 \cdot 10^{-3}$	140,13	0,36	21,7	0,02
7,301	$0{,}6 \cdot 10^{-3}$	6,186	$0{,}7 \cdot 10^{-3}$	151,16	0,36	21,6	0,03
7,771	$0{,}7 \cdot 10^{-3}$	6,644	$0{,}8 \cdot 10^{-3}$	162,48	0,36	21,5	0,02
8,171	$0{,}9 \cdot 10^{-3}$	7,033	$1{,}0 \cdot 10^{-3}$	172,00	0,38	21,4	0,03
8,529	$0{,}7 \cdot 10^{-3}$	7,383	$1{,}2 \cdot 10^{-3}$	180,37	0,41	21,3	0,02
8,992	$0{,}5 \cdot 10^{-3}$	7,837	$0{,}7 \cdot 10^{-3}$	190,80	0,36	21,3	0,02
9,418	$2{,}8 \cdot 10^{-3}$	8,250	$2{,}8 \cdot 10^{-3}$	201,27	1,05	21,2	0,01

Tabelle B.2.: Arithmetische Mittelwerte und Standardabweichungen der Messwerte bei der Durchströmung der Probe mit dem Spurabstand $h_\mathrm{s} = 130\,\mu\mathrm{m}$ und der Dicke $s_\mathrm{Spalt,soll} = 10\,\mathrm{mm}$ (hergestellt mit den Parametern in Tab. 4.2)

Druck		Druckdifferenz		Volumenstrom		Temperatur	
p_1 [bar]		Δp [bar]		$\dot{V}_\mathrm{Norm}$ [NL/min]		T_1 [°C]	
$\overline{p_1}$	s_{p_1}	$\overline{\Delta p}$	$s_{\Delta p}$	$\overline{\dot{V}}_\mathrm{Norm}$	$s_{\dot{V}_\mathrm{Norm}}$	$\overline{T_1}$	s_{T_1}
2,714	$1{,}2 \cdot 10^{-3}$	1,70	$1{,}4 \cdot 10^{-3}$	8,98	0,01	21,4	0,01
4,013	$1{,}3 \cdot 10^{-3}$	3,00	$1{,}1 \cdot 10^{-3}$	19,54	0,00	21,5	0,01
5,252	$1{,}2 \cdot 10^{-3}$	4,23	$1{,}4 \cdot 10^{-3}$	30,32	0,02	21,6	0,01
6,442	$0{,}9 \cdot 10^{-3}$	5,42	$1{,}0 \cdot 10^{-3}$	41,21	0,09	21,6	0,02
7,715	$0{,}8 \cdot 10^{-3}$	6,69	$0{,}9 \cdot 10^{-3}$	52,77	0,10	21,6	0,02
8,791	$0{,}6 \cdot 10^{-3}$	7,76	$0{,}7 \cdot 10^{-3}$	61,63	0,14	21,6	0,01
9,793	$5{,}4 \cdot 10^{-3}$	8,75	$5{,}3 \cdot 10^{-3}$	68,72	0,19	21,6	0,02

Tabelle B.3.: Arithmetische Mittelwerte und Standardabweichungen der Messwerte bei der Durchströmung der Probe mit dem Spurabstand $h_\mathrm{s} = 140\,\mu\mathrm{m}$ und der Dicke $s_\mathrm{Spalt,soll} = 5\,\mathrm{mm}$ (hergestellt mit den Parametern in Tab. 4.2)

Druck p_1 [bar]		Druckdifferenz Δp [bar]		Volumenstrom $\dot{V}_\mathrm{Norm}$ [NL/min]		Temperatur T_1 [°C]	
$\overline{p}_1$	s_{p_1}	$\overline{\Delta p}$	$s_{\Delta p}$	$\overline{\dot{V}}_\mathrm{Norm}$	$s_{\dot{V}_\mathrm{Norm}}$	$\overline{T}_1$	s_{T_1}
1,106	$2,1\cdot10^{-3}$	0,092	$2,2\cdot10^{-3}$	7,62	0,24	22,2	0,00
1,389	$1,1\cdot10^{-3}$	0,369	$1,2\cdot10^{-3}$	30,15	0,10	22,3	0,02
1,603	$1,2\cdot10^{-3}$	0,577	$1,3\cdot10^{-3}$	43,75	0,07	22,4	0,01
1,863	$0,6\cdot10^{-3}$	0,831	$0,7\cdot10^{-3}$	57,70	0,08	22,4	0,01
1,972	$0,7\cdot10^{-3}$	0,937	$1,0\cdot10^{-3}$	63,04	0,08	22,3	0,01
2,193	$0,7\cdot10^{-3}$	1,151	$0,7\cdot10^{-3}$	73,20	0,09	22,3	0,01
2,381	$1,0\cdot10^{-3}$	1,332	$1,2\cdot10^{-3}$	82,32	0,15	22,2	0,02
2,570	$0,6\cdot10^{-3}$	1,515	$0,5\cdot10^{-3}$	90,90	0,16	22,1	0,03
2,836	$0,9\cdot10^{-3}$	1,771	$1,1\cdot10^{-3}$	102,92	0,20	22,0	0,02
3,100	$0,7\cdot10^{-3}$	2,025	$0,7\cdot10^{-3}$	115,98	0,21	21,8	0,03
3,209	$0,5\cdot10^{-3}$	2,128	$0,6\cdot10^{-3}$	121,03	0,22	21,7	0,03
3,430	$0,8\cdot10^{-3}$	2,340	$0,7\cdot10^{-3}$	131,44	0,24	21,6	0,03
3,642	$0,9\cdot10^{-3}$	2,542	$1,0\cdot10^{-3}$	141,55	0,26	21,5	0,01
3,914	$0,6\cdot10^{-3}$	2,801	$0,7\cdot10^{-3}$	154,64	0,27	21,3	0,02
4,072	$0,8\cdot10^{-3}$	2,951	$0,8\cdot10^{-3}$	162,23	0,24	21,2	0,02
4,287	$0,5\cdot10^{-3}$	3,156	$0,6\cdot10^{-3}$	172,16	0,29	21,1	0,02
4,457	$0,8\cdot10^{-3}$	3,316	$0,8\cdot10^{-3}$	179,87	0,30	21,0	0,02
4,722	$0,8\cdot10^{-3}$	3,565	$0,8\cdot10^{-3}$	191,90	0,29	20,9	0,02

Tabelle B.4.: Arithmetische Mittelwerte und Standardabweichungen der Messwerte bei der Durchströmung der Probe mit dem Spurabstand $h_\mathrm{s} = 140\,\mu\mathrm{m}$ und der Dicke $s_\mathrm{Spalt,soll} = 10\,\mathrm{mm}$ (hergestellt mit den Parametern in Tab. 4.2)

Druck p_1 [bar]		Druckdifferenz Δp [bar]		Volumenstrom $\dot{V}_\mathrm{Norm}$ [NL/min]		Temperatur T_1 [°C]	
$\bar{p}_1$	s_{p_1}	$\overline{\Delta p}$	$s_{\Delta p}$	$\bar{V}_\mathrm{Norm}$	$s_{\dot{V}_\mathrm{Norm}}$	$\overline{T}_1$	s_{T_1}
1,707	$1{,}9 \cdot 10^{-3}$	0,693	$1{,}8 \cdot 10^{-3}$	8,74	0,00	22,2	0,01
2,453	$1{,}1 \cdot 10^{-3}$	1,436	$1{,}1 \cdot 10^{-3}$	20,13	0,10	22,2	0,01
3,194	$1{,}0 \cdot 10^{-3}$	2,173	$0{,}8 \cdot 10^{-3}$	31,74	0,07	22,3	0,01
3,887	$0{,}7 \cdot 10^{-3}$	2,862	$0{,}8 \cdot 10^{-3}$	42,35	0,06	22,3	0,01
4,592	$0{,}8 \cdot 10^{-3}$	3,562	$0{,}9 \cdot 10^{-3}$	52,76	0,07	22,3	0,02
5,335	$0{,}5 \cdot 10^{-3}$	4,299	$0{,}6 \cdot 10^{-3}$	62,88	0,12	22,3	0,02
5,966	$0{,}6 \cdot 10^{-3}$	4,924	$0{,}9 \cdot 10^{-3}$	71,50	0,13	22,2	0,02
6,646	$0{,}6 \cdot 10^{-3}$	5,596	$0{,}7 \cdot 10^{-3}$	81,57	0,23	22,1	0,03
7,348	$0{,}7 \cdot 10^{-3}$	6,292	$0{,}8 \cdot 10^{-3}$	91,54	0,27	22,1	0,02
8,054	$0{,}6 \cdot 10^{-3}$	6,989	$0{,}5 \cdot 10^{-3}$	101,49	0,33	22,0	0,02
8,832	$0{,}7 \cdot 10^{-3}$	7,756	$0{,}9 \cdot 10^{-3}$	113,61	0,32	22,0	0,02
9,338	$0{,}7 \cdot 10^{-3}$	8,256	$0{,}8 \cdot 10^{-3}$	121,39	0,36	21,9	0,01
9,940	$3{,}0 \cdot 10^{-3}$	8,848	$3{,}0 \cdot 10^{-3}$	130,16	0,37	21,9	0,01

Tabelle B.5.: Arithmetische Mittelwerte und Standardabweichungen der Messwerte bei der Durchströmung der Probe mit dem Spurabstand $h_\mathrm{s} = 150\,\mu\mathrm{m}$ und der Dicke $s_\mathrm{Spalt,soll} = 5\,\mathrm{mm}$ (hergestellt mit den Parametern in Tab. 4.2)

Druck p_1 [bar]		Druckdifferenz Δp [bar]		Volumenstrom $\dot{V}_\mathrm{Norm}$ [NL/min]		Temperatur T_1 [°C]	
$\overline{p}_1$	s_{p_1}	$\overline{\Delta p}$	$s_{\Delta p}$	$\overline{\dot{V}}_\mathrm{Norm}$	$s_{\dot{V}_\mathrm{Norm}}$	$\overline{T}_1$	s_{T_1}
1,065	$0,9 \cdot 10^{-3}$	0,050	$1,0 \cdot 10^{-3}$	10,05	0,20	21,9	0,02
1,144	$0,7 \cdot 10^{-3}$	0,125	$0,7 \cdot 10^{-3}$	25,36	0,11	22,0	0,01
1,200	$0,6 \cdot 10^{-3}$	0,178	$0,7 \cdot 10^{-3}$	34,58	0,09	22,0	0,00
1,305	$0,5 \cdot 10^{-3}$	0,277	$0,7 \cdot 10^{-3}$	49,32	0,11	22,0	0,01
1,354	$0,7 \cdot 10^{-3}$	0,323	$0,8 \cdot 10^{-3}$	54,84	0,11	22,0	0,01
1,445	$0,9 \cdot 10^{-3}$	0,408	$1,2 \cdot 10^{-3}$	64,40	0,12	22,0	0,01
1,560	$0,7 \cdot 10^{-3}$	0,515	$0,8 \cdot 10^{-3}$	75,64	0,13	21,9	0,02
1,640	$0,9 \cdot 10^{-3}$	0,591	$0,8 \cdot 10^{-3}$	83,64	0,15	21,8	0,01
1,643	$0,6 \cdot 10^{-3}$	0,593	$0,6 \cdot 10^{-3}$	83,84	0,14	21,8	0,01
1,778	$0,9 \cdot 10^{-3}$	0,718	$0,9 \cdot 10^{-3}$	95,88	0,15	21,7	0,02
1,851	$1,4 \cdot 10^{-3}$	0,786	$1,2 \cdot 10^{-3}$	102,52	0,21	21,6	0,02
1,930	$1,4 \cdot 10^{-3}$	0,859	$1,2 \cdot 10^{-3}$	109,94	0,17	21,4	0,03
2,088	$0,8 \cdot 10^{-3}$	1,004	$0,8 \cdot 10^{-3}$	124,20	0,21	21,3	0,04
2,185	$1,1 \cdot 10^{-3}$	1,093	$1,3 \cdot 10^{-3}$	132,57	0,20	21,1	0,02
2,353	$1,2 \cdot 10^{-3}$	1,246	$1,3 \cdot 10^{-3}$	147,41	0,22	21,0	0,02
2,422	$0,9 \cdot 10^{-3}$	1,308	$0,7 \cdot 10^{-3}$	153,34	0,22	20,9	0,03
2,524	$1,0 \cdot 10^{-3}$	1,402	$1,1 \cdot 10^{-3}$	162,28	0,19	20,7	0,03
2,729	$0,8 \cdot 10^{-3}$	1,587	$0,9 \cdot 10^{-3}$	179,33	0,23	20,6	0,02
2,789	$0,8 \cdot 10^{-3}$	1,641	$0,7 \cdot 10^{-3}$	184,23	0,22	20,5	0,02
2,926	$1,1 \cdot 10^{-3}$	1,764	$0,8 \cdot 10^{-3}$	195,29	0,22	20,4	0,02
2,997	$0,6 \cdot 10^{-3}$	1,828	$0,7 \cdot 10^{-3}$	202,84	0,70	20,3	0,02

Tabelle B.6.: Arithmetische Mittelwerte und Standardabweichungen der Messwerte bei der Durchströmung der Probe mit dem Spurabstand $h_s = 150\,\mu\text{m}$ und der Dicke $s_{\text{Spalt,soll}} = 10\,\text{mm}$ (hergestellt mit den Parametern in Tab. 4.2)

Druck p_1 [bar]		Druckdifferenz Δp [bar]		Volumenstrom $\dot{V}_{\text{Norm}}$ [NL/min]		Temperatur T_1 [°C]	
$\bar{p}_1$	s_{p_1}	$\overline{\Delta p}$	$s_{\Delta p}$	$\bar{\dot{V}}_{\text{Norm}}$	$s_{\dot{V}_{\text{Norm}}}$	$\overline{T}_1$	s_{T_1}
1,113	$0,6 \cdot 10^{-3}$	0,098	$0,8 \cdot 10^{-3}$	10,21	0,03	22,3	0,01
1,231	$0,8 \cdot 10^{-3}$	0,213	$0,8 \cdot 10^{-3}$	22,73	0,02	22,4	0,02
1,379	$0,6 \cdot 10^{-3}$	0,357	$0,5 \cdot 10^{-3}$	36,20	0,02	22,5	0,01
1,492	$0,5 \cdot 10^{-3}$	0,466	$0,6 \cdot 10^{-3}$	45,25	0,04	22,5	0,00
1,656	$0,4 \cdot 10^{-3}$	0,623	$0,7 \cdot 10^{-3}$	56,58	0,07	22,5	0,00
1,857	$0,6 \cdot 10^{-3}$	0,816	$0,7 \cdot 10^{-3}$	68,83	0,10	22,5	0,01
1,961	$0,8 \cdot 10^{-3}$	0,917	$0,6 \cdot 10^{-3}$	74,98	0,12	22,4	0,02
2,147	$0,6 \cdot 10^{-3}$	1,095	$0,8 \cdot 10^{-3}$	86,18	0,14	22,3	0,02
2,258	$0,8 \cdot 10^{-3}$	1,200	$0,9 \cdot 10^{-3}$	92,36	0,16	22,3	0,01
2,269	$0,5 \cdot 10^{-3}$	1,201	$0,7 \cdot 10^{-3}$	92,45	0,17	22,2	0,01
2,502	$0,7 \cdot 10^{-3}$	1,433	$0,7 \cdot 10^{-3}$	106,49	0,19	22,1	0,03
2,699	$0,7 \cdot 10^{-3}$	1,620	$1,2 \cdot 10^{-3}$	118,28	0,18	22,0	0,02
2,917	$0,7 \cdot 10^{-3}$	1,826	$1,0 \cdot 10^{-3}$	130,79	0,22	21,8	0,04
3,124	$1,1 \cdot 10^{-3}$	2,021	$0,6 \cdot 10^{-3}$	142,85	0,24	21,7	0,04
3,243	$1,0 \cdot 10^{-3}$	2,133	$0,8 \cdot 10^{-3}$	149,81	0,25	21,5	0,03
3,480	$0,7 \cdot 10^{-3}$	2,355	$0,7 \cdot 10^{-3}$	163,43	0,26	21,3	0,03
3,686	$0,6 \cdot 10^{-3}$	2,548	$0,8 \cdot 10^{-3}$	174,99	0,19	21,3	0,02
3,846	$0,7 \cdot 10^{-3}$	2,698	$0,7 \cdot 10^{-3}$	183,93	0,24	21,2	0,02
4,074	$0,9 \cdot 10^{-3}$	2,910	$0,9 \cdot 10^{-3}$	196,31	0,27	21,1	0,02
4,137	$1,8 \cdot 10^{-3}$	2,969	$1,7 \cdot 10^{-3}$	199,64	0,30	21,1	0,01

Tabelle B.7.: Arithmetische Mittelwerte und Standardabweichungen der Messwerte bei der Durchströmung der Probe mit dem Spurabstand $h_s = 160\,\mu m$ und der Dicke $s_{\text{Spalt,soll}} = 5\,mm$ (hergestellt mit den Parametern in Tab. 4.2)

Druck p_1 [bar]		Druckdifferenz Δp [bar]		Volumenstrom $\dot{V}_{\text{Norm}}$ [NL/min]		Temperatur T_1 [°C]	
$\bar{p}_1$	s_{p_1}	$\overline{\Delta p}$	$s_{\Delta p}$	$\bar{\dot{V}}_{\text{Norm}}$	$s_{\dot{V}_{\text{Norm}}}$	$\overline{T}_1$	s_{T_1}
1,032	$1{,}6 \cdot 10^{-3}$	0,018	$1{,}5 \cdot 10^{-3}$	4,50	0,51	21,5	0,01
1,035	$0{,}9 \cdot 10^{-3}$	0,021	$1{,}0 \cdot 10^{-3}$	5,17	0,24	21,5	0,00
1,076	$0{,}8 \cdot 10^{-3}$	0,058	$0{,}9 \cdot 10^{-3}$	20,35	0,22	21,6	0,01
1,111	$1{,}1 \cdot 10^{-3}$	0,091	$1{,}1 \cdot 10^{-3}$	31,37	0,26	21,6	0,00
1,156	$0{,}5 \cdot 10^{-3}$	0,130	$0{,}6 \cdot 10^{-3}$	55,44	0,14	21,6	0,01
1,215	$0{,}6 \cdot 10^{-3}$	0,183	$0{,}5 \cdot 10^{-3}$	42,96	0,10	21,6	0,01
1,282	$0{,}9 \cdot 10^{-3}$	0,242	$0{,}8 \cdot 10^{-3}$	67,27	0,14	21,6	0,01
1,342	$0{,}8 \cdot 10^{-3}$	0,296	$0{,}8 \cdot 10^{-3}$	77,23	0,15	21,5	0,01
1,379	$0{,}9 \cdot 10^{-3}$	0,329	$1{,}0 \cdot 10^{-3}$	83,31	0,19	21,4	0,01
1,439	$0{,}8 \cdot 10^{-3}$	0,382	$0{,}8 \cdot 10^{-3}$	92,23	0,18	21,3	0,01
1,518	$1{,}1 \cdot 10^{-3}$	0,451	$1{,}0 \cdot 10^{-3}$	103,61	0,21	21,2	0,01
1,632	$1{,}1 \cdot 10^{-3}$	0,551	$1{,}1 \cdot 10^{-3}$	120,14	0,19	21,1	0,01
1,732	$0{,}6 \cdot 10^{-3}$	0,639	$0{,}6 \cdot 10^{-3}$	133,40	0,18	21,0	0,03
1,836	$1{,}0 \cdot 10^{-3}$	0,729	$1{,}0 \cdot 10^{-3}$	147,17	0,21	20,8	0,02
1,890	$1{,}0 \cdot 10^{-3}$	0,775	$1{,}1 \cdot 10^{-3}$	154,14	0,23	20,7	0,02
1,968	$1{,}2 \cdot 10^{-3}$	0,844	$1{,}0 \cdot 10^{-3}$	163,10	0,24	20,6	0,03
1,970	$1{,}0 \cdot 10^{-3}$	0,845	$0{,}9 \cdot 10^{-3}$	164,13	0,20	20,5	0,02
2,053	$1{,}1 \cdot 10^{-3}$	0,917	$1{,}1 \cdot 10^{-3}$	174,38	0,21	20,5	0,01
2,110	$1{,}0 \cdot 10^{-3}$	0,965	$0{,}9 \cdot 10^{-3}$	181,08	0,22	20,4	0,02
2,203	$1{,}0 \cdot 10^{-3}$	1,045	$1{,}0 \cdot 10^{-3}$	192,02	0,22	20,4	0,02
2,275	$0{,}7 \cdot 10^{-3}$	1,106	$0{,}8 \cdot 10^{-3}$	200,75	0,58	20,3	0,01

Tabelle B.8.: Arithmetische Mittelwerte und Standardabweichungen der Messwerte bei der Durchströmung der Probe mit dem Spurabstand $h_{\mathrm{s}} = 160\,\mu\mathrm{m}$ und der Dicke $s_{\mathrm{Spalt,soll}} = 10\,\mathrm{mm}$ (hergestellt mit den Parametern in Tab. 4.2)

Druck p_1 [bar]		Druckdifferenz Δp [bar]		Volumenstrom $\dot{V}_{\mathrm{Norm}}$ [NL/min]		Temperatur T_1 [°C]	
$\overline{p}_1$	s_{p_1}	$\overline{\Delta p}$	$s_{\Delta p}$	$\overline{\dot{V}}_{\mathrm{Norm}}$	$s_{\dot{V}_{\mathrm{Norm}}}$	$\overline{T}_1$	s_{T_1}
1,065	$2{,}8 \cdot 10^{-3}$	0,051	$2{,}6 \cdot 10^{-3}$	8,96	0,66	21,9	0,02
1,104	$1{,}4 \cdot 10^{-3}$	0,088	$1{,}4 \cdot 10^{-3}$	16,93	0,27	22,0	0,01
1,191	$0{,}5 \cdot 10^{-3}$	0,169	$0{,}6 \cdot 10^{-3}$	32,07	0,08	22,0	0,01
1,286	$0{,}4 \cdot 10^{-3}$	0,258	$0{,}5 \cdot 10^{-3}$	46,22	0,05	22,1	0,00
1,287	$0{,}7 \cdot 10^{-3}$	0,260	$0{,}8 \cdot 10^{-3}$	46,30	0,08	22,1	0,00
1,428	$0{,}5 \cdot 10^{-3}$	0,392	$0{,}6 \cdot 10^{-3}$	62,88	0,08	22,0	0,01
1,545	$0{,}5 \cdot 10^{-3}$	0,501	$0{,}6 \cdot 10^{-3}$	74,86	0,10	22,0	0,01
1,652	$0{,}7 \cdot 10^{-3}$	0,600	$0{,}8 \cdot 10^{-3}$	85,77	0,13	21,9	0,02
1,722	$0{,}6 \cdot 10^{-3}$	0,665	$0{,}6 \cdot 10^{-3}$	92,30	0,14	21,8	0,02
1,933	$0{,}7 \cdot 10^{-3}$	0,859	$0{,}7 \cdot 10^{-3}$	112,13	0,18	21,7	0,04
2,033	$0{,}6 \cdot 10^{-3}$	0,950	$0{,}6 \cdot 10^{-3}$	121,42	0,17	21,5	0,04
2,148	$0{,}9 \cdot 10^{-3}$	1,056	$0{,}7 \cdot 10^{-3}$	131,62	0,20	21,3	0,03
2,267	$1{,}0 \cdot 10^{-3}$	1,164	$1{,}3 \cdot 10^{-3}$	142,35	0,22	21,2	0,01
2,269	$0{,}8 \cdot 10^{-3}$	1,166	$0{,}8 \cdot 10^{-3}$	142,46	0,20	21,1	0,02
2,363	$0{,}7 \cdot 10^{-3}$	1,251	$0{,}8 \cdot 10^{-3}$	150,88	0,22	21,0	0,03
2,493	$0{,}9 \cdot 10^{-3}$	1,369	$1{,}0 \cdot 10^{-3}$	162,34	0,18	20,9	0,02
2,605	$1{,}1 \cdot 10^{-3}$	1,471	$1{,}0 \cdot 10^{-3}$	171,74	0,23	20,9	0,01
2,607	$0{,}7 \cdot 10^{-3}$	1,471	$0{,}7 \cdot 10^{-3}$	171,85	0,23	20,9	0,01
2,740	$0{,}9 \cdot 10^{-3}$	1,591	$0{,}8 \cdot 10^{-3}$	182,85	0,22	20,8	0,02
2,858	$1{,}1 \cdot 10^{-3}$	1,697	$1{,}3 \cdot 10^{-3}$	192,39	0,22	20,7	0,01
2,942	$0{,}8 \cdot 10^{-3}$	1,773	$0{,}9 \cdot 10^{-3}$	199,13	0,23	20,7	0,01

Tabelle B.9.: Arithmetische Mittelwerte und Standardabweichungen der Messwerte bei der Durchströmung der Probe mit dem Spurabstand $h_s = 170\,\mu$m und der Dicke $s_{\text{Spalt,soll}} = 5\,$mm (hergestellt mit den Parametern in Tab. 4.2)

Druck p_1 [bar]		Druckdifferenz Δp [bar]		Volumenstrom $\dot{V}_{\text{Norm}}$ [NL/min]		Temperatur T_1 [°C]	
$\overline{p}_1$	s_{p_1}	$\overline{\Delta p}$	$s_{\Delta p}$	$\overline{\dot{V}}_{\text{Norm}}$	$s_{\dot{V}_{\text{Norm}}}$	$\overline{T}_1$	s_{T_1}
1,046	$0{,}9 \cdot 10^{-3}$	0,029	$0{,}9 \cdot 10^{-3}$	14,90	0,29	21,5	0,01
1,081	$0{,}9 \cdot 10^{-3}$	0,060	$1{,}1 \cdot 10^{-3}$	29,68	0,26	21,5	0,01
1,119	$0{,}9 \cdot 10^{-3}$	0,092	$0{,}8 \cdot 10^{-3}$	43,18	0,22	21,6	0,00
1,155	$0{,}5 \cdot 10^{-3}$	0,123	$0{,}6 \cdot 10^{-3}$	53,52	0,15	21,6	0,01
1,201	$0{,}9 \cdot 10^{-3}$	0,163	$0{,}8 \cdot 10^{-3}$	64,82	0,17	21,5	0,01
1,242	$0{,}6 \cdot 10^{-3}$	0,197	$0{,}5 \cdot 10^{-3}$	73,47	0,14	21,5	0,02
1,293	$0{,}8 \cdot 10^{-3}$	0,241	$0{,}7 \cdot 10^{-3}$	84,50	0,16	21,4	0,01
1,360	$1{,}0 \cdot 10^{-3}$	0,299	$0{,}8 \cdot 10^{-3}$	97,03	0,24	21,3	0,03
1,395	$0{,}7 \cdot 10^{-3}$	0,328	$0{,}7 \cdot 10^{-3}$	103,54	0,18	21,2	0,02
1,459	$0{,}9 \cdot 10^{-3}$	0,382	$0{,}7 \cdot 10^{-3}$	115,44	0,20	21,0	0,02
1,495	$0{,}8 \cdot 10^{-3}$	0,412	$0{,}7 \cdot 10^{-3}$	121,68	0,20	21,0	0,01
1,497	$0{,}9 \cdot 10^{-3}$	0,414	$0{,}8 \cdot 10^{-3}$	122,03	0,21	20,9	0,01
1,561	$0{,}8 \cdot 10^{-3}$	0,468	$0{,}7 \cdot 10^{-3}$	132,87	0,17	20,8	0,02
1,619	$1{,}2 \cdot 10^{-3}$	0,516	$1{,}2 \cdot 10^{-3}$	142,47	0,24	20,7	0,03
1,675	$0{,}9 \cdot 10^{-3}$	0,563	$0{,}8 \cdot 10^{-3}$	151,80	0,21	20,5	0,03
1,741	$0{,}9 \cdot 10^{-3}$	0,617	$0{,}8 \cdot 10^{-3}$	162,19	0,18	20,3	0,01
1,819	$1{,}2 \cdot 10^{-3}$	0,682	$1{,}0 \cdot 10^{-3}$	173,99	0,24	20,3	0,02
1,884	$1{,}1 \cdot 10^{-3}$	0,736	$1{,}0 \cdot 10^{-3}$	183,53	0,22	20,2	0,02
1,947	$1{,}1 \cdot 10^{-3}$	0,786	$1{,}0 \cdot 10^{-3}$	192,51	0,23	20,1	0,02
2,002	$1{,}2 \cdot 10^{-3}$	0,832	$1{,}1 \cdot 10^{-3}$	201,51	0,69	20,1	0,01

Tabelle B.10.: Arithmetische Mittelwerte und Standardabweichungen der Messwerte bei der Durchströmung der Probe mit dem Spurabstand $h_s = 170\,\mu m$ und der Dicke $s_{\text{Spalt,soll}} = 10\,mm$ (hergestellt mit den Parametern in Tab. 4.2)

Druck p_1 [bar]		Druckdifferenz Δp [bar]		Volumenstrom $\dot{V}_{\text{Norm}}$ [NL/min]		Temperatur T_1 [°C]	
$\overline{p}_1$	s_{p_1}	$\overline{\Delta p}$	$s_{\Delta p}$	$\overline{\dot{V}}_{\text{Norm}}$	$s_{\dot{V}_{\text{Norm}}}$	$\overline{T}_1$	s_{T_1}
1,040	$1{,}1 \cdot 10^{-3}$	0,025	$1{,}1 \cdot 10^{-3}$	5,41	0,31	21,5	0,01
1,044	$1{,}5 \cdot 10^{-3}$	0,030	$1{,}2 \cdot 10^{-3}$	7,04	0,51	21,5	0,01
1,076	$1{,}1 \cdot 10^{-3}$	0,059	$1{,}0 \cdot 10^{-3}$	16,89	0,28	21,7	0,01
1,079	$0{,}9 \cdot 10^{-3}$	0,061	$1{,}0 \cdot 10^{-3}$	17,70	0,21	21,6	0,01
1,129	$0{,}9 \cdot 10^{-3}$	0,108	$0{,}8 \cdot 10^{-3}$	31,17	0,16	21,7	0,01
1,175	$1{,}8 \cdot 10^{-3}$	0,150	$1{,}7 \cdot 10^{-3}$	41,85	0,38	21,8	0,01
1,241	$0{,}8 \cdot 10^{-3}$	0,209	$0{,}9 \cdot 10^{-3}$	54,55	0,12	21,7	0,01
1,363	$0{,}8 \cdot 10^{-3}$	0,320	$0{,}9 \cdot 10^{-3}$	73,57	0,14	21,7	0,01
1,425	$0{,}8 \cdot 10^{-3}$	0,375	$0{,}7 \cdot 10^{-3}$	83,13	0,17	21,6	0,01
1,502	$0{,}8 \cdot 10^{-3}$	0,444	$0{,}9 \cdot 10^{-3}$	93,56	0,16	21,5	0,01
1,594	$1{,}0 \cdot 10^{-3}$	0,526	$1{,}0 \cdot 10^{-3}$	105,74	0,19	21,4	0,02
1,651	$0{,}7 \cdot 10^{-3}$	0,576	$0{,}7 \cdot 10^{-3}$	113,66	0,19	21,3	0,02
1,721	$0{,}8 \cdot 10^{-3}$	0,638	$0{,}8 \cdot 10^{-3}$	122,70	0,20	21,2	0,01
1,807	$0{,}6 \cdot 10^{-3}$	0,714	$0{,}6 \cdot 10^{-3}$	133,29	0,17	21,1	0,01
1,925	$0{,}7 \cdot 10^{-3}$	0,817	$0{,}7 \cdot 10^{-3}$	147,75	0,21	20,9	0,03
2,049	$1{,}0 \cdot 10^{-3}$	0,925	$0{,}8 \cdot 10^{-3}$	162,41	0,16	20,9	0,01
2,163	$2{,}3 \cdot 10^{-3}$	1,024	$1{,}9 \cdot 10^{-3}$	175,16	0,26	20,8	0,01
2,166	$1{,}8 \cdot 10^{-3}$	1,028	$1{,}5 \cdot 10^{-3}$	175,52	0,26	20,7	0,02
2,222	$0{,}6 \cdot 10^{-3}$	1,076	$0{,}6 \cdot 10^{-3}$	181,77	0,19	20,6	0,02
2,314	$0{,}9 \cdot 10^{-3}$	1,156	$0{,}9 \cdot 10^{-3}$	191,79	0,19	20,6	0,02
2,395	$0{,}9 \cdot 10^{-3}$	1,226	$0{,}8 \cdot 10^{-3}$	201,31	0,66	20,6	0,01

Tabelle B.11.: Arithmetische Mittelwerte und Standardabweichungen der Messwerte bei der Durchströmung der Probe mit dem Spurabstand $h_s = 180\,\mu m$ und der Dicke $s_{\text{Spalt,soll}} = 5\,mm$ (hergestellt mit den Parametern in Tab. 4.2)

Druck		Druckdifferenz		Volumenstrom		Temperatur	
p_1 [bar]		Δp [bar]		$\dot{V}_{\text{Norm}}$ [NL/min]		T_1 [°C]	
$\overline{p}_1$	s_{p_1}	$\overline{\Delta p}$	$s_{\Delta p}$	$\overline{\dot{V}}_{\text{Norm}}$	$s_{\dot{V}_{\text{Norm}}}$	$\overline{T}_1$	s_{T_1}
1,025	$1,3 \cdot 10^{-3}$	0,010	$1,3 \cdot 10^{-3}$	5,76	0,94	20,9	0,01
1,057	$1,2 \cdot 10^{-3}$	0,037	$1,1 \cdot 10^{-3}$	26,71	0,54	21,0	0,01
1,080	$0,8 \cdot 10^{-3}$	0,055	$0,6 \cdot 10^{-3}$	37,82	0,30	21,1	0,01
1,084	$1,7 \cdot 10^{-3}$	0,058	$1,5 \cdot 10^{-3}$	39,77	0,72	21,1	0,01
1,118	$1,3 \cdot 10^{-3}$	0,086	$1,2 \cdot 10^{-3}$	53,49	0,39	21,1	0,00
1,120	$0,9 \cdot 10^{-3}$	0,088	$0,8 \cdot 10^{-3}$	54,38	0,25	21,1	0,01
1,157	$0,7 \cdot 10^{-3}$	0,117	$0,7 \cdot 10^{-3}$	66,33	0,24	21,1	0,01
1,187	$0,8 \cdot 10^{-3}$	0,141	$0,7 \cdot 10^{-3}$	75,06	0,27	21,1	0,01
1,220	$1,0 \cdot 10^{-3}$	0,168	$0,8 \cdot 10^{-3}$	84,50	0,29	21,0	0,01
1,254	$1,1 \cdot 10^{-3}$	0,194	$0,9 \cdot 10^{-3}$	92,79	0,27	21,0	0,01
1,255	$1,5 \cdot 10^{-3}$	0,196	$1,3 \cdot 10^{-3}$	93,29	0,31	20,9	0,01
1,301	$0,9 \cdot 10^{-3}$	0,232	$0,7 \cdot 10^{-3}$	104,14	0,30	20,9	0,02
1,350	$1,1 \cdot 10^{-3}$	0,271	$0,9 \cdot 10^{-3}$	115,92	0,28	20,8	0,02
1,374	$0,8 \cdot 10^{-3}$	0,290	$0,8 \cdot 10^{-3}$	121,38	0,22	20,7	0,02
1,425	$1,2 \cdot 10^{-3}$	0,332	$0,9 \cdot 10^{-3}$	132,39	0,28	20,6	0,02
1,475	$1,0 \cdot 10^{-3}$	0,372	$1,0 \cdot 10^{-3}$	142,96	0,26	20,5	0,02
1,526	$0,9 \cdot 10^{-3}$	0,412	$0,7 \cdot 10^{-3}$	153,44	0,21	20,3	0,02
1,574	$1,2 \cdot 10^{-3}$	0,450	$1,1 \cdot 10^{-3}$	162,81	0,25	20,2	0,02
1,481	$0,9 \cdot 10^{-3}$	0,332	$0,7 \cdot 10^{-3}$	184,40	0,29	20,2	0,02
1,511	$1,1 \cdot 10^{-3}$	0,353	$1,0 \cdot 10^{-3}$	191,45	0,26	20,1	0,02

Tabelle B.12.: Arithmetische Mittelwerte und Standardabweichungen der Messwerte bei der Durchströmung der Probe mit dem Spurabstand $h_{\mathrm{s}} = 180\,\mu\mathrm{m}$ und der Dicke $s_{\mathrm{Spalt,soll}} = 10\,\mathrm{mm}$ (hergestellt mit den Parametern in Tab. 4.2)

Druck p_1 [bar]		Druckdifferenz Δp [bar]		Volumenstrom $\dot{V}_{\mathrm{Norm}}$ [NL/min]		Temperatur T_1 [°C]	
$\overline{p}_1$	s_{p_1}	$\overline{\Delta p}$	$s_{\Delta p}$	$\overline{\dot{V}}_{\mathrm{Norm}}$	$s_{\dot{V}_{\mathrm{Norm}}}$	$\overline{T}_1$	s_{T_1}
1,034	$1{,}9\cdot10^{-3}$	0,021	$1{,}6\cdot10^{-3}$	6,81	0,84	21,6	0,0
1,075	$0{,}5\cdot10^{-3}$	0,057	$0{,}6\cdot10^{-3}$	23,44	0,11	21,7	0,0
1,104	$0{,}8\cdot10^{-3}$	0,082	$0{,}7\cdot10^{-3}$	33,09	0,17	21,8	0,0
1,103	$1{,}1\cdot10^{-3}$	0,082	$1{,}0\cdot10^{-3}$	32,73	0,31	21,8	0,0
1,136	$0{,}9\cdot10^{-3}$	0,111	$0{,}9\cdot10^{-3}$	42,91	0,21	21,8	0,0
1,135	$1{,}3\cdot10^{-3}$	0,110	$1{,}2\cdot10^{-3}$	42,53	0,32	21,8	0,01
1,179	$0{,}8\cdot10^{-3}$	0,148	$0{,}8\cdot10^{-3}$	53,77	0,15	21,8	0,03
1,227	$1{,}0\cdot10^{-3}$	0,189	$0{,}9\cdot10^{-3}$	64,32	0,16	21,8	0,01
1,273	$1{,}0\cdot10^{-3}$	0,229	$1{,}0\cdot10^{-3}$	73,39	0,18	21,7	0,00
1,319	$1{,}1\cdot10^{-3}$	0,269	$1{,}1\cdot10^{-3}$	82,70	0,21	21,7	0,01
1,380	$0{,}9\cdot10^{-3}$	0,321	$0{,}8\cdot10^{-3}$	93,42	0,21	21,6	0,00
1,442	$1{,}2\cdot10^{-3}$	0,374	$1{,}0\cdot10^{-3}$	103,96	0,22	21,5	0,01
1,496	$1{,}0\cdot10^{-3}$	0,421	$1{,}0\cdot10^{-3}$	113,29	0,23	21,4	0,01
1,498	$1{,}3\cdot10^{-3}$	0,422	$1{,}1\cdot10^{-3}$	113,57	0,25	21,4	0,01
1,558	$1{,}1\cdot10^{-3}$	0,474	$1{,}1\cdot10^{-3}$	123,39	0,21	21,3	0,01
1,633	$0{,}9\cdot10^{-3}$	0,537	$1{,}0\cdot10^{-3}$	134,75	0,23	21,2	0,01
1,635	$0{,}9\cdot10^{-3}$	0,540	$0{,}8\cdot10^{-3}$	135,11	0,20	21,1	0,03
1,703	$0{,}9\cdot10^{-3}$	0,597	$0{,}8\cdot10^{-3}$	145,47	0,21	21,0	0,02
1,754	$0{,}9\cdot10^{-3}$	0,640	$1{,}0\cdot10^{-3}$	153,00	0,20	20,9	0,02
1,830	$1{,}1\cdot10^{-3}$	0,704	$1{,}1\cdot10^{-3}$	163,79	0,24	20,8	0,01
1,904	$1{,}0\cdot10^{-3}$	0,767	$1{,}0\cdot10^{-3}$	174,03	0,22	20,7	0,02
1,983	$1{,}2\cdot10^{-3}$	0,833	$1{,}1\cdot10^{-3}$	184,47	0,22	20,6	0,01
2,039	$0{,}7\cdot10^{-3}$	0,880	$0{,}7\cdot10^{-3}$	191,81	0,20	20,6	0,02
2,107	$0{,}9\cdot10^{-3}$	0,936	$0{,}8\cdot10^{-3}$	201,28	0,54	20,5	0,02
2,109	$1{,}1\cdot10^{-3}$	0,938	$0{,}9\cdot10^{-3}$	201,88	0,72	20,5	0,00

Tabelle B.13.: Arithmetische Mittelwerte und Standardabweichungen der Messwerte bei der Durchströmung der Probe mit dem Spurabstand $h_\mathrm{s} = 190\,\mu\mathrm{m}$ und der Dicke $s_\mathrm{Spalt,soll} = 5\,\mathrm{mm}$ (hergestellt mit den Parametern in Tab. 4.2)

Druck p_1 [bar]		Druckdifferenz Δp [bar]		Volumenstrom $\dot{V}_\mathrm{Norm}$ [NL/min]		Temperatur T_1 [°C]	
$\overline{p}_1$	s_{p_1}	$\overline{\Delta p}$	$s_{\Delta p}$	$\overline{\dot{V}}_\mathrm{Norm}$	$s_{\dot{V}_\mathrm{Norm}}$	$\overline{T}_1$	s_{T_1}
1,020	$3{,}2 \cdot 10^{-3}$	0,008	$2{,}1 \cdot 10^{-3}$	3,19	2,92	22,1	0,01
1,029	$0{,}9 \cdot 10^{-3}$	0,015	$0{,}7 \cdot 10^{-3}$	12,45	0,75	22,1	0,01
1,051	$1{,}2 \cdot 10^{-3}$	0,031	$1{,}0 \cdot 10^{-3}$	32,69	0,96	22,1	0,01
1,069	$1{,}4 \cdot 10^{-3}$	0,044	$1{,}0 \cdot 10^{-3}$	44,80	0,96	22,1	0,01
1,085	$1{,}0 \cdot 10^{-3}$	0,055	$0{,}8 \cdot 10^{-3}$	54,51	0,62	22,0	0,01
1,089	$3{,}0 \cdot 10^{-3}$	0,057	$2{,}1 \cdot 10^{-3}$	56,35	1,48	22,0	0,01
1,106	$1{,}0 \cdot 10^{-3}$	0,069	$0{,}9 \cdot 10^{-3}$	64,44	0,47	22,0	0,01
1,109	$2{,}2 \cdot 10^{-3}$	0,072	$1{,}6 \cdot 10^{-3}$	65,89	0,91	21,9	0,01
1,125	$1{,}1 \cdot 10^{-3}$	0,083	$0{,}8 \cdot 10^{-3}$	72,88	0,44	21,9	0,02
1,152	$1{,}3 \cdot 10^{-3}$	0,102	$1{,}0 \cdot 10^{-3}$	84,43	0,36	21,7	0,02
1,182	$1{,}1 \cdot 10^{-3}$	0,123	$0{,}8 \cdot 10^{-3}$	95,71	0,41	21,6	0,04
1,196	$1{,}3 \cdot 10^{-3}$	0,133	$1{,}0 \cdot 10^{-3}$	100,38	0,55	21,5	0,04
1,199	$1{,}5 \cdot 10^{-3}$	0,135	$1{,}1 \cdot 10^{-3}$	101,46	0,57	21,4	0,01
1,241	$2{,}5 \cdot 10^{-3}$	0,165	$1{,}7 \cdot 10^{-3}$	116,64	0,83	21,2	0,02
1,257	$1{,}1 \cdot 10^{-3}$	0,176	$0{,}8 \cdot 10^{-3}$	122,07	0,36	21,1	0,02
1,294	$1{,}1 \cdot 10^{-3}$	0,202	$0{,}8 \cdot 10^{-3}$	133,49	0,30	20,9	0,04
1,322	$1{,}3 \cdot 10^{-3}$	0,221	$0{,}9 \cdot 10^{-3}$	142,27	0,33	20,8	0,03
1,358	$1{,}0 \cdot 10^{-3}$	0,247	$1{,}2 \cdot 10^{-3}$	152,97	0,37	20,6	0,03
1,388	$1{,}2 \cdot 10^{-3}$	0,267	$0{,}8 \cdot 10^{-3}$	161,66	0,28	20,4	0,04
1,426	$1{,}0 \cdot 10^{-3}$	0,294	$1{,}0 \cdot 10^{-3}$	171,66	0,27	20,3	0,03
1,477	$1{,}0 \cdot 10^{-3}$	0,330	$0{,}8 \cdot 10^{-3}$	184,65	0,27	20,2	0,02
1,510	$0{,}8 \cdot 10^{-3}$	0,353	$0{,}8 \cdot 10^{-3}$	192,94	0,26	20,2	0,02
1,544	$0{,}8 \cdot 10^{-3}$	0,377	$0{,}7 \cdot 10^{-3}$	203,33	0,83	20,1	0,02
1,546	$0{,}4 \cdot 10^{-3}$	0,377	$0{,}5 \cdot 10^{-3}$	204,53	0,51	20,1	0,01

Tabelle B.14.: Arithmetische Mittelwerte und Standardabweichungen der Messwerte bei der Durchströmung der Probe mit dem Spurabstand $h_\text{s} = 190\,\mu\text{m}$ und der Dicke $s_\text{Spalt,soll} = 10\,\text{mm}$ (hergestellt mit den Parametern in Tab. 4.2)

Druck p_1 [bar]		Druckdifferenz Δp [bar]		Volumenstrom $\dot{V}_\text{Norm}$ [NL/min]		Temperatur T_1 [°C]	
$\overline{p}_1$	s_{p_1}	$\overline{\Delta p}$	$s_{\Delta p}$	$\overline{\dot{V}}_\text{Norm}$	$s_{\dot{V}_\text{Norm}}$	$\overline{T}_1$	s_{T_1}
1,046	$0{,}9 \cdot 10^{-3}$	0,029	$0{,}7 \cdot 10^{-3}$	15,97	0,39	21,5	0,02
1,073	$1{,}2 \cdot 10^{-3}$	0,053	$1{,}1 \cdot 10^{-3}$	28,75	0,42	21,5	0,01
1,076	$1{,}5 \cdot 10^{-3}$	0,055	$1{,}2 \cdot 10^{-3}$	29,76	0,57	21,6	0,01
1,112	$0{,}8 \cdot 10^{-3}$	0,086	$0{,}9 \cdot 10^{-3}$	44,09	0,29	21,6	0,01
1,150	$0{,}9 \cdot 10^{-3}$	0,117	$0{,}7 \cdot 10^{-3}$	55,94	0,19	21,6	0,01
1,185	$0{,}8 \cdot 10^{-3}$	0,147	$0{,}9 \cdot 10^{-3}$	65,52	0,18	21,6	0,01
1,219	$0{,}7 \cdot 10^{-3}$	0,175	$0{,}8 \cdot 10^{-3}$	73,83	0,16	21,6	0,01
1,263	$1{,}2 \cdot 10^{-3}$	0,211	$0{,}7 \cdot 10^{-3}$	84,62	0,28	21,5	0,01
1,309	$1{,}5 \cdot 10^{-3}$	0,249	$1{,}2 \cdot 10^{-3}$	94,64	0,36	21,5	0,01
1,358	$1{,}1 \cdot 10^{-3}$	0,289	$1{,}4 \cdot 10^{-3}$	104,95	0,25	21,4	0,02
1,416	$0{,}9 \cdot 10^{-3}$	0,337	$0{,}9 \cdot 10^{-3}$	117,27	0,25	21,3	0,02
1,418	$0{,}9 \cdot 10^{-3}$	0,339	$1{,}1 \cdot 10^{-3}$	117,73	0,26	21,3	0,01
1,485	$1{,}3 \cdot 10^{-3}$	0,394	$0{,}8 \cdot 10^{-3}$	130,56	0,22	21,2	0,01
1,562	$1{,}0 \cdot 10^{-3}$	0,457	$0{,}8 \cdot 10^{-3}$	144,65	0,25	21,0	0,03
1,599	$1{,}2 \cdot 10^{-3}$	0,486	$1{,}2 \cdot 10^{-3}$	151,14	0,21	20,8	0,03
1,667	$1{,}0 \cdot 10^{-3}$	0,542	$0{,}8 \cdot 10^{-3}$	162,68	0,26	20,6	0,04
1,733	$1{,}0 \cdot 10^{-3}$	0,596	$0{,}9 \cdot 10^{-3}$	173,51	0,21	20,6	0,02
1,801	$1{,}0 \cdot 10^{-3}$	0,651	$0{,}8 \cdot 10^{-3}$	184,10	0,19	20,5	0,01
1,878	$0{,}9 \cdot 10^{-3}$	0,713	$0{,}7 \cdot 10^{-3}$	195,69	0,21	20,5	0,02
1,905	$0{,}4 \cdot 10^{-3}$	0,735	$0{,}6 \cdot 10^{-3}$	199,77	0,23	20,4	0,01

Tabelle B.15.: Arithmetische Mittelwerte und Standardabweichungen der Messwerte bei der Durchströmung der Probe mit dem Spurabstand $h_s = 200\,\mu\mathrm{m}$ und der Dicke $s_{\mathrm{Spalt,soll}} = 5\,\mathrm{mm}$ (hergestellt mit den Parametern in Tab. 4.2)

Druck p_1 [bar]		Druckdifferenz Δp [bar]		Volumenstrom $\dot{V}_{\mathrm{Norm}}$ [NL/min]		Temperatur T_1 [°C]	
$\overline{p}_1$	s_{p_1}	$\overline{\Delta p}$	$s_{\Delta p}$	$\overline{\dot{V}}_{\mathrm{Norm}}$	$s_{\dot{V}_{\mathrm{Norm}}}$	$\overline{T}_1$	s_{T_1}
1,033	$0{,}8 \cdot 10^{-3}$	0,015	$0{,}7 \cdot 10^{-3}$	23,53	1,00	21,5	0,01
1,036	$3{,}1 \cdot 10^{-3}$	0,017	$2{,}0 \cdot 10^{-3}$	26,78	3,33	21,6	0,01
1,051	$1{,}1 \cdot 10^{-3}$	0,026	$0{,}8 \cdot 10^{-3}$	41,30	0,85	21,6	0,01
1,062	$1{,}9 \cdot 10^{-3}$	0,033	$1{,}0 \cdot 10^{-3}$	50,40	1,34	21,6	0,00
1,066	$1{,}7 \cdot 10^{-3}$	0,036	$1{,}1 \cdot 10^{-3}$	53,60	1,02	21,6	0,01
1,088	$1{,}5 \cdot 10^{-3}$	0,049	$1{,}0 \cdot 10^{-3}$	67,51	0,81	21,6	0,01
1,100	$0{,}8 \cdot 10^{-3}$	0,056	$0{,}6 \cdot 10^{-3}$	74,76	0,59	21,6	0,01
1,114	$0{,}9 \cdot 10^{-3}$	0,064	$0{,}7 \cdot 10^{-3}$	83,07	0,48	21,5	0,02
1,138	$1{,}4 \cdot 10^{-3}$	0,079	$0{,}9 \cdot 10^{-3}$	94,77	0,62	21,4	0,02
1,155	$1{,}2 \cdot 10^{-3}$	0,089	$0{,}8 \cdot 10^{-3}$	102,62	0,60	21,3	0,02
1,179	$0{,}9 \cdot 10^{-3}$	0,104	$0{,}7 \cdot 10^{-3}$	114,41	0,45	21,2	0,02
1,200	$1{,}2 \cdot 10^{-3}$	0,116	$0{,}8 \cdot 10^{-3}$	123,75	0,47	21,1	0,03
1,223	$1{,}1 \cdot 10^{-3}$	0,130	$0{,}9 \cdot 10^{-3}$	133,58	0,38	20,9	0,03
1,247	$0{,}9 \cdot 10^{-3}$	0,144	$0{,}7 \cdot 10^{-3}$	142,94	0,37	20,8	0,02
1,250	$3{,}3 \cdot 10^{-3}$	0,146	$0{,}6 \cdot 10^{-3}$	144,23	1,26	20,8	0,01
1,261	$0{,}9 \cdot 10^{-3}$	0,153	$0{,}8 \cdot 10^{-3}$	148,60	0,33	20,7	0,03
1,291	$1{,}3 \cdot 10^{-3}$	0,171	$1{,}0 \cdot 10^{-3}$	160,06	0,47	20,5	0,02
1,323	$1{,}4 \cdot 10^{-3}$	0,190	$0{,}9 \cdot 10^{-3}$	171,17	0,48	20,4	0,03
1,353	$1{,}0 \cdot 10^{-3}$	0,209	$0{,}6 \cdot 10^{-3}$	181,29	0,29	20,3	0,02
1,403	$2{,}8 \cdot 10^{-3}$	0,238	$1{,}7 \cdot 10^{-3}$	197,12	0,92	20,2	0,02
1,415	$0{,}7 \cdot 10^{-3}$	0,246	$0{,}5 \cdot 10^{-3}$	202,41	0,65	20,1	0,03

Tabelle B.16.: Arithmetische Mittelwerte und Standardabweichungen der Messwerte bei der Durchströmung der Probe mit dem Spurabstand $h_s = 200\,\mu$m und der Dicke $s_{\text{Spalt,soll}} = 10\,$mm (hergestellt mit den Parametern in Tab. 4.2)

Druck p_1 [bar]		Druckdifferenz Δp [bar]		Volumenstrom $\dot{V}_{\text{Norm}}$ [NL/min]		Temperatur T_1 [°C]	
$\overline{p}_1$	s_{p_1}	$\overline{\Delta p}$	$s_{\Delta p}$	$\overline{\dot{V}}_{\text{Norm}}$	$s_{\dot{V}_{\text{Norm}}}$	$\overline{T}_1$	s_{T_1}
1,025	$1{,}2 \cdot 10^{-3}$	0,011	$1{,}0 \cdot 10^{-3}$	6,43	0,95	21,4	0,01
1,050	$0{,}8 \cdot 10^{-3}$	0,031	$0{,}8 \cdot 10^{-3}$	23,10	0,35	21,5	0,01
1,079	$1{,}0 \cdot 10^{-3}$	0,054	$1{,}0 \cdot 10^{-3}$	39,19	0,48	21,6	0,01
1,081	$1{,}1 \cdot 10^{-3}$	0,056	$0{,}9 \cdot 10^{-3}$	40,12	0,42	21,6	0,01
1,119	$0{,}9 \cdot 10^{-3}$	0,086	$0{,}8 \cdot 10^{-3}$	56,54	0,24	21,6	0,01
1,149	$1{,}0 \cdot 10^{-3}$	0,110	$0{,}9 \cdot 10^{-3}$	66,87	0,24	21,6	0,01
1,150	$1{,}3 \cdot 10^{-3}$	0,110	$1{,}1 \cdot 10^{-3}$	67,13	0,33	21,6	0,01
1,175	$1{,}0 \cdot 10^{-3}$	0,130	$0{,}9 \cdot 10^{-3}$	75,14	0,25	21,6	0,01
1,198	$0{,}9 \cdot 10^{-3}$	0,148	$0{,}7 \cdot 10^{-3}$	82,48	0,27	21,5	0,01
1,232	$0{,}9 \cdot 10^{-3}$	0,174	$0{,}8 \cdot 10^{-3}$	92,05	0,31	21,5	0,01
1,235	$1{,}2 \cdot 10^{-3}$	0,176	$1{,}0 \cdot 10^{-3}$	92,67	0,28	21,5	0,01
1,287	$1{,}2 \cdot 10^{-3}$	0,216	$1{,}3 \cdot 10^{-3}$	106,58	0,30	21,4	0,01
1,308	$0{,}9 \cdot 10^{-3}$	0,233	$0{,}9 \cdot 10^{-3}$	112,39	0,25	21,3	0,02
1,360	$1{,}2 \cdot 10^{-3}$	0,273	$1{,}1 \cdot 10^{-3}$	125,11	0,27	21,2	0,02
1,394	$1{,}1 \cdot 10^{-3}$	0,299	$1{,}1 \cdot 10^{-3}$	133,18	0,26	21,0	0,02
1,454	$0{,}8 \cdot 10^{-3}$	0,345	$0{,}6 \cdot 10^{-3}$	146,85	0,22	20,9	0,03
1,484	$0{,}9 \cdot 10^{-3}$	0,369	$0{,}7 \cdot 10^{-3}$	153,68	0,23	20,8	0,02
1,540	$1{,}1 \cdot 10^{-3}$	0,412	$1{,}0 \cdot 10^{-3}$	164,97	0,25	20,8	0,02
1,594	$1{,}2 \cdot 10^{-3}$	0,454	$1{,}0 \cdot 10^{-3}$	175,40	0,25	20,7	0,02
1,641	$1{,}0 \cdot 10^{-3}$	0,490	$1{,}0 \cdot 10^{-3}$	184,36	0,18	20,6	0,02
1,714	$0{,}9 \cdot 10^{-3}$	0,546	$0{,}7 \cdot 10^{-3}$	197,41	0,23	20,5	0,01

B.2. Weitere Ergebnisse der Eindringversuche

Tabelle B.17.: Verformung der luftdurchlässigen Struktur exemplarisch gezeigt an Proben mit dem Spurabstand h_s = 200 μm und den Spaltlängen l_Spalt = 3 mm, 5 mm und 7 mm nach der Belastung mit einer Kugel mit 5 mm Durchmesser (hergestellt mit den Parametern in Tab. 4.2)

Index

Additive Fertigung, 5
Ausscheidungshärten, 98–99

Belichtungsstrategie, 8, 48–50
Belichtungsvektor, *siehe* Scanvektor
Beschichter, 6, 45, 50, 51

Datenvorbereitung, 7, 16, 17, 50
Deckschicht, 58–65
Dichtemessung, 15, 45
Druckbelastung, 113
Druckluftauswerfersystem, 14, 102
Druckverlust, 74–78, 85, 88

Einlauflänge, 78, 88
Entformung, 29–30
Entlüftung, 28

Gitter, 15, 16
Grenzschicht, 132–133

Härte, 114, 121
hydraulischer Durchmesser, 73, 82

Knicken, 105, 118, 120
Knudsen-Zahl, 79
Kontaktfläche, 122–125
Konvektion, 132–133
Kraft/Weg-Diagramm, 117–118
Kunststoff, 20, 22, 28
Kunststoffoberfläche, 25, 26, 28, 110

laseradditive Fertigung, 6–7, 51
    Fertigungsanlage, 7, 45
    Prozessparameter, 51
Laserbohren, 60–65
    Fertigungsanlage, 62
    Prozessparameter, 63
luftdurchlässige Struktur, 15–18, 48–50
luftdurchlässiges Material, 13–15

mechanische Belastung, 100–101

Bauteiloberfläche, 104–105, 112–125
    seitliche, 102–103, 106–112
Mesostruktur, 15, 50, 136
Mikrohärte, 98–100
Mikrokanal, 79

Normvolumenstrom, 81

Parkettierung, 57, 116, 149
Plateau, 113, 117, 118
Plateaukraft, 113, 117, 120
Porentypen, 14, 45
Porosität, 14, 18, 46
Probekörper
    Deckschicht, 59
    Eindringversuch, 115–116
    Luftdurchlässigkeit, 81
    Mesostruktur, 52
    Wärmeleitung, 146
Pulver, 6, 45

Rapid Manufacturing, 10
Rapid Prototyping, 11
Rapid Tooling, 10
Rauheit, 55, 90
relative Rauheitshöhe, 75, 77, 79, 88
Reynolds-Zahl, 73, 77, 87
Robustheit, 97

Sandkornrauheit, 75
Scanvektor, 17
Schmelzpool, 10, 11, 51
Schmelzspur, 8, 11, 49, 50
Schmelzspurbreite, 9, 51–54
Simulationsmodell
    mechanisch, 107
    thermisch, 136–137, 144
Spaltbreite, 51–54
Spritzgießen, 20, 21, 23
Spritzgießwerkzeug, 24–30, 47, 144
Spurabstand, 9, 51–54

STL-Modell, 6, 17
Strömung
    laminar, 71, 74, 75, 78
    turbulent, 72, 74, 78
      Übergangsbereich, 76
      hydraulisch glatt, 76
      hydraulisch rau, 77
Streckenenergie, 9, 51

technische Rauheit, 75, 88, 90
Temperierung, 21, 23, 25–27

Verformung, 108
Vergleichsspannung, 107, 108
Versagen
    direkt, 102
    indirekt, 102–103
    Kriterium, 120
Versagen, Kriterien, 108
Versuchsaufbau
    Eindringversuch, 115–116
    Luftdurchlässigkeit, 80–83
    Wärmeleitung, 146–147
Volumenenergie, 10

Wärmebehandlung, 98–99
Wärmekapazität, 136, 142–143
Wärmeleitfähigkeit, 136
    effektive, 137, 139–142
Wärmeleitung, 132
Wärmestrahlung, 133–134
    Emissionskoeffizient, 133, 134, 136
    Strahlungsaustauschkonstanten, 134
Wärmetransport, 25, 53, 131–136
    Parallelanordnung, 134
    Reihenanordnung, 135
Werkzeugstahl, 6, 11, 45, 51, 98
Widerstandsgesetz, 74–77, 88, 90–92
Widerstandszahl, 74, 76, 77, 87, 88

zufällige Verbindungen, 54–55, 88, 137